基于 VBA 的 ArcObjects 编程

——面向任务的方法

（第二版）

〔美〕Kang-tsung Chang 著

陈健飞 蔡 砥 黄婷薇 译

科学出版社

北京

图字：01-2009-5563 号

内 容 简 介

随着ESRI公司ArcGIS软件的发展，ArcObjects已成为整个ArcGIS系列软件的核心基础，学习掌握ArcObjects是地理信息系统开发课程的必然趋势。本书是美国CRC出版社于2008年出版的张康聪（Kang-tsung Chang）教授编著的*Programming ArcObjects with VBA：A Task-Oriented Approach*（美国CRC出版社，2008年．第二版）的中文翻译版。全书共14章，内容涉及ArcObjects的所有方面，以ArcGIS 9.2的二次开发为任务导向，通过示例程序，讲解编程要点并提供运行范例。随书附光盘，包含128个示例宏程序及其案例数据，涉及从最基本的添加图层到高级的地理操作等方面。本书有三大特色：一是采用面向任务的方法来学习ArcObjects编程，采用VBA讲解ArcObjects编程；二是通过大量的示例练习开展渐进的编程训练；三是系统性强。

本书可作为GIS专业本科高年级课程和相关领域研究生的教材，也可作为GIS专业技术人员的参考书。

Kang-tsung Chang
Programming ArcObjects with VBA：A Task-Oriented Approach，Second Edition
ISBN 978-1-58488-580-1

图书在版编目(CIP)数据

基于VBA的ArcObjects编程：面向任务的方法/（美）张康聪著；陈健飞，蔡砥，黄婷薇译．—2版．—北京：科学出版社，2010

ISBN 978-7-03-026495-4

Ⅰ.①基… Ⅱ.①张…②陈…③蔡…④黄 Ⅲ.①地理信息系统-程序设计-应用软件，Arcs Ⅳ.①P208

中国版本图书馆CIP数据核字（2010）第014711号

责任编辑：韩 鹏 赵 冰 / 责任校对：张小霞
责任印制：徐晓晨 / 封面设计：王 浩

科 学 出 版 社 出版
北京东黄城根北街16号
邮政编码：100717
http://www.sciencep.com

北京厚诚则铭印刷科技有限公司 印刷
科学出版社发行 各地新华书店经销

*

2010年1月第 一 版 开本：787×1092 1/16
2019年5月第四次印刷 印张：20 1/4
字数：458 000

定价：128.00元

（如有印装质量问题，我社负责调换）

译 者 序

随着 ESRI 公司 ArcGIS 软件的发展，ArcObjects 已经成为整个 ArcGIS 系列软件的核心基础。每个想把自己的 ArcGIS 知识水平提升一个层次的人，都需要学会使用 ArcObjects。美国 CRC 出版社于 2005 年出版了张康聪（Kang-tsung Chang）教授编著的 *Programming ArcObjects with VBA：A Task-Oriented Approach*（第一版），广受读者欢迎，2008 年修订出版了第二版。本书系原著第二版的中文翻译版。

该书有以下三大特色。

一是采用面向任务的方法来学习 ArcObjects 编程。面向任务的方法至少有三个主要优点：首先，它将 ArcObjects 与已有知识联系起来；其次，面向任务的方法用一种符合 ArcGIS 用户逻辑的方法来组织 ArcObjects；最后，面向任务的方法还可以帮助我们用 ArcObjects 的新知识更好地理解 ArcGIS。该书采用 Visual Basic for Application（VBA）讲解 ArcObjects 编程。VBA 已经内嵌至 ArcMap 和 ArcCatalog，因此用 VBA 进行 ArcObjects 编程对于 ArcGIS 用户来说非常方便。

二是通过大量的示例练习开展渐进的编程训练。该书共附有 128 个示例宏程序，涉及从最基本的添加图层到高级的地理操作等方面，每个练习都相互独立，同时又有内在联系，可使读者由浅入深地学习 ArcObjects 编程。大量的练习，不仅在章节中作详细剖析，而且与案例数据一起可从网上下载资源，大大方便了读者。

三是系统性强。14 章内容分别涉及了 ArcObjects 的各个方面，不仅如此，在每章节的编排上，除了围绕任务讲解编程技巧外，还将练习中所涉及的主要对象、接口等列举出来并作简要介绍，使读者对各章节所涉及的技术内容有全面宏观的把握，也方便读者按需查阅。

本书是针对 GIS 专业高年级学生以及 GIS 软件开发人员、ArcGIS 用户所编写的一本从入门到精通 ArcObjects 的编程教材。ArcObjects 是一个庞大的类、对象、接口体系，各个对象和接口之间关系复杂，采用知识点列举的教学方式显然不能让读者快速系统地掌握编程技术。国内外已出版的 ArcObjects 相关书籍多为原理方法介绍，较少联系应用任务和实例，缺乏循序渐进的系统引导，也未附程序脚本和练习数据的光盘。本书以 ArcGIS 9.2 的二次开发为任务导向，通过示例程序，讲解编程要点并提供运行范例，可作为 GIS 专业本科高年级课程和相关领域研究生的教材，是我国 GIS 人才分层次培养进程中所急需的教学资源。无论读者的编程经验如何，本书将提供一把钥匙，让读者掌握 ArcObjects 强大且多样的功能，用于协助管理 GIS 活动。

本书的翻译出版，得到广州大学教材建设基金的资助。译校工作由陈健飞、蔡砥和黄婷薇合作完成。限于译者水平，译文不足之处在所难免，欢迎读者批评指正。

陈健飞

2009 年 10 月

引　言

本书的读者应是想要快速学习 ArcObjects 编程的 ArcGIS 用户。ArcObjects 和 ArcGIS 都是美国环境系统研究所公司（Environmental Systems Research Institute Inc.，ESRI）所开发和分发的产品。ArcObjects 是 ArcGIS 的开发平台；ArcGIS 是管理地理信息系统（geographic information systems，GIS）的软件包。用户在使用 ArcGIS 之前学习 ArcObjects 会更加理想，但实际情况却不是这样：他们学习使用 ArcGIS 的工具栏和命令。通过用户界面来学习总是比较简单，而通过从代码中找出对象、属性和方法来学习则相对困难。只有当我们意识到 ArcObjects 编程能减少大量的重复劳动，使工作更流程化，而且能够创造 ArcGIS 中不易获得的功能时，才会把 ArcObjects 提出来讨论。

如何快速有效地学习 ArcObjects 编程？答案是结合我们对 ArcGIS 的已有认识。这也许让一些人感到吃惊。

面向任务的方法

GIS 活动是面向任务的：我们用 GIS 进行数据整合、数据管理、数据显示、数据分析等。因此，采用面向任务的方法来学习 ArcObjects 编程是有效的。面向任务的方法至少有以下三个主要优点。

首先，它将 ArcObjects 与我们已有的知识联系起来。以 QueryFilter 为例，本书首先将 QueryFilter 对象（与数据探查）任务相联系。当我们知道该对象所执行的操作与 ArcMap 中的 Select by Attributes（按属性选择）命令所执行的操作相同时，就很好理解该对象的属性和方法了，因为 Select by Attributes 命令是我们常用的。

其次，面向任务的方法用一种符合 ArcGIS 用户逻辑的方式来组织 ArcObjects。对于初学者来说，要掌握 ArcObjects 模型图中的成千上万个对象、属性和方法，虽然是可能的，但实际上却非常困难。而运用面向任务的方法，我们就可以根据任务的组织渐进地学习 ArcObjects。

最后，面向任务的方法还可以帮助我们用 ArcObjects 的新知识更好地理解 ArcGIS。例如，SpatialFilter 类是 QueryFilter 的一种，除具有继承 QueryFilter 类的属性之外，它还具有自身的几何属性和空间关系属性。类之间的关系解释了为什么 ArcMap 中的 Select by Location（按位置选择）命令在进行数据查询时，可以同时接受属性约束和空间约束。也许，Select by Location 命令改名为 Select by Attributes and Location 更合适。

关于本书

本书有 14 章。前 3 章介绍 ArcObjects、编程基础和定制。本书采用 Visual Basic for Application（VBA）讲解 ArcObjects 编程。由于 VBA 已经内嵌至 ArcMap 和 ArcCatalog，用 VBA 进行 ArcObjects 的编程对于 ArcGIS 用户来说非常方便。下面对前 3 章所涉及的主要内容进行概括。

第 1 章 ArcObjects 概述——Geodatabase、ArcObjects、ArcObjects 的组织和 ArcObjects 的帮助资源以及 Geoprocessing 对象。

第 2 章编程基础——基本要素、代码的编写、调用子程序和函数、VB 编辑器和代码调试。

第 3 章用户界面的定制——用已有命令创建工具条、添加新的按钮和工具、添加窗体、制作基本的模板。

第 4～14 章介绍如何用 ArcObjects 编程解决一般的 GIS 任务。每一章都围绕着一个中心主题，分成三个部分：第一部分是关于某主题的 ArcGIS 命令的概览；第二部分讨论与该主题相关的对象；第三部分介绍该主题下解决一般任务的示例宏和示例 Geoprocessing 宏。将 ArcGIS 命令、ArcObjects 和示例宏结合在一起使我们能够将使用 ArcGIS 的经验和 ArcObjects 编程本身的功能有效地联系起来。

线上资源包含 95 个示例宏，按章节存放在 VBA _ programs 文件夹里。每个示例宏的起始部分有一段关于其用法的简短介绍，并列出其主要接口和主要成员（即属性和方法），接着是代码及其解释。许多宏被分成两个或多个部分，这样更容易对代码行进行解释。这些示例宏以文本文件的形式存储，很容易导入 ArcMap 和 ArcCatalog 的 Visual Basic Editor 中进行查看和运行。

线上资源还包括 33 个示例 Geoprocessing 宏，这是第二版新增的内容。这些宏按章节存放在 GP _ programs 文件夹里。Geoprocessing 对象是 ArcObjects 的新组件，用于支持在诸如 VBA 或 Python 这样的脚本语言中运行数百个 Geoprocessing 工具。这些工具和 ArcGIS 桌面软件中的 ArcToolbox 应用是一样的。Geoprocessing 对象是一种"粗颗粒"的对象，比那些"细颗粒"的对象要易用，因此让那些对 ArcObjects 的细节不够了解的用户也可以运行宏。在第 4～7 章以及第 9～14 章里，为了与常规的 VBA 宏相区别，这些 Geoprocessing 宏是用专栏框起来的。

本书中的所有示例宏都在 ArcGIS 9.2 上成功运行。线上资源包括了测试用的数据集，按章存放在 Data 文件夹里。必须注意两个问题：第一，宏的运行需要 ArcGIS9.1 或 ArcGIS9.2；第二，Data 文件夹必须在 C 驱动器下（如 c：\ data \ chap4），这已经编码到示例宏中。如果 Data 文件夹存放到其他驱动器（如 g：\ data \ chap4），则在运行宏之前，必须修改路径。

下面对 4～14 章所涉及的主要任务进行概括。

第 4 章数据集和图层管理——将数据集添加为图层、管理图层、管理数据集和报告地理数据集的信息。

第 5 章属性数据管理——列举字段集和字段属性、添加或删除字段、字段值的计算、表的连接和关联。

第 6 章数据转换——Shapefile 转换为 geodatabase、coverage 转换为 geodatabase 和 shapefile、栅格化和矢量化、添加 XY 事件。

第 7 章坐标系——操作动态（on-the-fly）投影、定义坐标系、地理变换、投影数据集。

第 8 章数据显示——矢量数据、栅格数据、制作页面布局。

第 9 章数据探查——属性查询、空间查询、空间查询和属性查询的结合、计算描述性统计值。

第 10 章矢量数据操作——缓冲区（buffer）分析、叠置（overlay）分析、基于位置的数据连接、要素（feature）运算。

第 11 章栅格数据操作——管理栅格数据，逻辑操作（local operations）、邻域操作（neighborhood operations）、区带操作（zonal operations）、距离量算（distance measure）操作。

第 12 章地形制图和分析——计算等值线（contour）、坡度（slope）、坡向（aspect）和地貌晕渲（hillshade）、视域（viewshed）分析、流域（watershed）分析、创建并编辑 TIN。

第 13 章空间插值——创建空间插值、插值方法比较。

第 14 章二值模型和指数模型——建立二值模型和指标模型。

排版凡例

下面列出本书中采用的排版凡例：

（1）VBA 示例宏与正文是分开的，以不同字体表示。

（2）示例 Geoprocessing 宏用专栏框起来，以不同字体表示。

目　录

第 1 章　ArcObjects 概述

环境系统研究所（ESRI，Environmental Systems Research Institute Inc.）公司的 ArcGIS 采用单一的可伸缩的构架。ArcGIS 的三个版本，即 ArcView、ArcEditor 和 ArcInfo 共享相同的应用程序，包括 ArcCatalog 和 ArcMap。Geodatabase 数据模型和 ArcObjects 是 ArcCatalog 和 ArcMap 这两个桌面应用的基础。它们也向本书的读者提供了在 ArcGIS 中使用 VBA（Visual Basic for Applications）定制应用程序的基础。

Geodatabase 数据模型取代了 ESRI 公司过去用于 coverage 的 shapefile 的 georelational 数据模型。这两个数据模型的不同点就在于如何对地理数据和属性数据进行存储。Georelational 数据模型把地理数据和属性数据分别存储在不同的系统中：地理数据（geo）存储为图形文件；属性数据（relational）存储为关系数据库。Georelational 数据模型一般采用要素标签或者 ID 来链接两个部分。这两个部分必须同步，以保证能够统一地进行查询、分析和显示。相反，geodatabase 数据模型将地理数据和属性数据共同存放在唯一的系统中，其中地理数据存放为几何字段。

Geodatabase 数据模型的另一个特色是使用了面向对象技术。面向对象技术把空间要素视为一个对象并把同一类空间要素组成一个类。类，或者类中的对象，拥有属性和方法。属性描述对象的特征或性质，方法则实现对象的行为。ArcGIS 的开发者在 ArcGIS的数以百计的类上已经实现了属性和方法。因此，当我们在使用 ArcCatalog 和 ArcMap 的时候，实际上是与这些类以及它们的属性和方法的互动。

本章的重点是 geodatabase 数据模型和 ArcObjects。为了在程序中使用 ArcObjects，我们必须了解在 geodatabase 数据模型下空间数据的结构和存储方式，以及 ArcObjects中的类是如何设计和组织的。1.1 节介绍 geodatabase 数据模型的基础，包括模型中所涵盖的数据的类型；1.2 节介绍 ArcObjects 的基础，包括类、类与类之间的关系、接口、属性和方法；1.3 节介绍 ArcObjects 的组织；1.4 节介绍 ArcObjects 的帮助资源。

1.1　Geodatabase

地理信息系统（geographic information system，GIS）管理地理空间数据（geospatial data）。地理空间数据用于描述空间要素的位置信息和特征信息，地面上诸如公路、地块及植被等都是空间要素。空间要素的位置信息是用地理坐标（经度和纬度值）或者投影坐标（例如全球横轴墨卡托投影，即 UTM 坐标）来测度的。空间要素的特征信息被表示成数值型和字符型属性。本书中使用地理数据（geographical data）这个术语描述那些包含了空间要素位置的数据，而用非地理数据（non-geographical data）来描述那些仅包含空间要素属性的数据。

Geodatabase 用表（table）储存地理数据和非地理数据。因此区别表的不同类型是很重要的。表有行和列。每个行对应着一个要素，每个列（字段）表示属性。包含地理数据的表有一个几何字段，用于同仅包含非地理数据的表相互区分。接下来的章节将介绍可存放于 Geodatabase 的地理数据和非地理数据。

1.1.1 矢量数据

Geodatabase 数据模型表现了点、复线（polyline）和多边形等矢量型的空间要素[1]。点要素可以是单点要素（simple point），也可以是包含一系列点的多点要素（multipoint feature）。复线要素是一组线段，可以是连续的也可以是不连续的。多边形要素可以由一个或多个环组成。一个环是一组连续的、闭合的、不相交的线段。

Geodatabase 将空间要素分为要素类（feature class）和要素数据集（feature dataset）。要素类是一组具有相同几何类型的空间要素的集合。因此要素类可能包含单点要素、线要素或多边形要素。要素数据集是具有相同坐标系和空间范围的要素类的集合。因此，要素数据集可以用于管理相同研究区的不同的要素类，或用于管理相互具有拓扑关系的要素类，比如几何网络或同平面（二维）拓扑结构。拓扑结构是一系列的关系，用于定义一个或多个要素类中的要素如何共享几何空间。

要素类与 shapefile 相似，拥有简单要素；要素数据集与 coverage 相似，拥有基于相同坐标系的多个数据集。但是这种相似并不能说明传统的数据模型与受计算机技术进步驱动的 geodatabase 数据模型之间没有其他区别。

在 geodatabase 中，要素类可以是单独的要素类或者是要素数据集中的一部分。不论在哪种情况下，要素类都是以表的形式存储的。一个要素类至少有两个字段：一是对象 ID 或要素 ID；另一个是几何（geometry）或形状（shape）。要素类也可以有其他属性字段，但是几何字段使一个要素类与其他的表区分开。

ArcGIS 的用户把要素类视作一个要素属性表。在 ArcMap 中打开要素层的属性表的时候，可以看到上文两个默认字段。而且我们只需通过一张要素属性表就能在地图上定位并且高亮显示空间要素。

要素类中的要素可以进一步细分为子类型。例如，道路要素类可以基于日均车流量来划分子类。Geodatabase 数据模型为对象分组提供了 4 条广泛认定的规则：属性域（attribute domains）、默认值（default values）、连通性规则（connectivity rules）和关系规则（relationship rules）[1]。属性域将属性值限定为值的有效范围或是一组有效值的集合。默认值设定了预期属性值。连通性规则控制几何网络中的要素如何彼此相连接。关系规则决定了有多少要素是和另一个要素有联系的。

1.1.2 栅格数据

Geodatabase 数据模型把栅格数据描述成等大小的空间单元的二维数组[1]。数组和单元的概念与 ESRI 网格模型（grid model）的概念相同。

对 GIS 而言，大部分的栅格数据是可用的，包括卫星影像、数字高程模型(DEM)、数字正射影像、扫描文件、图形文件和特定软件的栅格数据（如 ESRI 网格）[2]。Geodatabase 模型将它们视为栅格数据集（raster dataset）。不过，栅格数据集可以是单波段（single band），也可以是多波段（multiple bands）的。一般 ESRI 网格包含单波段，而多光谱卫星影像则包含多波段。

一个多波段栅格数据集可以是栅格数据操作的输出。例如，耗费距离量算操作（参见第 11 章）可以生成最小累计耗费距离（least accumulative cost distance）、后向链（back link）以及配置（allocation）。首先可以把这几个不同的输出结果存储在多波段栅格数据集中，每个波段存储一个输出结果，而后被提取出来建立适当的栅格数据集。

1.1.3 不规则三角网

Geodatabase 数据模型用不规则三角网（TIN）数据集来储存一系列互不重叠的三角形来近似表示一个表面。高程值连同 x、y 坐标一起存储在组成三角形的结点上。在地形制图与分析的许多情况下，TIN 数据集是栅格数据的一种新选择。究竟选哪一个取决于数据的灵活性和计算效率[2]。

TIN 的输入包括数字高程模型（digital elevation model，DEM）、等值线、全球定位系统（global positioning system，GPS）数据、光达（light detection and ranging，LiDAR）数据和测量数据。我们也可以借助线要素（如水流和道路）和面要素（如湖泊和水库）来修改和改善 TIN。因此，数据灵活性是使用 TIN 的重要优势。此外，相比高程栅格来说，TIN 的三角形面更易于建立一个鲜明的地形图像。

计算效率是使用栅格数据集的主要优点。数组和单元的简单数据结构使坡度、坡向、表面曲率、视域、流域等运算变得相对容易。

1.1.4 位置数据

位置数据（location data）指的是能被转换成点要素的数据。通常位置数据的例子是包含 x、y 坐标或者街道地址的表。我们可以把有 x、y 坐标的表直接转换成点要素类，其中每个要素对应一对 x、y 坐标。用街道网络为参照，我们还可以把街道地址序列转换成一组点要素。

1.1.5 非地理数据

储存非地理数据的表是没有几何字段的。Geodatabase 数据模型把这样的表定义为一个对象类（object class）。对象类的例子包括由逗号分隔的文本文件和 dBASE 文件。这些文件或表包含空间要素的属性，并包含键值（即关联字段），以便在相关的数据库环境中链接地理数据。

1.2　ArcObjects

ArcObjects 是 ArcGIS Desktop 的开发平台，也是 ArcGIS Engine、ArcGIS Server 的开发平台（本书仅涵盖 ArcGIS Desktop）。ArcObjects 是对象的集合，隐含于我们执行 ArcGIS 任务的菜单和图标。这些对象还使得软件开发者得以访问数据并编程执行任务。

1.2.1　对象和类

ArcObjects 由对象和类组成[3]。一个对象代表一个空间要素，如道路或植被。在 geodatabase 中，一个对象对应着表中的一行，而表中的列则记录对象的属性。一个类是一组具有相似属性的对象的集合。在 ArcObjects 中，类可以有内建的接口、属性和方法。

ArcObjects 包括三种类型。

(1) 最常见的类是组件类（coclass）。组件类可以用来产生新的对象。例如，FeatureClass 是组件类，它可以用于创建一个新的作为组件类实例的要素类对象。

(2) 第二种是抽象类。抽象类不能够用来创建新的对象。抽象类的存在使得其他的类（即子类）可以使用和共享某个抽象类所支持的属性和方法。例如，GeoDataset 是一个抽象类。GeoDataset 类的存在使诸如要素类、栅格数据集等地理数据集能全部地共享 GeoDataset 所支持的空间范围属性和空间参照属性。

(3) 第三种是类。类不能直接用来创建新的对象，类的对象必须由其他类来产生。例如，EnumInvalidObject 是一个不可创建的类，因为 EnumInvalidObject 只能从另一个对象获得，如数据转换对象等。例如，当我们将 Shapefile 从一种坐标转换到另一种坐标时，数据转换对象会自动产生一个 EnumInvalidObject 对象来跟踪转换失败的对象。

1.2.2　类间关系

面向对象技术引入了多种类间关系类型。ArcObjects 的开发者通常继续使用这些关系。Zeiler 编著的关于 ArcObjects 的类间关系是一本很好的参考书[3]。同时还有许多讨论有关面向对象技术的分析与设计的书籍，如 Larman[4] 的著作。必须理解类间关系的基本概念，这对于浏览对象模型图以及 ArcObjects 编程都是非常重要的。

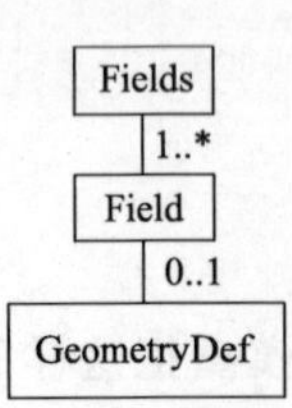

图 1.1　Fields 和 Field 之间的关系是“一对一”或“一对多”关系，而 Field 和 GeometryDef 之间的关系是“一对 0”或“一对一”关系

Association 描述了两个类之间的关系。Association 用多重性表达（multiplicity expressions）来明确一个类能有多少个实例与另一个类是关联的。常见的多重性表达是“一对一”或“一对多”

(1..*)。例如，图 1.1 表示 fields 和 field 之间的关联关系以及 field 和 GeometryDef 之间的关联关系。图 1.1 的多重性表达表明：

(1) 一个 fields 对象可以和一个或多个 field 对象关联。fields 表示表中字段的集合。

(2) 一个 field 对象可以与 0 个或一个 GeometryDef 对象关联，其中 GeometryDef 代表几何定义（geometry definition）。

与几何定义关联的字段是几何字段，一个表最多只能有一个几何字段。

类型继承（type inheritance）关系定义了父类和子类之间的关系。子类是父类的成员之一，并且继承了父类的属性和方法。同时子类也可以拥有其他的属性和方法以区别于父类的其他成员。如图 1.2 所示，GeographicCoordinateSystem 类是 SpatialReference 类的子类。GeographicCoordinateSystem 类、ProjectedCoordinateSystem 类和 UnknownCoordinateSystem 类都继承了 SpatialReference 类所支持的属性和方法。但 GeographicCoordinateSystem 类拥有额外的、关于地理坐标系的特定属性和方法。

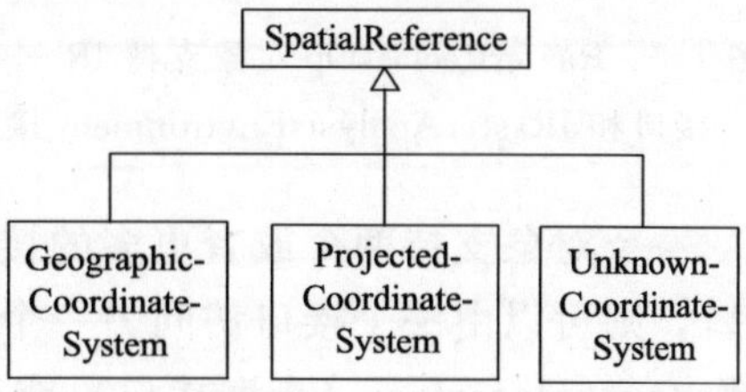

图 1.2 SpatialReference 及其三个子类

组成（composition）关系描述类之间的整体-局部的关系。组成关系属于关联（association）关系的一种，不过，其组合端的多重性一般是 1，另一端的多重性则可以是 0 或任意正整数。例如，Map 类和 FeatureLayer 类是组成关系（图 1.3）。在 ArcMap 中，地图对象（map object）表示一张地图或者一个数据框架（data frame），而一个要素图层对象（feature layer object）表示地图中的要素型图层。一张地图能与多个要素图层关联。换言之，要素图层是地图的一部分。

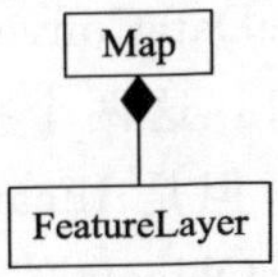

图 1.3 Map 对象由 0 个、一个或多个 FeatureLayer 对象组成

聚合（aggregation）关系又称为共享聚合，描述类间的整体-部分的关系，但与组成关系不同，聚合关系的组成端的多重性一般超过 1。例如，图 1.4 表示 SelectionSet 对象可以由 QueryFilter 对象和 Table 对象创建。组合端的表和查询筛选器（query filter）可以创建另一端的查询集（selection set）。

实例化（instantiation）关系是指类的对象可以由另一个类的对象来创建。例如，图 1.4 显示查询集对象可以由查询筛选器和表创建。另一个例子是我们前面提到的 EnumInvalidObject，它可以由 FeatureDataConverter 对象来创建（图 1.5）。

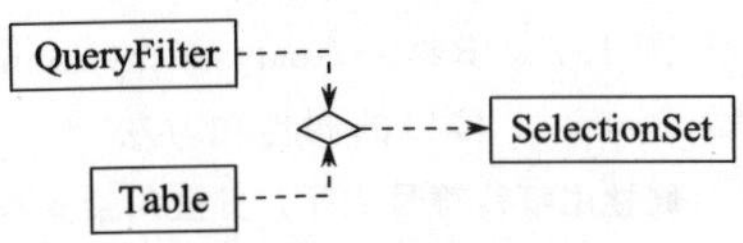

图 1.4 QueryFilter 对象和 Table 对象可共同创建 SelectionSet 对象

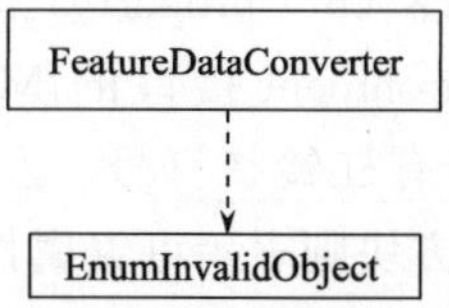

图 1.5 EnumInvalidObject 对象由 FeatureDataConverter 对象来创建

1.2.3　接　口

当我们用 ArcObjects 中的对象来编程时，可能不直接使用对象，而是通过其某个接口来访问。接口提供了一系列外部可见的操作。例如，RasterReclassOp 对象实现了 IRasterAnalysisEnvironment 接口和 IReclassOp 接口（图 1.6）。我们可以通过 IRasterAnalysisEnvironment 接口或 IReclassOp 接口来访问 RasterReclassOp 对象，而不是直接访问对象本身。

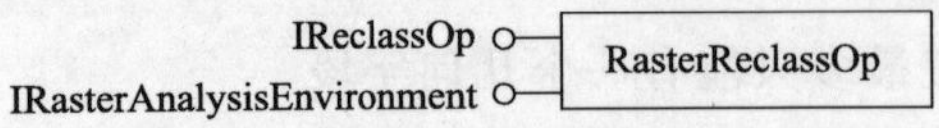

图 1.6　RasterReclassOp 对象支持 IReclassOp 接口和 IRasterAnalysisEnvironment 接口

一个对象支持两个或者更多的接口。另外，对象还可以继承父类接口。如果是多个接口，则可以由一个接口访问另一个接口，或从一个接口跳转至另一接口。这个技术被称作 QueryInterface（查询接口）或简称 QI。QI 简化了编程过程。假设我们要运用一个 RasterReclassOp 对象来进行栅格数据分类。首先，我们用 IRasterAnalysisEnvironment 接口建立分析环境。然后通过 QI 转到 IReclassOp 接口进行数据再分类。在第 2 章中介绍编程基础时，我们将详细讨论 QI 技术。

一些 ArcObjects 的对象有两个或多个相似接口。例如，FeatureDataConverter 对象实现了 IFeatureDataConverter 接口和 IFeatureDataConverter2 接口。这两个接口都提供了 shapefiles、coverages 和 geodatabases 之间的格式转换方法。但是 IFeatureDataConverter2接口在数据子集方面有附加的功能。面向对象技术让 ArcObjects 的开发者在不需删除或更新现存接口的情况下仍可以为类添加新的接口。

1.2.4　属性和方法

接口提供了一系列外部可见的操作。更确切地说，接口允许程序员使用该接口提供的属性和方法。属性描述对象的一个性质或特征。方法也称为行为，即进行一个特定的动作。例如，图 1.7 显示了 IRasterAnalysisEnvironment 接口的属性和方法。这些属性和方法都被称作该接口的成员。

属性可以是只读的、只写的或可读写的。可读属性也被称为可取属性（get property），可写属性也被称为可置属性（put property）。在图 1.7 中，IRasterAnalysisEnvironment 接口的 Mask 属性和 OutWorkspace 属性带有杠铃状符号。左侧带方块表示可取属性，右侧带方块则表示可置属性。如果右侧方块是空心的，说明该属性是通过参数写入的；如果是实心的，则表示可直接写入值。这两种可置属性的区别在于赋值的方式不同。通过参数写入的可置属性必须使

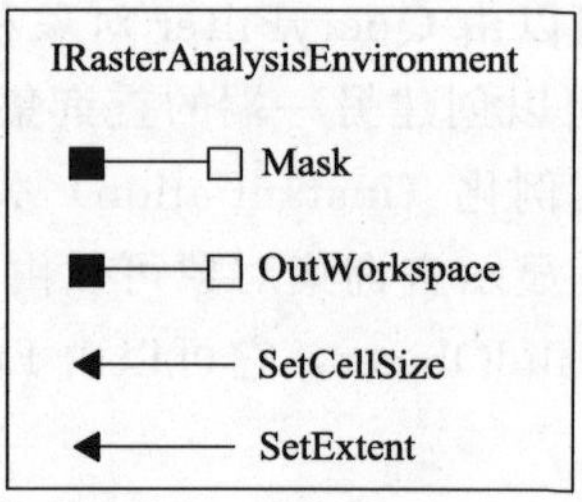

图 1.7　IRasterAnalysisEnvironment 接口的属性和方法

（属性用哑铃符号表示，方法用箭头符号表示；本书的一些场合中，属性和方法用双冒号表示，如 IRasterAnalysisEnvironment：：Mask）

用关键词 Set，而直接写值的则不用。例如，通过 IRasterAnalysisEnvironment 接口的 Mask 属性来指定一个分析掩模，我们需要用到类似下列的语句：Set pEnv. Mask＝pMaskDataset，其中，pEnv 代表分析环境，而 pMaskDataset 代表分析掩模对象。

要完成一个动作，接口的方法需要一些参数，并可能返回一个或多个值。在图 1.7 中，箭头符号表示 IRasterAnalysisEnvironment 接口上的 SetCellSize 方法和 SetExtent 方法。SetCellSize 方法的语法是 object. SetCellSize（envType [，cellSizeProvider]）。该方法有两个参数：第一个参数是必需的；第二个是可选的。

接口可能不会兼有属性和方法。有的接口只有属性，而有的接口只有方法。例如，IReclassOp 接口只有方法。图 1.8 列出了 IReclassOp 接口的 5 个方法中的 2 个。这些方法都对栅格数据进行重分类，但机制不同。ReclassByASCIIFile 方法使用的是 ASCII 文件，而 ReclassByRemap 方法则利用编程建立的重映射（remap）。

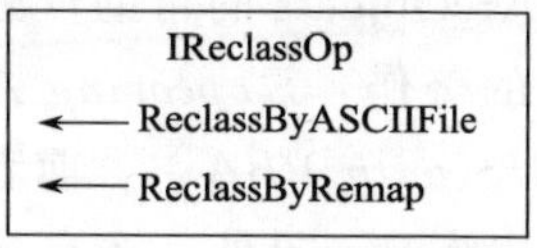

图 1.8　IReclassOp 接口的方法

1.3　ArcObjects 的组织

ArcGIS9.2 有成千上万个组件类和接口。ESRI 公司将 ArcObjects 对象划分为超过 65 个的库。诸如 ArcCatalog、ArcCatalogUI、ArcMap、ArcMapUI、Carto、Display、Geodatabase 和 Geoprocessing 等是核心库；而 3D Analyst、Spatial Analyst 和 Network Analyst 等是扩展库。每一个库所包含的对象都具有可绘制的类间关系。例如，Carto 库拥有 map document、map 和 page layout 等对象。

采用库和子系统来组织 ArcObjects 类似于通过应用模块和功能来组织 ArcGIS。这种组织方式对于熟悉 ArcGIS 操作的人来说，是一个很好的起点。例如，空间分析器（Spatial Analyst）扩展库根据栅格数据操作的类型来组织对象。因此，库中的对象模型列出了 RasterConditionalOp、RasterExtractionOp、RasterLocalOp、RasterMapAlgebraOp、RasterNeighborhoodOp、RasterZonalOp 以及其他与空间分析器扩展模块各种功能有类似名称的对象。熟悉 ArcGIS 空间分析器扩展模块的用户在使用这些对象时就不会有问题了。而其他子系统，如 Geodatabase、ArcMap 和 ArcCatalog 中的许多对象采用了新的面向对象的概念和方法，因此难以与以前的有所联系。

要使用库中的对象，必须引用该库。这意味着要引用的库对于用户必须是可用的。各个 ArcObject 库的可用性依赖于其有效许可。例如，如果没有 ArcScene 扩展模块的许可证，则用户不能访问 ArcScene 库及其对象。

对于 ArcGIS9.2 来说，ArcObjects 核心库、3D 分析器扩展库、空间分析器扩展库等自动地加载到 VBA 中。换句话说，我们不需要引用这些库就可以使用其中的对象。对于那些没有自动加载的库，在 Visual Basic 编辑器里有一个引用选项，该选项打开一个列有所有有效对象库的列表，允许用户引用它们。

ArcObjects 包含了 ESRI 公司所开发的对象。近来的发展趋势表明，对象也可以按行业分类的模式来归类。因为真实世界中的对象都具有不同的属性和方法，无法相互应用，例如，运输行业对象的属性和方法就无法应用于林业行业的对象。ESRI 已经为地址、林业、运输、水力、地块、环境设施及其他领域的对象模型的开发建立了网站（http://www.esri.com/software/arcgisdatamodel）。和 ESRI 的行业对象模型同时发展的，是对用于 3D、交通以及其他方面的复杂模型的不断升温的研究[5-7]。

1.4 ArcObjects 帮助资源

ArcObjects 的帮助资源有专业著作和文档两种。ESRI 已出版了两本关于 ArcObjects 的著作：*Exploring ArcObjects*[3] 和 *Getting to Know ArcObjects：Programming ArcGIS with VBA*[8]。前者是两卷关于 ArcObjects 的参考书，后者是工具书，包含 20 个实用练习。另外，还有其他与 ArcObjects 有关的出版物，例如，*ArcGIS Developer's Guide for VBA* 涵盖了 ArcGIS 应用开发的基本知识[9]；而 *Avenue Wraps* 介绍的是如何将 Avenue 脚本转换成 VBA 代码[10]。本节介绍电子文档和在线帮助文档，我们在运用 ArcObjects 进行编程时，需要经常查阅这些文档。

1.4.1 ArcObjects 开发者帮助

在 ArcGIS 的启动菜单中提供 VBA 开发者帮助，可链接到 ArcObjects 库参考、Geoprocessing 工具参考（1.5 节）、实例查询以及 ESRI 开发者网络（ESRI developer network，EDN）的网站（http://edn.esri.com）。EDN 拥有最新的 ArcGIS 开发信息，包括对象库、示例代码、技术文档和对象模型图。EDN 文档库的首页罗列了以下 ArcGIS 库：当前版本的库、9.1 版本的库、9.0 版本的库和 8.x 版的库。点击当前版本库，接着点击侧面工具条的 ArcObjects Library Reference，该库包含了 ArcObjects 核心库和扩展库。我们可以将地理分析器（GeoAnalyst）看作一个例子点击它。关于该库的帮助被分为 GeoAnalyst Library 回顾、GeoAnalyst Library 目录、GeoAnalyst 库对象模型图、接口、组件类、类，以及常数（如枚举量）。概述页对库以及库中的组件类和类进行了介绍；内容页列举了接口、组件类、类及枚举量。对象模型图是 PDF 格式的，展示类之间的关系，也展示组件类和类的接口、属性和方法（图 1.9）。接口页、组件类和类页按字母顺序存储。加入我们想获得 IRasterAnalysisEnvironment 的帮助，可以点击 Enterfaces、IR，然后点击 IRasterAnalysisEnvironment。该接口，以及相应的属性和方法分别罗列在不同入口。如果点击 GetCellSize 方法，将显示该方法的 Visual Basic 语言语法，以及其他语言语法。

1.4.2 环境系统研究所公司（ESRI）对象浏览器

ESRI 对象浏览器，简称 EOBrowser，是用于浏览对象库的工具，该工具可通过点击开始菜单的 ArcGIS/Develop Tools 使用。在该浏览器的文件菜单中，可访问 Object Library References（对象库引用）对话框，以便添加和删除对象库（图 1.10）。EO-

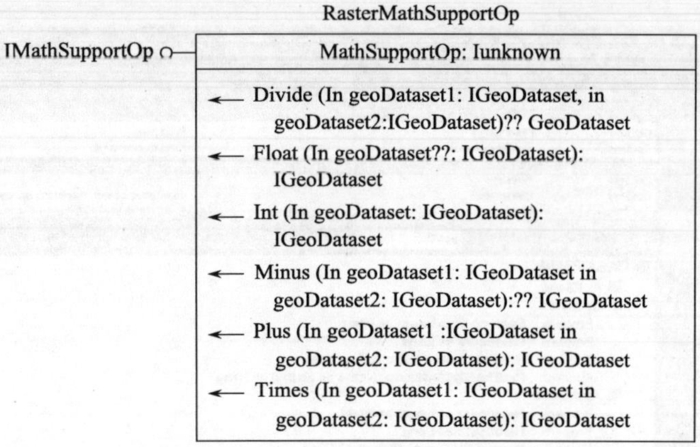

图 1.9　空间分析器（Spatial Analyst）对象模型图的一部分

Browser 窗口中有控件，用户可以选择所有的组件类，也可选择某个对象库的所有接口，用于显示和浏览（图 1.11）。假定我们要浏览 IRasterAnalysisEnvironment。首先，在浏览器的文件菜单处选择 Object Library References 菜单项。如果窗口中 ESRI GeoAnalyst Object Library 没有被列为激活库，则点击 Add 按钮，从 Select From Registry 下拉菜单处选择 ESRI GeoAnalyst Object Library。关闭 Object Library References 对话框，在 Search For 文本框处输入“irasteranalysisenviron”，点击 Contains 按钮，去掉 All boxes for Coclasses、Interfaces、Enumerations 和 Structures 的勾选状态，但勾选 Interface Name 框。接下来点击 Search 按钮，IRasterAnalysisEnvironment 将显示在 EOBrowser 窗口的顶端。点选 IRasterAnalysisEnvironment 再点击 Show Selected Objects。此时显示 IRasterAnalysisEnvironment 的属性和方法（子程序）。

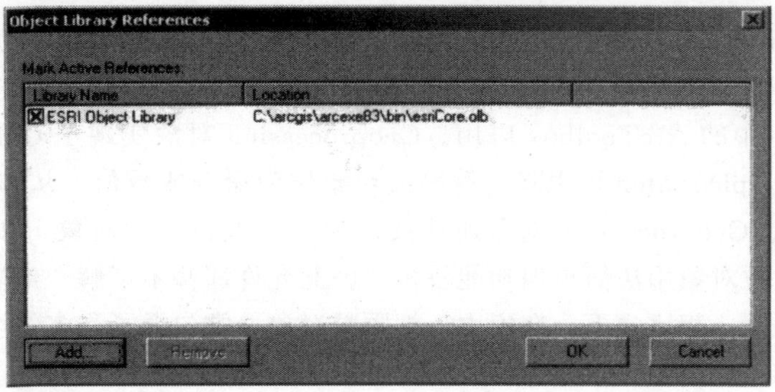

图 1.10　对象库引用（Object Library References）对话框让用户添加和删除对象库

1.4.3　ESRI 库定位器

ESRI Library Locator（ESRI 库定位器）是一个用于查找包含指定接口或组件类的

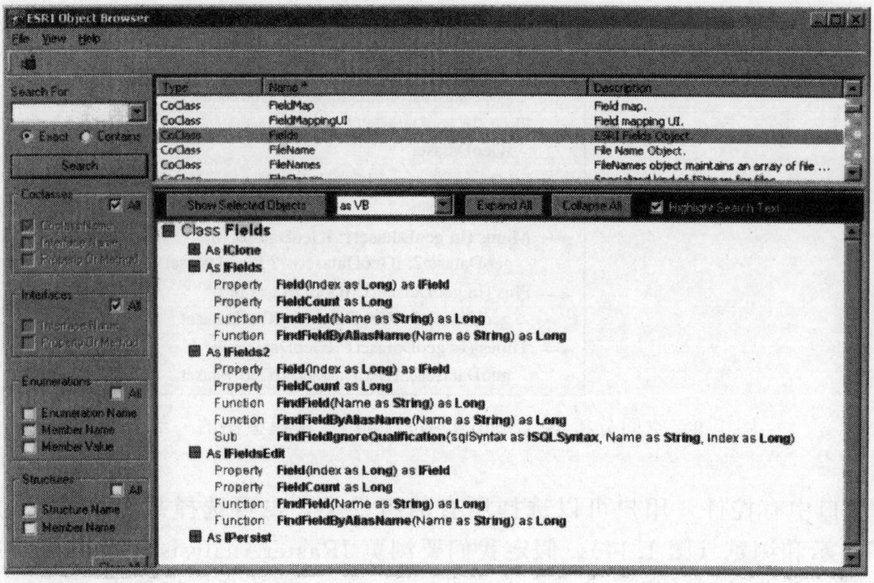

图 1.11　EOBrowser 的顶部显示了 ESRI 对象库的所有组件对象，底部显示了 Fields 组件类所支持的接口

对象库的工具，可通过开始菜单的 ArcGIS/Develop Tools 启动。该工具打开一个对话框，供用户输入接口名、组件类名、枚举量名或者结构名，然后显示包含查找项的库。

1.5　Geoprocessing 对象

Geoprocessing（地理操作）对象是一个新的 ArcObjects 组件，辅助运行采用诸如 VBA 和 Python 的脚本语言书写的几百个地理处理工具。这些地理处理工具等同于 ArcGIS Desktop 中的 ArcToolbox 应用。Geoprocessing 对象实现了 GpDispatch，这和其他对象不同。GpDispatch 可以将字符串或对象作为命令或数值，从脚本传递给 Geoprocessing 对象。Geoprocessing 对象通常被称为“粗颗粒”的对象。和其他对象的不同处在于，粗颗粒对象用法简单但功能较多，因此允许那些不了解“细颗粒”对象细节的用户去运行程序。相比之下，在宏中，细颗粒对象通常包含了许多细小的片段。

对于熟悉 ArcInfo Workstation 的读者而言，利用地理处理工具进行编程工作，类似于在 AML（arc macro language）语言中利用 ArcInfo 命令进行编程。只要语法正确，对象或命令就可以运行，而程序员不用理会该对象或命令是怎么拼装成的。

本书的第 4～7 章，以及第 9～14 章，讨论运用了 Geoprocessing（GP）对象的宏。GP 宏被框成专栏，以便和其他常规的 ArcObjects 宏相区别。顾名思义，Geoprocessing 对象不用于数据显示、数据查询和图层管理。这个缺陷可以通过将 GP 宏和常规宏结合起来克服。关于两者的结合，第 12 章有一个例子，利用 GP 宏从一个数字高程模型导出一个坡向图层，而通过一个常规的宏来利用色彩符号显示该坡向图层。

作为一种粗颗粒的对象，Geoprocessing 对象对于那些需要重复执行数据操作的 GIS 用户来说非常有用。而对于软件开发人员来说，由于必须和 ArcObjects 的属性和方法打交道，必须在宏里自由组织这些属性和方法，因此 Geoprocessing 对象的作用比较小。ArcGIS Desktop 的在线帮助里，有地理操作工具的参考资料，提供了能够和 Geoprocessing 对象一起使用的许多工具的最新信息。这些工具的组织方式与 ArcToolbox 中的相同。例如，要查找 Clip 工具的语法，用户可以选择 Analysis 工具箱、Extract 工具集，然后是 Clip (Analysis)。在 Clip (Analysis) 页，向下滚动到命令行语法。帮助文档中列出的语法如下：

```
Clip _ analysis <in _ features> <clip _ features> <out _ feature _ class> {cluster _ tolerance}
```

前三个参数是必须的，代表了输入图层、切割图层和输出图层。最后一个参数是群组容差，是可选参数。该命令行语法是 VBA 语言的语法。另外，对于 Python 用户，必须采用下面的脚本语法：Clip _ analysis (in _ features，clip _ features，out-feature-class，cluster _ tolerance)。Python 是一种文本型的与平台无关的语言，可以从 http://www.python.org 上下载。本书不讨论 Python 脚本。

ESRI 公司发布了两个关于地理操作工具的文档：*Writing Geoprocessing Scripts with ArcGIS* 和 *Geoprocessing Commands*：*Quick Reference Guide*。这两个文档都可以从公司的网页上下载 (http://www.esri.com)。

参 考 文 献

[1] Zeiler，M.，Modeling Our World：The ESRI Guide to Geodatabase Design，Environmental Systems Research Institute，Redlands，California，1999.

[2] Chang，K.，Introduction to Geographic Information Systems，4th ed.，McGraw-Hill，New York，2006.

[3] Zeiler，M.，Ed.，Exploring ArcObjects，ESRI，Redlands，California，2001.

[4] Larman，C.，Applying UML and Patterns：An Introduction to Object-Oriented Analysis and Design，Prentice Hall，Upper Saddle River，New Jersey，2001.

[5] Koncz，N. A. and Adams，T. M.，A data model for multi-dimensional transportation applications，International Journal of Geographic Information Science，16，551，2002.

[6] Huang，B.，An object model with parametric polymorphism for dynamic segmentation，International Journal of Geographic Information Science，17，343，2003.

[7] Shi，W.，Yang，B.，and Li，Q.，An object-oriented data model for complex objects in three-dimensional geographic information systems，International Journal of Geographic Information Science，17，411，2003.

[8] Burke，R.，Getting to Know ArcObjects：Programming ArcGIS with VBA，ESRI Press，Redlands，California，2003.

[9] Razavi，A. H.，ArcGIS Developer's Guide For VBA，OnWord Press/Delmar Learning，Clifton Park，New York，2002.

[10] Tonias，C. N. and Tonias，E. C.，Avenue Wraps，The CEDRA Press，Rochester，New York，2002.

第2章 编程基础

ArcObjects 是 ArcGIS 的开发平台。ArcObjects 建立在微软的组件对象模型(Component Object Model，COM）技术之上，所以我们可以使用任何支持 COM 的开发语言，结合 ArcObjects 来定制 ArcGIS 里的应用。本书采用的 VBA（Visual Basic for Applications）已嵌入在 ArcGIS 的 ArcMap 和 ArcCatalog 中。其他支持 COM 的编程语言还有 Visual Basic、C++等。

编写 ArcGIS 应用程序需要 VBA 和 ArcObjects 的知识：VBA 是编程语言，而 ArcObjects提供了对象及对象内建的属性和方法。有些读者可能有兴趣把 ArcObjects 拿来和 ESRI 以前开发的两种编程语言 Avenue 及 AML（Arc Macro Language）进行对比。ArcObjects 编程与 Avenue 编程在对象和属性、方法（Avenue 中称为请求）的使用上非常相似，但有两个关键不同：首先，ArcObjects 编程用的是 VBA，是微软产品系列中的通用编程语言；其次，ArcObjects 比 Avenue 拥有更多的对象、属性和方法。ArcObjects 编程与 AML 编程从概念上来说是不同的，AML 是过程化的编程语言，而不是面向对象的语言。Geoprocessing 对象是一个例外，正如第 1 章提到的，Geoprocessing 对象是粗颗粒的对象。在很多方面，Geoprocessing 工具编程类似于利用 AML 进行 ArcInfo 命令编程。

本章主要介绍编程语言及代码的编写，但章节中的很多示例会用到 ArcObjects。2.1 节讨论 VBA 编程的基本元素，如过程、变量、接口和数组；2.2 节介绍编写代码的基本技能；2.3 节解释如何将代码段组成一个程序来使用；2.4 节介绍用于编写、编译、运行宏的 Visual Basic Editor（编辑器）；2.5 节介绍用于识别宏中的错误代码的调试工具。

2.1 基本元素

本节介绍编程的基本元素。许多元素是直接和 VBA 相关的。因此这些元素的额外信息可以在微软的 VB 帮助中找到，而在 ArcMap 和 ArcCatalog 中可以通过 Visual Basic Editor 直接获得这些帮助文档。

2.1.1 工程、模块、过程和宏

过程（procedure）是 VBA 编程的基本单位。过程是一个代码段，它可以执行指定的任务，如定义地理数据集的坐标系。在微软的 Word、Excel、Access 中用 VBA 开发的应用程序称为宏（macro）。宏与过程从功能上来说是类似的。模块（module）是过程的集合，而工程（project）则是模块的集合（图 2.1)。本书中大多数宏的示例都是

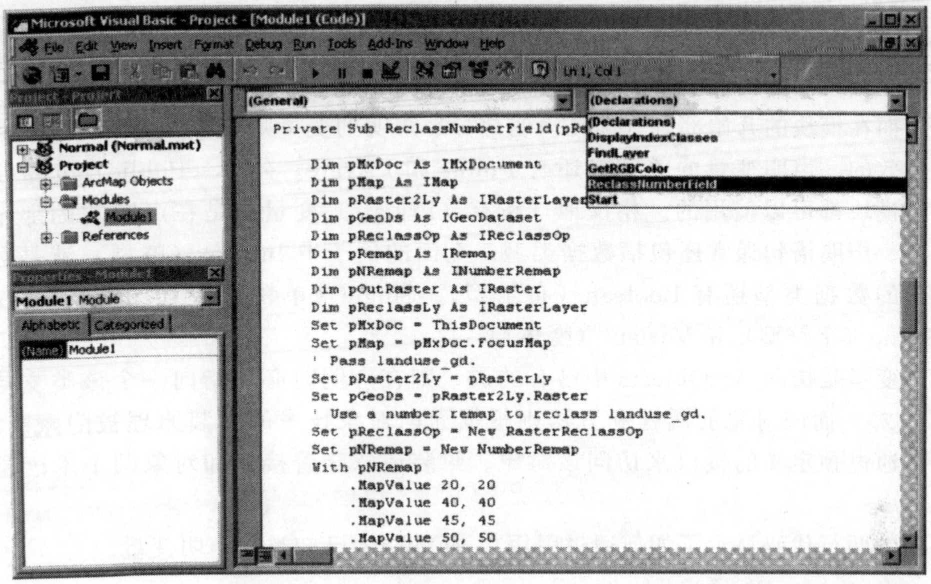

图 2.1　在 VB 编辑器的左边，工程浏览器显示 Module1 是工程中的一个模块；而右边，过程列表显示了代码窗口中的过程是 ReClassNumberField

过程，但有一部分则是模块。例如，第 14 章中的模块用来建立二值模型和指数模型，其中每个模块都由几个过程构成。

过程可以是私有的或者公有的。私有过程只能被同一模块中的其他过程调用。而公有的过程则可以被工程中的其他模块调用。

过程有事件（event）、子程序（sub）和函数（function）三种类型。事件过程是与窗体或对话框中的控件（如命令按钮）相关联的。子程序和函数则不与控件直接相关。函数有返回值，而子程序没有。本书用到的主要是子程序和函数。第 3 章和第 8 章用到了事件过程来定制用户界面。

过程以关键字 Sub 或 Function 开始，以 End Sub 或 End Function 语句结束。VBA 会自动创建新过程的首行和尾行，这两行代码我们称其为标记行。

2.1.2　变　　量

变量存储的是宏可以访问和修改的值。VBA 中的变量要先声明才能使用。声明语句可以全部放在宏的顶部，或者写在任何需要的地方。本书采用在宏顶部声明变量的方式。如果宏被分隔成几个部分，则在每一个部分的开始处声明变量。为了确保变量被明确地声明，建议在模块的开始部分添加 option explicit 行。当某个变量未被声明，Option Explicit 语句将高亮显示含有未声明变量的行，并提示“编译错误：变量未定义”。

如何在宏中声明变量取决于该变量是否指向 ArcObjects 类。下面两行代码定义了一个计数变量 n，并将其赋值为 5，这是一个没有指向 ArcObjects 类的变量。

```
Dim n As Integer
n = 5
```

Dim 是最常用的声明变量的关键字。过程中用 Dim 关键字声明的变量只在该过程中有效。而在模块的开始部分（即在声明部分）声明的变量则对该模块内的所有过程来说都是有效的。声明变量的关键字还有 Public 和 Private。公有（Public）变量是工程内的所有模块都可以使用的。相反地，私有（Private）变量只是在声明它的那个模块内部有效。声明语句通常还包括数据类型。上面的例子中 Integer（整型）就是数据类型。其他的数据类型还有 Boolean（布尔型）、Single（单精度型）、Double（双精度型）、String（字符型）和 Variant（变体型）。

如果变量是指向 ArcObjects 中已有的类，则在声明时必须指向一个该类支持的接口（图 2.2）。而该对象的属性和方法则根据面向对象技术的封装原理被隐藏。因此，我们只能通过预定义的接口来访问该对象。封装还意味着接口和对象两个术语是可互换的。

下面的两行代码显示了如何通过引用 ArcObjects 已知类来声明变量。

```
Dim pField As IFieldEdit
Set pField = New Field
```

第一行声明了 pField 变量，该变量指向 Field 组件类所支持的 IFieldEdit 接口（图 2.2）。第二行通过创建 Field 类的实例 pField 来创建一个新的 Field 对象。pField 的第一个字母 p 通常表示这是一个指针变量。而 IFieldEdit 中的第一个字母 I 通常表示这是一个接口。IFieldEdit 中的字母的大小写使其更易理解。这是面向对象技术编程中的命名习惯。在对变量进行赋值时则使用关键字 Set。

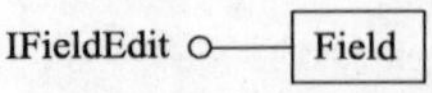

图 2.2　字段变量可由 Field 对象所支持的 IFieldEdit 来声明

下面这个例子定义了 ArcMap 的当前数据框架上的最上面的图层。

```
Dim pMxDoc As IMxDocument
Dim pMap As IMap
Dim pFeatureLayer As ILayer
Set pMxDoc = ThisDocument
Set pMap = pMxDoc. FocusMap
Set pFeatureLayer = pMap. Layer (0)
```

Dim 语句将 pMxDoc 定义为指向 IMxDocument 的变量，将 pMap 定义为指向 IMap 的变量，将 pFeatureLayer 定义为指向 IFeatureLayer 的对象。第一个 Set 语句将 ThisDocument 赋值给 pMxDoc。ThisDocument 是 MxDocument 对象预定义的名字。当 ArcMap 启动时，MxDocument 和 Application 就已经存在了。ThisDocument 的另一种使用形式是 Application. Document，它指向的是 ArcMap 应用程序的文档。第二个 Set 语句是将 FocusMap（即地图文档的当前活动地图）赋给 pMap。第三个 Set 语句则是将当前地图的 Layer（0）（即当前地图的最上图层）赋给 pFeatureLayer，在 VBA 中计数从 0 开始。FocusMap 和 Layer（）都是属性，我们将在下一节介绍。

2.1.3 属性和方法的使用

属性是对象的特性。例如，FocusMap 是 IMxDocument 的属性，Layer（0）是 IMap 的属性。使用属性的语法是 object. property，如 pMxDoc. FocusMap。FocusMap 和 Layer（）的属性都是只可取或者说只读。下面的例子显示的则是可写的属性。

```
Dim pFeatureClass As IFeatureClass
Set pFeatureLayer. FeatureClass = pFeatureClass
PFeatureLayer. Name = "breakstrm"
```

该例子展示了写属性的两种方法：传引用（reference）或传值（value）。第二行通过传引用的方式，将 pFeatureClass 赋值给 pFeatureLayer. FeatureClass 属性；第三行则通过传值的方式直接将字符串“breakstrm”赋给 pFeatureLayer 的 Name 属性。

传引用和传值两种方法的区别在于关键字 Set 的使用。我们如何判断应该使用哪一种方法呢? 一种方法是从 ArcObjects 开发者帮助文档中获得帮助，在帮助文档中，传引用的方法会有一个空心的方形符号标注，而传值方式则是以一个固定的实心的方形符号标注。另一种方法是由 VBA 的编译器捕捉错误。如果缺少关键字 Set，编译器则会返回“方法或数据成员未找到”（Method or data member not found）的提示信息，如果关键字 Set 是不必要的，则会返回“错误使用属性”（Invalid use of property）的信息。

方法会执行特定的操作。方法可以有返回值，也可以没有。调用方法的语法是 object. method。许多方法需要对象限定词（object qualifier）和参数（argument）。例如，下面这行代码是为地图添加一个要素层。

```
PMap. AddLayer pFeatureLayer
```

IMap 的 AddLayer 方法为 pMap 添加了一个要素层 pFeatureLayer。该方法需要对象限定词（即 pFeatureLayer），而且没有返回值和接口。

下面例子是从磁盘上获得工作区，并从该工作区获取一个 shapefile 文件。

```
Dim pFeatureWorkspace As IFeatureWorkspace
Dim pFeatureClass As IFeatureClass
Set pFeatureWorkspace = pWorkspaceFactory. OpenFromFile ("c:\data\chap2",
0)
Set pFeatureClass = pFeatureWorkspace. OpenFeatureClass ("emidastrm")
```

IWorkspaceFactory 接口的 OpenFromFile 方法返回了一个关于特定工作区（即“c:\data\chap2\”）的接口。接下来代码用 IFeatureWorkspace 接口的 OpenFeatureClass 方法打开该工作区中的 shapefile 文件 emidastrm。这两个方法都带了参数。OpenFromFile 方法的第一个参数是工作区，第二个参数“0”是使 VBA 获取 ArcMap 的窗口句柄。OpenFeatureClass 方法的参数是要素类名的字符串。

VBA 对于属性和方法有自动完成代码的功能。我们在对象变量后输入一个点，VBA 则会用下拉列表显示该对象可用的属性和方法。我们可以滚动该列表以选择需要的属性和方法，或是输入属性或方法的前几个字母也可选取相应的属性和方法。

2.1.4 查询接口

类对象可支持两个或多个接口，而每个接口又有多个属性和方法。当声明一个变量时，我们首先将该变量指向特定的接口。要将其转向其他接口，可以使用查询接口（QueryInterface，QI）。QI 使编程人员可以从一个接口跳转到另一个接口（在本书中，QI 既被用作动词和也被用作名词）。

我们再看一下 2.13 中的一段代码以更好地理解 QI。

```
Dim pFeatureWorkspace As IFeatureWorkspace
Dim pFeatureClass As IFeatureClass
Set pFeatureWorkspace = pWorkspaceFactory.OpenFromFile ("c:\data\chap2",
0)
Set pFeatureClass = pFeatureWorkspace.OpenFeatureClass ("emidastrm") 'QI
```

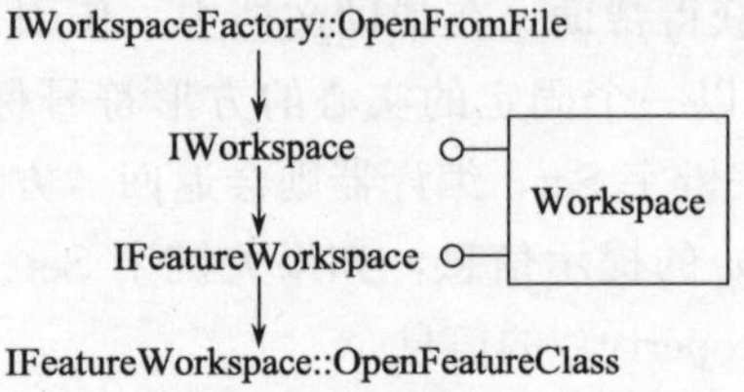

图 2.3 通过 QI 从 IWorkspace 跳转到 IFeatureWorkspace

OpenFromFile 方法的语法表明，该方法会返回工作区对象支持的 IWorkspace 接口。但是，要使用 IFeatureWorkspace 的 OpenFeatureClass 方法的话，代码必须进行 QI，获得工作区对象也同样支持的接口 IFeatureWorkspace（图 2.3）。

下例是一段将要素数据转换成栅格数据的代码。RasterConversionOp 对象支持 IConversionOp 和 IRasterAnalysisEnvironment 两种接口（图 2.4）。IConversionOp 接口具有将要素数据转换成栅格数据的方法，IRasterAnalysisEnvironment 接口具有设置分析环境的属性和方法。下例中用 QI 定义矢量数据，转换为栅格数据，输出单元大小为 5000。

```
Dim pConversionOp As IConversionOp
Dim pEnv As IRasterAnalysisEnvironment
Set pConversionOp = New RasterConversionOp
Set pEnv = pConversionOp  'QI
PEnv.SetCellSize esriRasterEnvValue, 5000
```

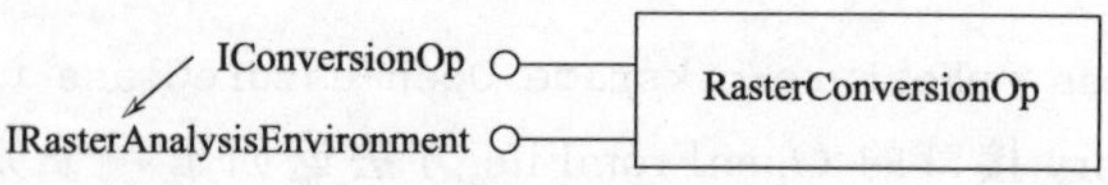

图 2.4 通过 QI 从 IConversionOp 跳转至 IRasterAnalysisEnvironment

2.1.5 注释行和续行

注释行是一行文字，用于对代码语句或者代码段进行解释。注释行以单引号（'）

开始，本书的示例将注释行置于一条语句或者一组语句之前，除了部分短的注释行放在语句之后，如 QI。注释语句在 VB 编辑器中默认以绿色显示。

代码语句通常写为一行。长语句可以分隔成两行以上。代码行最后的下划线（ _ ）表示该行未完成，下一行继续。

2.1.6 数　　组

数组是存储同一类型的一组数据的特殊类型变量，而不像普通变量只存储单一的值。与其他变量一样，数组变量也用 Dim、Private、Public 等关键字来声明。但是数组变量在声明时必须附带指明其大小。如下例中定义 AnArray 为具有 11 个整型数据（0～10）的数组变量。

```
Dim AnArray (10) As Integer
```

上例中的 AnArray 是一个静态数组，即它的大小是已经定义好的。另一种数组类型是动态数组。动态数组没有固定的大小，而是通过 VBA 的关键字（如关键字 ReDim）去获得数组信息并改变其大小，动态数组必须在模块中定义。

2.1.7 集　　合

Collection（集合）包括一系列有序的对象，这些对象可以有不同的数据类型。集合的定义如下：

```
Dim theList As New Collection
```

下面这段代码使用循环语句和 Collection 类的 Add 方法将字段名添加至集合对象 theList 中。

```
Dim theList As New Collection
For ii = 0 To pFields. FieldCount - 1
    Set aField = pFields. Field (ii)
    fieldName = aField. Name
    theList. Add (fieldName)
Next
```

2.2 代码的编写

本节将介绍处理判断操作、分支操作、循环操作以及对话框的编程技术。

2.2.1 If…Then…Else 语句

在宏中做判断的一个简单的方法是使用 If…Then…Else 语句。其语法如下：

```
If condition Then
```

```
    [statements]
Else
    [else _ statements]
End If
```

如果关键字 If 后的条件为 True，程序接下来将执行 Then 后面的语句；如果 If 后的条件结果为 False，程序则执行 Else 后面的语句。If…Then…Else 语句能够处理是和否两种结果。要处理更多的情况，则要再添加 ElseIf 子句：

```
If condition Then
    [statements]
Else If condition - n Then
        [elseif _ statements]
Else
    [else _ statements]
End If
```

下面的例子的作用是：如果最上层图层的名字是“idcounty”，则将变量 n 的值赋为 5，否则赋为 3。

```
If (pFeatureLayer. Name = "idcounty") Then
    n = 5
Else
    n = 3
End If
```

当 If…Then…Else 语句与关键字 TypeOf 同时使用，那么 If…Then…Else 语句可以在使用某一接口之前检查这一对象是否支持该接口。下例的代码片段的作用是在将输出单元的大小设置为 5000 之前，确保对象 pConversionOp 支持 IRasterAnalysisEnvironment 接口。

```
Dim pConversionOp As IConversionOp
Dim pEnv As IRasterAnalysisEnvironment
Set pConversionOp = New RasterConversionOp
If TypeOf pConversionOp Is IRasterAnalysisEnvironment Then
    Set pEnv = pConversionOp 'QI
    PEnv. SetCellSize esriRasterEnvValue, 5000
End If
```

If…Then…Else 语句的另一个常用的用法是检查可能导致程序出错的情况，例如，除以 0 的错误。如果这种出错情况的确出现的话，关键字 Else 后的 Exit Sub 语句会立即结束宏的运行。

2.2.2 Select 语句

在 If…Then…Else 语句中，如果可能的结果有三个或四个，那么该语句会显得混乱和复杂。这时候我们可以使用 Select Case 语句，其语法如下：

```
Select Case test _ expression
    [Case expression _ list - n
    [statements - n]] ...
    [Case Else
    [else _ statements]]
End Select
```

在 ArcObjects 中，字段的数据类型是用 0～8 的数值来编码的。Select Case 语句可以将这些数值转译成文字描述。下例使用 Select Case 语句来为字段提供数据类型的文字说明。

```
Dim fieldType As Integer
Dim typeDes As String
Select Case fieldType
Case 0
    typeDes = "SmallInteger"
Case 1
    typeDes = "Integer"
Case 2
    typeDes = "Single"
Case 3
    typeDes = "Double"
Case 4
    typeDes = "String"
Case 5
    typeDes = "Date"
Case 6
    typeDes = "OID"
Case 7
    typeDes = "Geometry"
Case 8
    typeDes = "Blob"
End Select
```

2.2.3 Do…Loop 语句

Do…Loop 语句循环地执行宏里的某一段代码。VBA 的循环类型有两种：Do While 和 Do Until。Do While 在条件为真时一直循环：

```
Do While condition
    [statements]
Loop
```

下面这个例子是用 Do While 完成的，当用户提供 shapefile 的名字时，则重复执行一段代码，直到 InputBox 的值为空时，循环才停止。

```
Dim pInput As String
pInput = InputBox ("Enter the name of the input shapefile")
Do While pInput <> ""
    [statements]
Loop
```

Do Until 语句则是一直重复执行一段代码直到条件为真：

```
Do Until condition
    [statements]
Loop
```

下例用 Do Until 循环计算在指针范围内（即一个选定的集合）有多少个城市。

```
Dim pCity As IFeature
Dim intCount As Integer
Dim pCityCursor As IFeatureCursor
Set pCity = pCityCursor. NextFeature
Do Until pCity is Nothing
    IntCount = intCount + 1
    Set pCity = pCityCursor. NextFeature
Loop
```

上例中的 FeatureCursor 对象存储了一个已选定的要素集。IFeatureCursor 接口的 NextFeature 方法为要素指针的位置前移一位，并返回该位置的要素。我们通过使用指针和 NextFeature 方法，每当 NextFeature 前移到新的要素时，为 intCount 的值加 1。直到没有新的要素（即 nothing）时该循环才结束。

2.2.4 For…Next 语句

For…Next 语句与 Do…Loop 语句类似，都是重复执行一段代码。For…Next 语句循环的次数是给定的，而不是用一个条件语句来决定循环。循环次数由起始值、结束值及步长（步长的默认值是 1）来决定。

```
For counter = start To end [Step step]
    [statements]
Next
```

下例中我们用For…Next语句将要素类的字段名添加至一个集合：

```
Dim pFields As IFields
Dim ii As Long
Dim aField As IField
Dim fieldName As Variant
Dim theList As New Collection
For ii = 0 To pFields. FieldCount - 1
    Set aField = pFields. Field (ii)
    fieldName = aField. Name
    theList. Add (fieldName)
Next
```

IFields接口的FieldCount属性返回pFields的字段数。接着，代码将For…Next语句的起始值设为0，结束值设为字段数减1，从而使得变量ii的值代表字段的序号。

Exit For语句是退出For…Next循环，将控制权交给Next下面的语句。下例中，在未完成指定次数的循环之前，如果到达名称为idcities的图层，则利用Exit For语句退出循环。

```
Dim pMxDoc As IMxDocument
Dim pMap As IMap
Dim pLayer As ILayer
Dim i As Integer
Set pMxDoc = ThisDocument
Set pMap = pMxDoc. FocusMap
For ii = 0 To pMap. LayerCount - 1
    Set pLayer = pMap. Layer (i)
    If pLayer. Name = "idcities" Then
        i = ii
        Exit For
    End If
Next ii
MsgBox "idcounty is at index " & i
```

2.2.5　For Each…Next语句

For Each…Next语句对数组或集合中的每一个对象执行相同的一组语句：

```
For Each element In group
```

```
    [statements]
Next
```

下面这段代码用 For Each…Next 来打印字段名集合变量 theList 中每个字段的名字。

```
'Display the list of field names in a message box
For Each fieldName In theList
  MsgBox "The field name is " & fieldName
Next fieldName
```

2.2.6 With 语句

With 语句使程序员能够针对某个对象来执行一段代码。其语法如下：

```
With object
    [statements]
End With
```

下面这段代码用 With 语句编辑一个新字段的名字、类型和长度属性。

```
Dim pField As IFieldEdit
Set pField = New Field
With pField
      .Name = "pop2000"
      .Type = esriFieldTypeInteger
      .Length = 8
End With
```

With 语句也可用以下代码来替代：

```
pField.Name = "pop2000"
pField.Type = esriFieldTypeInteger
pField.Length = 8
```

2.2.7 对 话 框

在宏中，对话框起着与用户交换信息的作用。本节讨论消息框和输入框，这两种简单的对话框在 VBA 宏中很常用。其他类型的对话框将在本书其他章节涉及。第 3 章将会介绍用 VB 窗体建立用户定制的对话框。第 4 章和第 14 章用到了选择数据集的浏览器对话框，第 10 章用到了进程条对话框，用来显示空间连接操作的进度。浏览器对话框和进度条对话框是允许 ArcObjects 宏和用户进行交互的对话框例子。

消息对话框可以被用作一个语句或一个函数。作为一个语句，消息框会显示一串文字，例如，以下代码是用来显示双引号内的文本加上 fieldName 变量的值。

```
MsgBox "The field name is " & fieldName
```

用户看到字段名后，点击消息对话框上的OK按钮告知宏。VBA中的chr$（）函数是处理多行消息的，例如，chr$（13）表示回车符，chr$（10）表示换行符。另外，vbCrLf常量和chr$（10）一样也有换行的功能。例如，下面的语句利用两行来分别显示最小值和最大值：

```
MsgBox "The minimum is: " & Min & Chr$ (10) & "The Maximum is: "& Max
```

作为一个函数，消息框返回了用户所按按钮的ID值。下面的代码片段创建了一个消息框，将用户的选择返回给iAnswer。消息框提供一个提示（如“是否继续”）、一个Yes按钮、一个No按钮、一个问号图标，消息框的标题是Continue。Yes按钮的返回值为6，No按钮的返回值为7。

```
Dim iAnswer As Integer
iAnswer = MsgBox ("Do you want to continue? ", vbYesNo + vbQuestion,
"Continue")
MsgBox "The answer is: " & iAnswer
```

输入框在对话框中显示一段提示，并返回用户输入的字符串。例如，下面这行代码执行的结果是在对话框中显示“请输入要导入的shapefile的名字”（Enter the name of the input shapefile）这样的一段文字提示，并将用户输入的值保存至pInput变量。

```
Dim pInput As String
pInput = InputBox ("Enter the name of the input shapefile")
```

2.3 调用子程序和函数过程

一个过程，不论是子程序或是函数，都可以被其他过程所调用。VBA提供了许多常用的简单函数。消息框和输入框就是其中之一。其他常用的还有CStr和Cint函数，CStr函数的功能是将数值转换为字符，Cint函数则是将字符型转换为整型数值。

本节要介绍的内容比简单VBA函数更进一步，我们将对更广泛的主题进行讨论。过程能否被相同模块中的其他过程所调用，或者能否被整个工程中的其他模块所调用，取决于它是私有的还是公有的。因此，我们可以把子程序或函数过程看作是一种工具，并建立一个模块作为工具的集合。把代码细分为子程序或函数的最大优点在于它们可以在其他模块中被重复利用，同时代码段较小也易于查错，并能更好地组织代码。

下面的例子中，子程序Start从输入框中获得用户输入的数值，然后调用子程序Inverse来计算和显示该数值的倒数。

```
Private Sub Start ()
    Dim n As Integer
    n = InputBox ("Type a number")
    'Call the Inverse sub.
    Inverse n
End Sub
```

```
Private Sub Inverse (m)
    Dim d As Double
    d = 1/m
    MsgBox "The inverse of the number is: " & d
End Sub
```

Start 子程序将用户输入的 *n* 作为参数传给了子程序 Inverse。Inverse 使用这个由 Start 传来的值 *m*（和 *n* 相等）计算其倒数。我们注意到这个示例中并没有用到 Call 这个关键字。如果程序员喜欢使用关键字 Call 的话，那么 inverse n 这句可以改为：

```
Call Inverse (n)
```

下例中的 Start 子程序调用的是函数，而不是子程序去完成相同的功能：

```
Private Sub Start ()
    Dim n As Integer
    Dim dd As Double
    n = InputBox ("Type a number")
    'Call the Inverse function and assign the return value to dd.
    dd = Inverse (n)
    MsgBox "The inverse of the number is: "& dd
End Sub

Private Function Inverse (m) As Double
    Dim d As Double
    d = 1/m
    Inverse = d 'Return the d value.
End Function
```

我们要注意用调用函数取代调用子程序时发生的几个变化。

第一，Start 子程序中用了下面这行代码将 Inverse 函数返回的值赋给它自己定义的双精度型变量 dd：

```
dd = Inverse (n)
```

第二，在定义 Inverse 函数时加了 As Double 子句：

```
Private Function Inverse (m) As Double
```

这个子句的意思是 Inverse 被声明为一个双精度型的过程，因此，该函数的返回值的类型就是双精度型。

第三，下一行代码将 Inverse 函数接收到的参数 *m* 的倒数 *d* 赋给了 Inverse：

```
Inverse = d
```

这个 *d* 的值就是最终返回给子程序 Start 的值，并被赋给了 Start 的变量 dd。

2.4　Visual Basic 编辑器

Visual Basic 编辑器是用来编译和运行程序的工具。要在 ArcCatalog 或 ArcMap 中打开 VB 编辑器，可先点击工具菜单，指向宏，然后选择 VB 编辑器。

图 2.5 是 ArcMap 中的 VB 编辑器。菜单栏、工具栏以及窗口组成用户界面。Export File 这里有几个命令要说明一下，用户可以使用 File 菜单中的 Import File 和 O 来导入或导出文本格式的宏。Debug 菜单中有编译和调试宏的命令，Run 菜单中有运行和重置宏的命令。工具栏中也有 Run Sub/UserForm、Break、Reset 等工具。

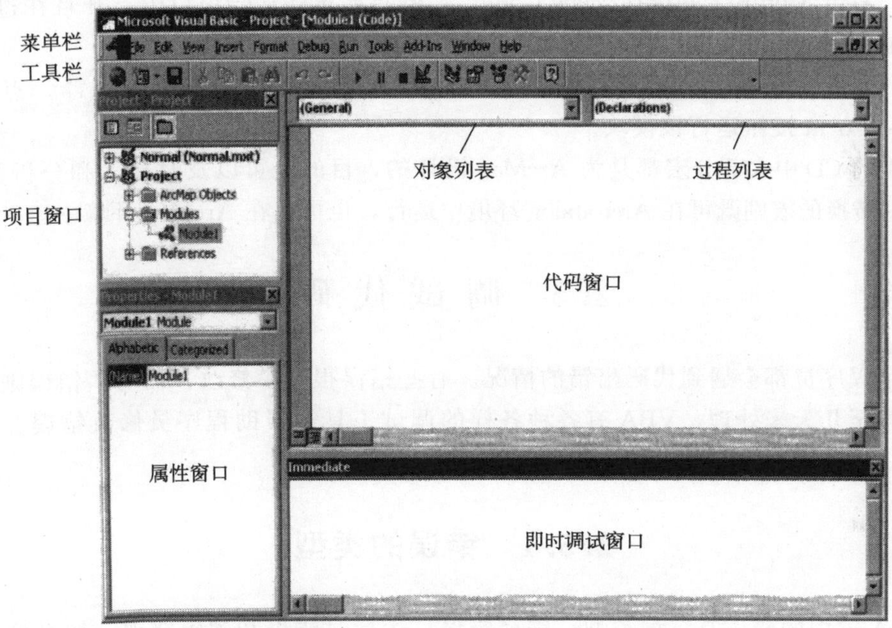

图 2.5　VB 编辑器包括菜单栏、工具栏、工程窗口、属性窗口、代码窗口、对象列表、过程列表和即时调试窗口

图 2.5 显示了四种窗口：Code（代码）窗口、Project（工程）窗口、Properties（属性）窗口和 Immediate（即时调试）窗口。代码窗口是准备和编辑宏的区域。我们可以在此创建新的宏或者导入宏。代码窗口顶部有两个下拉列表。左边是对象列表，右边是过程列表。项目窗口，也称为项目浏览器，是项目、项目目录及每个项目的引用的分级列表。Normal.mxt 是所有地图文档的模板，不管 VB 编辑器是否打开这个模板都是已经存在的。换个角度说，项目是指向地图文档的。具有特殊功能的宏是专门开发的，并且保存在当前的项目层。属性窗口会显示用户窗体上的控件如命令按钮、文本框等的属性。第 3 章的用户界面定制将会介绍属性窗口的使用。即时（Immediate）调试窗口是用来进行代码调试的。使用 Debug.Print 语句，则可以将变量的值显示在该窗口

以便调试。

ArcCatalog 中的 VB 编辑器与 ArcMap 的类似。唯一的不同就是 ArcCatalog 中的项目浏览器只包括 Normal. gxt。ArcCatalog 没有文档，所有的定制都运用于应用程序。

下列各项介绍了如何使用 VB 编辑器来导入并使用本书附带的 CD 中的示例模块。

(1) 在 ArcMap 的 Project Explorer 中右击 Project 并选择 Import File；如果是在 ArcCatalog 中，右击 Project Explorer 上的 Normal（模板）并选择 Import File。

(2) 在 Import File 对话框中的文件类型下拉框中选择 All Files。示例模块是文本格式的。点击 Open，将示例模块导入至 VB 编辑器。

(3) 点开 Modules 文件夹右边的加号，打开模块目录。

(4) 右击 Module1 并选择 View Code。代码将显示在代码窗口中，并且在过程列表中将会显示模块的名字。

(5) 从 Debug 菜单中选择 Compile Project 来保证项目能被成功编译。点击 Run Sub/UserForm 按钮运行该模块。

附带的 CD 中大部分宏都是为 ArcMap 设计的，目的是可以及时显示和分析数据集。部分数据转换的宏则既可在 ArcCatalog 环境中运行，也可以在 ArcMap 环境中运行。

2.5 调试代码

每个程序员都会遇到代码出错的情况。有些错误很容易修改，而有些错误则需要几个小时甚至几天来处理。VBA 有各种各样的调试工具来帮助程序员修改错误。这里我们将介绍几种常用的调试工具。

2.5.1 错误的类型

VBA 宏中的错误有三种类型：编译错误、运行时错误和逻辑错误。如果发现有编译错误，VBA 则会立即停止编译。编译错误是由于使用的 VBA 语法不正确而引起的。例如，With 块缺少 End With 语句，或者 Do Until 语句缺少关键字 Loop 都会引起编译错误。编译错误也可能是由于在宏中使用了接口所没有的属性或方法。例如，IFeatureWorkspace 接口有 OpenFeatureClass 方法，但没有 OpenFromFile 方法。当宏试图利用方法来打开一个要素类时，VBA 出现编译错误，提示“Method or data member not found”（方法成员或数据成员未找到）。要了解某接口是否具有某属性或方法，我们可以先在编码窗口中高亮选择该接口代码，然后按 F1 按钮。这将打开 ArcObjects Developer Help 中的该接口的帮助页。

运行时错误发生在宏运行的时候，这时宏已经通过编译。运行时错误比编译错误更难于修改。下面这段代码显示当前图的每一层的名字：

```
Private Sub LayerName ()
    Dim pMxDoc As IMxDocument
    Dim pMap As IMap
```

```
    Dim pFeatureLayer As IFeatureLayer
    Dim ii As Integer
    Set pMxDoc = ThisDocument
    Set pMap = pMxDoc. FocusMap
    'Loop through each layer, and report its name.
    For ii = 1 To pMap. LayerCount
        Set pFeatureLayer = pMap. Layer (ii)
        MsgBox "The name of layer is: " & pFeatureLayer. name
    Next
End Sub
```

这个宏在编译时是正确的。但运行时出现运行时错误："Run-time error '5'：Invalid procedure call or argument."。VBA 认为在当前地图的所有图层之外还有一个图层。要使宏正确运行，For…Next 语句必须做如下修改：

```
For ii = 0 To pMap. LayerCount-1
```

下例与前面我们用来显示输入数值的倒数的示例相似，只是在调用函数时没有将用户输入的数值 *n* 这个参数传入。因此，Inverse 函数中的 *m* 默认为 0，这种情况下出现的错误信息是 "Run-time error '11'：Division by zero"，即出现除 0 的错误。

```
Private Sub Start ()
    Dim n As Integer
    Dim dd As Double
    n = InputBox ("Type a number")
    'Call the Inverse function and assign the return value to dd.
    dd = Inverse ()
    MsgBox "The inverse of the number is: " & dd
End Sub

Private Function Inverse () As Double
    Dim d As Double
    d = 1/m
    Inverse = d'Return the value d.
End Function
```

逻辑错误又比运行时错误更难于修改。逻辑错误不会影响宏的编译和运行，但却会产生错误的结果。无穷循环是每个程序员都惧怕的逻辑错误。无穷循环可能是由于 Do…Loop 语句中的条件设置不正确而导致的。

2.5.2 On Error 语句

VBA 有一个称为 Err 的内建对象。Err 对象具有能够识别运行时错误的错误码、错误描述以及错误源的属性。当发生错误时我们可以用 On Error 语句来显示 Err 对象的属性：

```
On Error GoTo line
```

下面的代码使用 On Error 语句来处理运行时被 0 除的错误。

```
Private Sub Start ()
    On Error GoTo ErrorHandler
    Dim n As Integer
    Dim dd As Double
    n = InputBox ("Type a number")
    'Call the Inverse function and assign the return value to dd.
    dd = Inverse ()
    MsgBox "The inverse of the number is: " & dd
    Exit Sub 'Exit to avoid error handler.
ErrorHandler: 'Error-handling routine.
    MsgBox Str (Err.Number) & ": "& Err.Description, "Error"
End Sub

Private Function Inverse () As Double
    Dim d As Double
    d = 1/m
    Inverse = d'Return the value d.
End Function
```

当错误发生时，ErrorHandler：（错误句柄）在以标题为“Error”的消息框中显示“11：Division by zero”（除数为 0）。我们注意到 On Error 语句放在代码的最开始处。当发生运行时错误时，代码将直接转向 ErrorHandler：运行并显示错误信息。同时，我们还看到 Exit Sub 语句恰好在 ErrorHandle：语句之前，这样可以避免在没有错误的情况下也显示错误提示。

2.5.3 断点和调试窗口的使用

断点可以使程序在指定的位置挂起。因此，程序员可以设置断点检查变量值并确定代码工作是否正常。下面这段代码在 For…Next 语句的 Next 行设置了一个断点，并且用 Debug. Print 方法（Print 是 Debug 的方法）来打印计数器的值和图层的名字，同时在调试窗口中显示调试结果（图 2.6）。

```
Private Sub LayerName ()
    Dim pMxDoc As IMxDocument
    Dim pMap As IMap
    Dim pFeatureLayer As IFeatureLayer
```

```
    Dim ii As Integer
    Set pMxDoc = ThisDocument
    Set pMap = pMxDoc. FocusMap
    'Loop through each layer, and report its name.
    For ii = 0 To pMap. LayerCount - 1
        Set pFeatureLayer = pMap. Layer (ii)
        Debug. Print ii &  ":   " & pFeatureLayer. name
    Next
End Sub
```

第一次循环完成后，即时调试窗口显示值为 0，并显示当前地图的首层的名字。点击继续按钮（与运行宏是同一按钮），即时调试窗口显示下一组值。

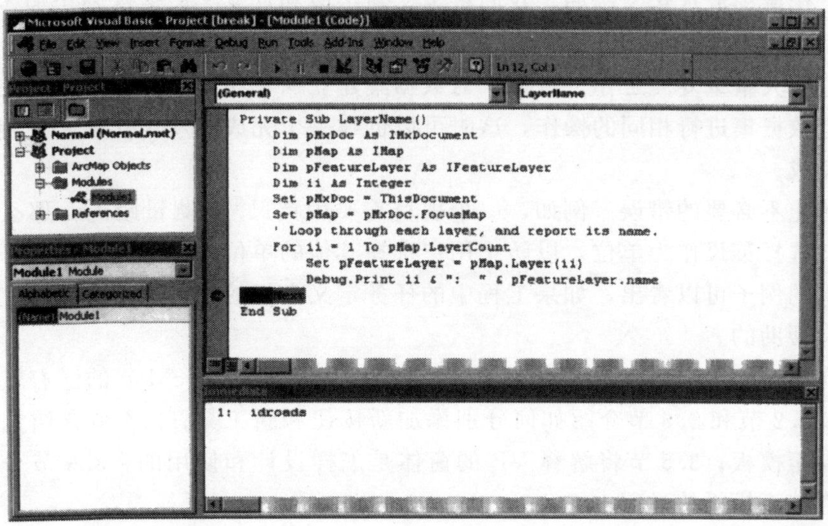

图 2.6　程序员可以通过 Next 行的断点看到图层序号是 1，图层的名字是 idroads

VB 编辑器的调试菜单及调试工具栏中有“切换断点”命令，该命令用来添加或删除当前行的断点（图 2.7）。调试菜单中的其他命令包括逐句执行程序的逐语句命名、在单元中执行逐个过程来的逐过程命令、直接执行至过程结束的跳出命令及选择特定的语句停止代码执行的跳转至光标处命令等。

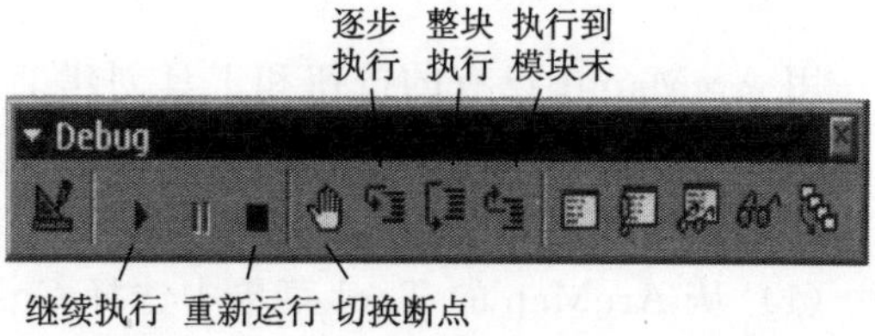

图 2.7　调试工具条中有继续执行、重新运行、切换断点、逐步执行、整块执行、执行到模块末、执行到光标位置等工具

第3章　用户界面的定制

ArcGIS作为一个商品，要满足更多用户的需要，所以软件包中含有大量的扩展模块、工具栏以及命令。但是，对大多数用户来说，在某个时期内我们只会用到其中的一部分。因此，界面定制能够使我们在使用ArcGIS时更加便捷。ArcGIS的平台提供了显示或隐藏工具栏的选项。在使用ArcMap时，我们可以显示需要用到的工具，而隐藏其余的工具。选定工具栏在定制中是最简单的形式。

定制还可以有其他方式：

(1) 工作流程流水化。例如，我们将定义新字段和计算字段值这两个原本分开的步骤结合成为一个步骤。

(2) 进行大量重复性工作。例如，对数据集建立一个相同的坐标系统的工作，我们会对每一个数据集进行相同的操作，这时可以创建一个完成此项工作的宏，用一个按钮就可启动完成。

(3) 防止不必要的错误。例如，一个项目需要用英尺①来测量距离，那么我们在代码中就可以选择英尺作为单位，以防止用户选择其他的单位。

从以上的例子可以看出，如果工程中的任务定义良好的话，那么定制对工程的完成将是非常有帮助的。

本章介绍定制用户界面的常用方法。3.1节介绍如何用ArcMap的已有工具建立新的工具栏；3.2节和3.3节介绍如何分别添加新按钮和新工具；3.4节介绍如何将新的工具栏存储至模板；3.5节将解释VB的窗体是怎样设计和使用的；3.6节介绍将密码保护窗体存储至模板的过程。

3.1　用ArcMap命令创建工具栏

用ArcMap中已有的按钮和工具创建工具栏不需要编写代码。这是一个简单的拷贝和粘贴的过程。假设应用程序需要在新的工具栏中添加以下工具：缩小、所有区域、根据属性选择、根据位置选择。下面我们就来看看完成这个任务的步骤。

(1) 从ArcMap的Tool菜单中选择Customize（定制），或者在工具栏的空白区域双击打开Customize对话框（图3.1）。Customize对话框有三个标签：Toolbars（工具栏）、Commands（命令）和Options（选项）。Toolbars标签下显示了ArcMap中所有可用的工具栏，Commands标签以分类的方式显示了所有可用命令，Options标签里可以设置密码，锁定用户定制的功能。ArcCatalog中的Customize对话框与ArcMap中的功能相同。

---

① 1英尺（ft）＝30.48厘米（cm）

(2) 点击 Customize 对话框中的 New（新建）按钮，在 New Toolbar 对话框中输入所选的工具栏的名字并且保存。单击 OK 按钮退出 New Toolbar 对话框。新工具栏就显示在 ArcMap 中了。

(3) 点击 Customize 对话框中的 Commands 标签。点击分类列表中的 Pan/Zoom 项以查看其命令（图 3.2）。选定 Full Extent 命令项，并将其拖放至新的工具栏。再选择 Zoom In 命令项，执行相同的操作。

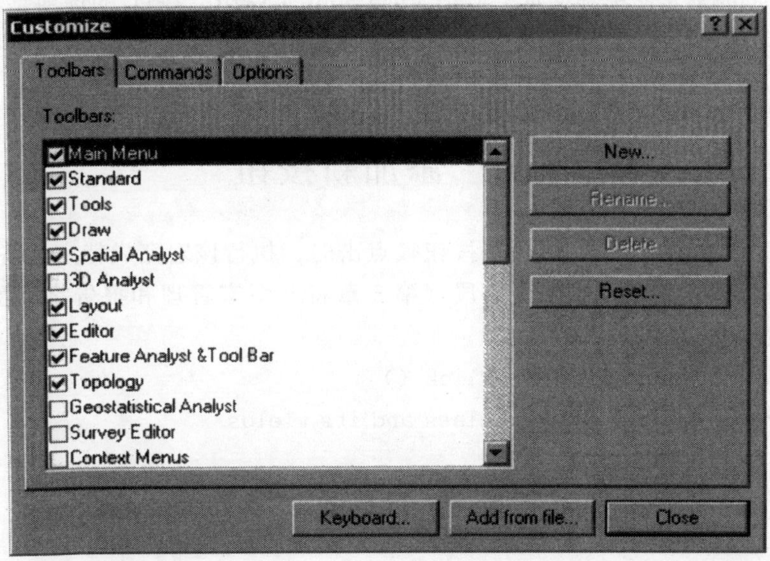

图 3.1　Customize 对话框有 Toolbars、Commands 和 Options 三个标签页

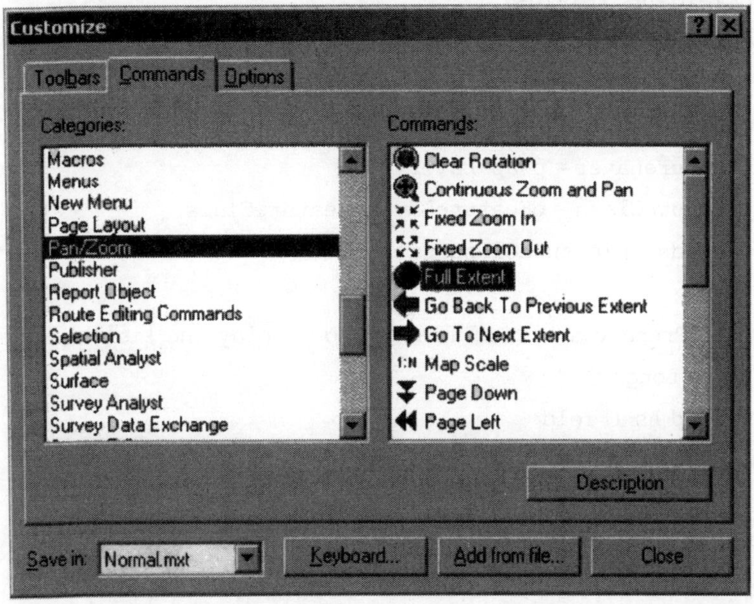

图 3.2　在 Commands 标签页，高亮显示 Pan/Zoom 目录，右边的分类窗口可查看相应的 ArcMap 命令

图 3.3　新的 Selection 工具栏有四个命令

(4) 点击分类列表中的 Selection 项。选择 Select By Attributes 和 Select By Location 两项，并将其拖放至新的工具栏。如图 3.3 所示，新的工具栏有四个命令，对这些命令也可像图形元素那样进行重新排列。

(5) 右击工具栏上的某个命令，打开其上下文菜单。在菜单下有可以删除命令、更改命令的显示图标，选择仅显示命令文本或者同时显示图标和文本。但是 View Source（查看源码）的选项是不可用的。

这个有四个命令的新工具栏现在已可以独立使用，或与 ArcMap 的其他工具栏一起使用。

3.2　添加新按钮

新按钮必须和宏相关联，以便当按钮被点击时，执行该宏完成特定任务。假设该任务是在消息框中显示地理数据集的字段（第 5 章将介绍宏管理和报告字段的宏）。首先按如下方法创建事件过程。

```
Private Sub UIButtonFields _ Click ()
    'Part 1: Get the feature class and its fields.
    Dim pMxDoc As IMxDocument
    Dim pMap As IMap
    Dim pFeatureLayer As IFeatureLayer
    Dim pFeatureClass As IFeatureClass
    Dim pFields As IFields
    Dim count As Long
    Set pMxDoc = ThisDocument
    Set pMap = pMxDoc. FocusMap
    Set pFeatureLayer = pMap. Layer (0)
    Set pFeatureClass = pFeatureLayer. FeatureClass
    Set pFields = pFeatureClass. Fields

    'Part 2: Prepare a list of fields and display the list.
    Dim ii As Long
    Dim aField As IField
    Dim fieldName As Variant
    Dim theList As New Collection
    Dim NameList As Variant
    'Loop through each field, and add the field name to a list.
    For ii = 0 To pFields. FieldCount - 1
        Set aField = pFields. Field (ii)
```

```
        fieldName = aField. name
        theList. Add (fieldName)
    Next
    'Display the list of field names in a message box
    For Each fieldName In theList
        NameList = NameList & fieldName & Chr (13)
    Next fieldName
    MsgBox NameList,, "Field Names"
End Sub
```

宏成功编译和运行后，按下面的步骤将宏与按钮关联起来：

(1) 在 ArcMap 的 Tools 菜单中选择 Customize。

(2) 在 Customize 对话框中点击 New。在 New Toolbar 对话框中，输入“Thermal”作为工具栏的名字，并将工具栏存储为 Untitled。点击 OK 按钮，关闭 New Toolbar 对话框。这时“Thermal”工具栏就出现在 ArcMap 中。

(3) 在 Customize 对话框的 Commands 标签里，选择 UIControls (用户界面控件)，然后点击 New UIControl (新建用户界面控件) 按钮 (图 3.4)。在下一个对话框中，勾选 UIButtonControl (用户界面按钮控件)，点击 Create (创建) (图 3.5)。

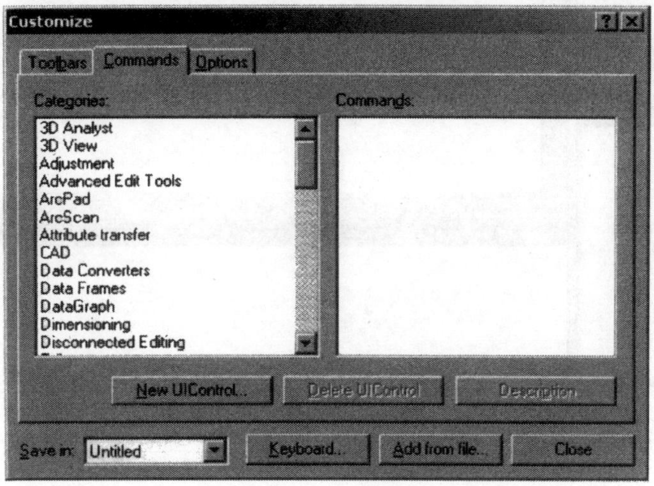

图 3.4　New UIControl 按钮用于创建新控件

(4) 在 Customize 对话框中生成了一个新命令，称为 Project. UIButtonControl1。UIButtonControl1 是默认的名字。点击 Project. UIButtonControl1 并将其重命名为 Project. UIButtonFields。将 Project. UIButtonFields 拖放至新的工具栏。

(5) 在打开的 Customize 对话框中，右击新生成的按钮控件，从上下文菜单中选择 View Source (查看源码) 打开 VB 编辑器。UIButtonFields _ Click 过程的第一行和最后一行标志代码已经自动生成在代码窗口中 (图 3.6)。将随书附带的 CD 中的 UIButtonFields _ Click 的内容拷贝至代码窗口。

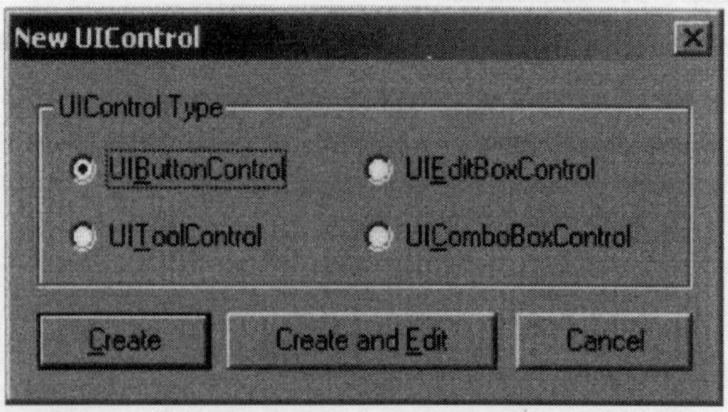

图 3.5　New UIControl 对话框显示了四类控件，包括按钮和工具

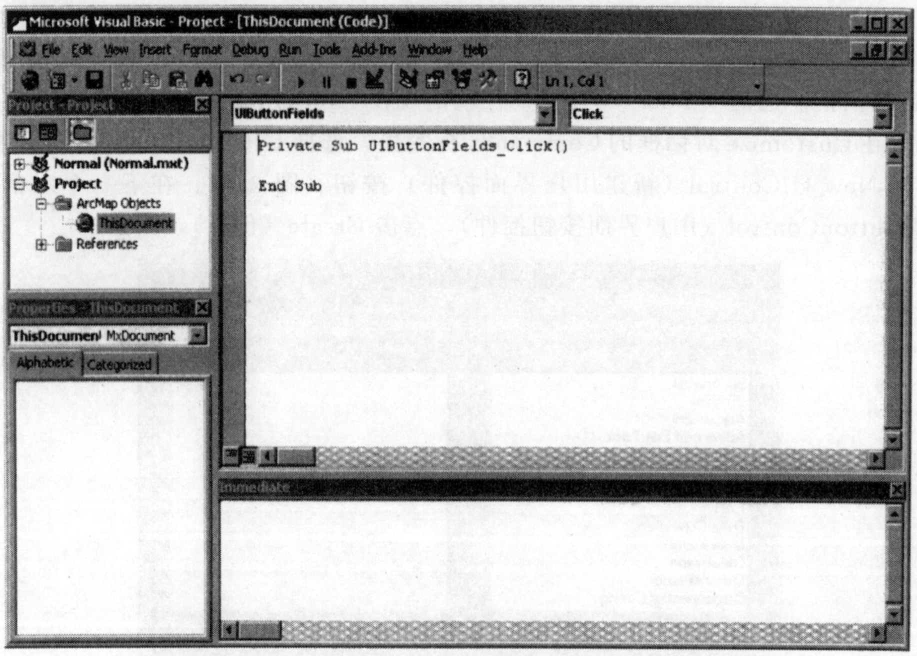

图 3.6　VB 编辑器自动为 UIButtonFields _ Click 过程添加过程的标识行。对象列表中显示了 UIButtonFields，过程列表显示 Click 事件

我们按以下步骤来测试按钮是如何工作的：

(1) 在 ArcMap 中打开文件 thermal.shp。该 shape 文件显示了爱达荷州的温泉(井)。

(2) 点击新按钮，弹出一个显示 thermal 图层字段的消息框。

3.3　添加新工具

按钮被点击后会立即执行任务，而要使用工具完成任务，则需要用户事先做一些准备工作。工具能够与用户交互意味着需要加入更多的事件过程，代码也比按钮更多。与工具有关的事件包括 Select（选择）、DbClick（双击）、MouseDown（按下鼠标）、MouseUp（释放鼠标）和 MouseMove（移动鼠标）。

例如，一个工具，该工具获取用户输入的点，并反馈该点周围 16 000 m 之内的要素的个数。该工具实际是根据用户的输入执行空间查询。与该工具有关的过程是 MouseDown 事件过程。MouseDown 事件过程的参数列表中有四个变量：button、shift、x 和 y。实际上，这些值都是根据用户在计算机屏幕上点击的位置而设置的。button 变量的值是 1 或 2：如果用户按下鼠标左键则 button 的值为 1；如果用户按下鼠标右键则 button 的值为 2。Shift 变量的值是 0 或者 1：如果 shift 键没有按下，则 shift 的值为 0；如果 shift 键被按下，则其值为 1。x、y 值即鼠标在地图上的位置。

首先，按以下步骤建立 MouseDown 事件（第 9 章将会介绍空间查询的编程技术）。

```
Private Sub UIToolQuery _ MouseDown (ByVal button As Long, ByVal shift As
Long, ByVal x As Long, ByVal y As Long)
    'Part 1: Get the point clicked by the user.
    Dim pMxDoc As IMxDocument
    Dim pActiveView As IActiveView
    Dim m _ blnMouseDown As Boolean
    Dim pPoint As IPoint
    Set pMxDoc = ThisDocument
    Set pActiveView = pMxDoc. FocusMap
    'Convert the entered point from display coordinates to map coordinates.
    Set pPoint = pActiveView. ScreenDisplay. DisplayTransformation. ToMap-
Point (x, y)
    'Part 2: Perform a spatial query of features within 16, 000 meters of the
entered point.
    Dim pLayer As IFeatureLayer
    Dim pSpatialFilter As ISpatialFilter
    Dim pTopoOperator As ITopologicalOperator
    Dim pSelection As IFeatureSelection
    Dim pElement As IElement
    Dim pSelectionSet As ISelectionSet
    Set pLayer = pMxDoc. FocusMap. Layer (0)
    'Create a 16, 000 - meter buffer polygon around the clicked point.
    Set pTopoOperator = pPoint
    Set pElement = New PolygonElement
    pElement. Geometry = pTopoOperator. Buffer (16000)
    'Create a spatial filter for selecting features within the buffer polygon.
```

```
    Set pSpatialFilter = New SpatialFilter
    pSpatialFilter.SpatialRel = esriSpatialRelContains
    Set pSpatialFilter.Geometry = pElement.Geometry
    'Refresh the active view.
    pActiveView.PartialRefresh esriViewGeoSelection, Nothing, Nothing
    'Perform spatial query.
    Set pSelection = pLayer
    pSelection.SelectFeatures pSpatialFilter, esriSelectionResultNew, False
    'Refresh the active view to highlight the selected features.
    pActiveView.PartialRefresh esriViewGeoSelection, Nothing, Nothing
    'Create a selection set and report number of features in the set.
    Set pSelectionSet = pSelection.SelectionSet
    MsgBox pselectionSet.Count & " thermals selected"
End Sub
```

宏成功编译后，进行下一步，将宏和工具关联起来。这样，新的工具就会添加至3.2节里的 Thermal 工具栏中了：

(1) 打开 Customize 对话框。

(2) 点击 Customize 对话框的 Commands 标签。选择 UIControls 分类，点击 New UIControl，在下一对话框中选择 UIToolControl（用户工具控件），点击 Create。将新控件重命名为 Project. UIToolQuery。把 Project. UIToolQuery 控件拖放至 Thermal 工具栏。

(3) 右击 UIToolQuery 并选择 View Source，打开 VB 编辑器。Code 窗口顶部的左边是对象的下拉列表，右边是（事件）过程的下拉列表。对象列表框中显示的是 UIToolQuery，过程列表框显示的是 Select 过程。当然，我们这个例子用的是 MouseDown 事件，所以点击过程下拉框控件的箭头，选择 MouseDown 事件（图 3.7）。VB 编辑器会在代码窗口自动生成 UIToolQuery _ MouseDown 过程的首尾标志行。将随书 CD 中的 UIToolQuery _ MouseDown 的代码拷贝粘贴过来（UIToolQuery _ Select 过程仍然留在代码中，可以保留，也可以删除）。关闭 VB 编辑器。

Thermal 工具栏现在已有一个按钮和一个工具，我们按以下步骤测试新工具的使用情况：

(1) 确定 thermal.shp 是否已在窗口中打开。点击新工具，然后在地图上点击某一点。

(2) 消息框会报告输入点周围 16 000 m 之内有多少个温泉（井）。同时，会在地图上高亮显示这些温泉（井）。

(3) 点击地图上的另一点，该工具会重新报告新的范围内要素的个数，并在地图上刷新显示这些新的要素。

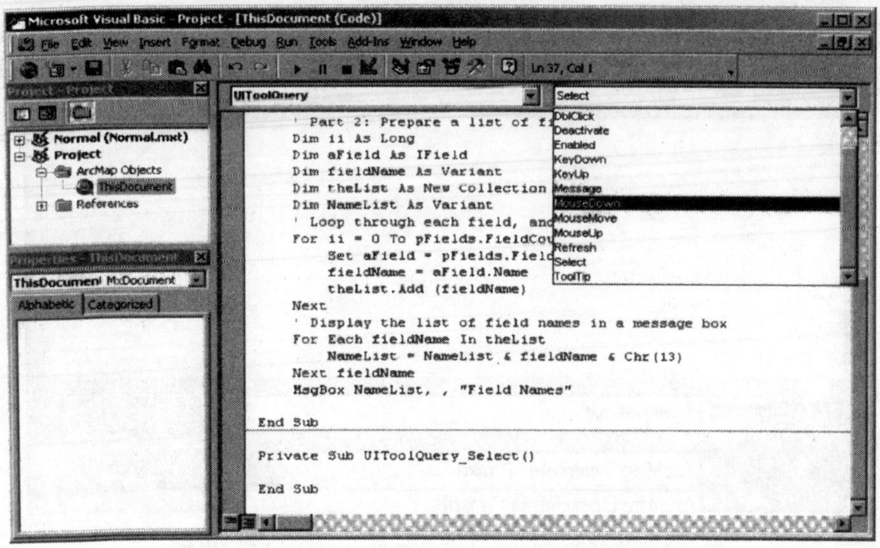

图 3.7　过程列表显示了不同事件，包括 MouseDown

3.4　存储新工具栏至模板

像 Thermal 工具栏这样定制的工具栏可以保存下来以备将来再使用，或共享给其他用户。ArcMap 用户可以将定制的应用程序以三种不同的层次保存：Normal 模板（Normal. mxt）、基础模板（. mxt）或者是地图文档（. mxd）。Normal. mxt 在每次启动 ArcMap 时都会打开。而 mxd 文件则只是在一些特定的地图文档中可用。基础模板则提供了介于 Normal. mxt 和本地 mxd 文件之间的一种方法。Mxt 文件可以在用户需要的时候随时打开使用。

布局（Layout）模板（如 USA. mxt）是 ArcGIS 用户最熟悉的模板之一。布局模板是一种由地图元素（如图例、比例尺）完成的图层设计。在图层模板上完成一幅地图，我们只需添加数据、标题和其他支撑信息即可。因此，图层模板为所有有此需要的 ArcMap 用户提供了有效的定制程序。

下面介绍如何将 Thermal 工具栏包含至一个模板，使这个工具栏可以提供给其他用户使用：

(1) 用 thermal 文件来测试 Thermal 工具栏上的各项命令是否工作正常。移除 thermal 文件。选择 ArcMap 的 File 菜单中的 Save As。在另存为对话框中，选择存储为 ArcMap Templates（＊. mxt），并输入文件名 Thermal. mxt（图 3.8）。然后退出 ArcMap。

(2) 现在只要是可以使用 Thermal. mxt 的用户就可以使用 Thermal 工具栏上的所有命令。启动 ArcMap，在 ArcMap 对话框中点击 Thermal. mxt 打开模板（如果 Thermal. mxt 没有在对话框中出现，则选择 File 菜单中的 Open，来定位和打开模板）。现在，当前地图的首个图层就可以使用 Thermal 工具栏的所有命令了。

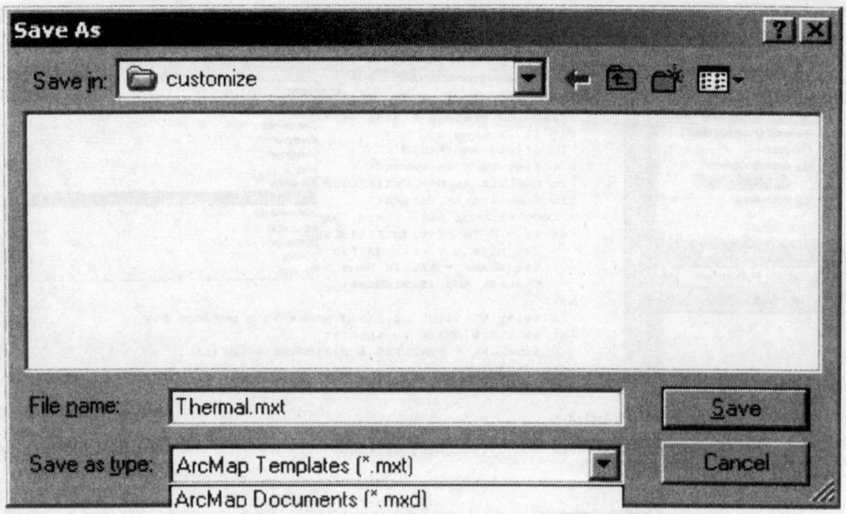

图 3.8　将新的 Thermal 工具栏保存为 ArcMap 模板

3.5　添加窗体

窗体是利用文本框、命令按钮等控件作为用户界面的对话框。有许多中对话框或对话窗体。例如，消息框或者输入框实际上是窗体，虽然只包含了几个控件。

要从用户那里收集某个操作所需要的多种输入，此时窗体是非常有用的。例如，在制作渐变颜色地图时，窗体可用来指定数值型字段、分类数量以及分类方法等（第 8 章将介绍利用窗体收集这些数据的示例）。

作为窗体的介绍，本节将介绍一个有四个控件的简单窗体，这些控件都有标注、含有 Acres 和 SqMiles 选项的下拉框、命令按钮和取消按钮。用户可以通过这个窗体将要素类的单元区域以平方米转换为英亩或平方英里，并将新的单元区域保存至新的字段。

3.5.1　设计窗体

VB 编辑器提供了设计用户窗体的环境。下面介绍在 ArcMap 中打开窗体、把控件从工具箱中放置于窗体上的步骤：

（1）点击 ArcMap 的 Tools 菜单，选择 Macros，选择 Visual Basic Editor。

（2）在 Project Explorer 中右击 Project，点击 Insert，选择 UserForm。现在，Toolbox 和 UserForm1 显示在 VB 编辑器中（图 3.9）。Properties 窗口显示了 UserForm1 默认属性。将窗体的 Name（名称）改为 frmAreaUnits，将 Caption（标题）改为 New Area Units，frmAreaUnits 中的 frm 前缀是被推荐使用的为窗体命名的习惯。

（3）Toolbox 提供了 15 种不同的控件（如果工具箱没有显示出来，则点击 Project Explorer 顶部的 View Object 按钮）。通过工具的 tip，我们知道这些控件是 Select Object（选定对象）、Label（标签）、TextBox（文本框）、ComboBox（复合框）、ListBox

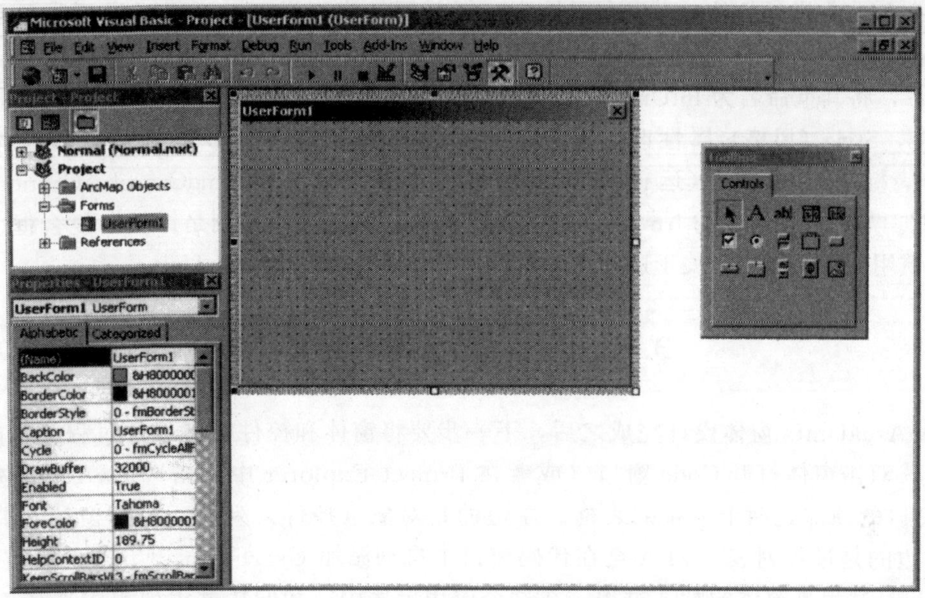

图 3.9　Toolbox 中的控件拖放至 UserForm1 来建立用户窗体。Properties 窗口中显示了窗体中的每个控件的属性

(列表框)、CheckBox（复选框)、OptionButton（选项按钮)、ToggleButton（切换按钮)、Frame（框架)、CommandButton（命令按钮)、TabStrip（标签页)、MultiPage（多页)、ScrollBar（滚动按钮)、SpinButton（微调按钮）以及 Image（图片)。微软 VB 帮助中的 Microsoft Forms Reference 介绍了以上各个控件及其用途。本节讲到的窗体示例用到了标签、复合框以及两个命令按钮。

(4) 这一步给窗体添加控件。将标签控件从工具箱拖放至窗体。以同样的方法添加一个复合框和两个命令按钮。在设计时，窗体上的这些控件都是图形元素，因此，我们可以对其进行添加、移除、更改大小以及重新配置等操作。将控件按图 3.10 进行排列。

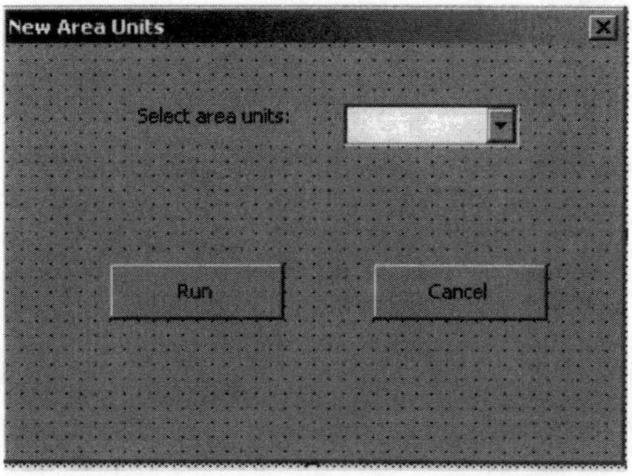

图 3.10　New Area Units 窗体包括四个控件

（5）用户在设计控件时可以在属性窗口对其属性进行设置。运行时设置控件属性也是可行的。我们这里用的方法是在设计时设置 frmAreaUnits 的每个控件的属性。点击 Label1 控件，将其重命名为 lblUnits，Caption 改为“Select area units:”，重命名复合控件为 cboUnits，Style（风格）属性改为 2-frmStypeDropDownList。重命名第一个命令按钮为 cmdRun，标题改为 Run（运行），重命名第二个命令按钮为 cmdCancel，Caption 改为“Cancel”。与前面的讲到的 frm 前缀相似，lbl、cbo、cmd 前缀分别是标签、复合框、命令按钮的惯用的命名前缀。关于这一点，可以参看图 3.10 的 frmAreaUnits。

3.5.2 关联控件与过程

frmAreaUnits 窗体设计完成之后，下一步要将窗体和控件与其事件过程关联起来。

（1）双击窗体打开 Code 窗口（或者在 Project Explorer 中点击 View Code 按钮）。Code 窗口的顶部是两个下拉列表框。左边的是对象（控件）列表，包括窗体及其控件等。右边的是过程列表。VBA 会在代码窗口中自动添加 UserForm _ Click 的私有过程，因为 Click 过程是窗体的默认过程。在这个应用示例中，我们从过程列表中选择 Initialize。接着从对象列表中选择 cmdRun 和 cmdCancel。这时代码窗口中可以看到 UserForm _ Initialize、cmdRun _ Click 和 cmdCancel _ Click 的标识行（图 3.11）。为完成任务，我们要给每个过程添加相应的代码。

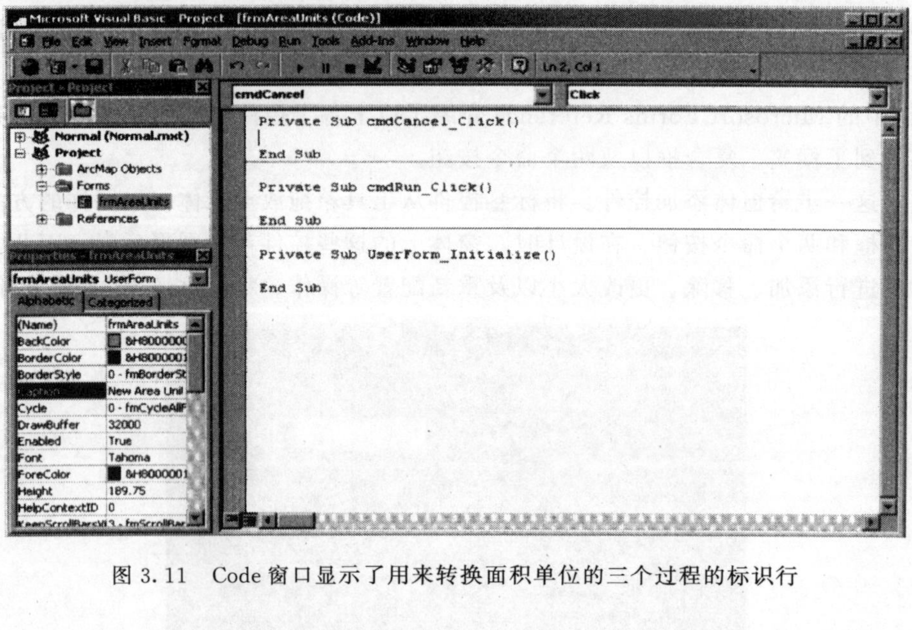

图 3.11　Code 窗口显示了用来转换面积单位的三个过程的标识行

（2）将 UserForm _ Initialize 的代码拷贝粘贴至 UserForm _ Initialize 过程。代码在运行时为复合框添加了两个面积单位。

```
Private Sub UserForm _ Initialize ()
    'Add items to the dropdown list.
```

```
    cboUnits.AddItem "Acres"
    cboUnits.AddItem "SqMiles"
End Sub
```

(3) 将 cmdRun _ Click 的代码拷贝粘贴至 cmdRun _ Click 过程。点击 Run 命令按钮时，代码会为当前地图的首个图层的要素类添加新字段：Acres 和 SqMiles；准备好要素游标；计算新字段的值。要注意，cboUnits. ListIndex 在代码的第二部分和第三部分都会用到，它记录了用户所选择的单位，即 Acres 或 SqMiles。如果 cboUnits. ListIndex 的值是 0，则说明用户选择的是 Acres；如果其值为 1，那么用户选择的是 SqMiles。

```
Private Sub cmdRun_Click ()

    'Part 1: Define the feature class.
    Dim pMxDoc As IMxDocument
    Dim pFeatureLayer As IFeatureLayer
    Dim pFeatureClass As IFeatureClass
    Set pMxDoc = ThisDocument
    Set pFeatureLayer = pMxDoc.FocusMap.Layer (0)
    Set pFeatureClass = pFeatureLayer.FeatureClass

    'Part 2: Add Acres or SqMiles as a new field.
    Dim pField As IFieldEdit
    Set pField = New Field
    pField.Type = esriFieldTypeDouble
    If cboUnits.ListIndex = 0 Then
        pField.Name = "Acres"
    Else
        pField.Name = "SqMiles"
    End If
    pFeatureClass.AddField pField

    'Part 3: Calculate the new field values.
    Dim pCursor As ICursor
    Dim pCalculator As ICalculator
    'Prepare a cursor with all records.
    Set pCursor = pFeatureClass.Update (Nothing, True)
    'Define a calculator.
    Set pCalculator = New Calculator
    Set pCalculator.Cursor = pCursor
```

```
    'Calculate the field values.
    If cboUnits.ListIndex = 0 Then
        pCalculator.Expression = "[Area]/4046.7808"
        pCalculator.Field = "Acres"
        pCalculator.Calculate
    Else
        pCalculator.Expression = "([Area]/1000000) * 0.3861"
        pCalculator.Field = "SqMiles"
        pCalculator.Calculate
    End If

End Sub
```

(4) 最后，在 cmdCancel _ Click 过程标识语句之间加入 End，这个 End 语句将结束代码的执行。

```
Private Sub cmdCancel_Click ()
    End
End Sub
```

3.5.3 运行窗体

按以下步骤查看 frmAreaUnits 的运行情况：

(1) 在 ArcMap 中添加 idcounty.shp 文件。这个小镇的 shapefile 文件的面积单位是平方米。

(2) 点击 Run Sub/UserForm 按钮。窗体出现。在窗体的下拉列表中选择 Acres 或 SqMiles，点击窗体上的 Run。

(3) 打开 idcounty 的属性表。表中已添加一个新的字段，该字段的值也计算出来了。

窗体试运行成功后，我们可以在 VB 编辑器的 File 菜单中选择 Export File 将 frm 导出文件将 frmAreaUnits 导出。窗体将以 frm 扩展名的窗体文件形式保存。同时，frx 文件将保存窗体上的图形信息（CD 中的 frmAreaUnits _ Copy.frm 文件即是这个窗体的一个备份）。

3.5.4 关联窗体与按钮

这一部分要讲述如何将定制的按钮与 frmAreaUnits 窗体关联起来，以使该按钮被点击时，可以打开窗体，以供使用。

(1) 确定 VB 编辑器的 Project Explorer 中的 frmAreaUnits 窗体是可用的。否则，导入该窗体。

(2) 从 ArcMap 的 Tools 菜单中选择 Customize，打开 Customize 对话框，点击

New。输入 Calculate Area Units 作为工具栏的名字，并以 Untitled（无标题）为文件名保存该工具栏。

（3）在 Customize 对话框的 Commands 标签下，选择 UIControls 并点击 New UI-Control 按钮。在接下来的对话框中，勾选 UIButtonControl，点击 Create，把新命令的名字改为 Project. UIButtonUnits，将 Project. UIButtionUnits 拖放至新的工具栏。

（4）右击新的按钮控件，选择 View Source。VB 编辑器在 Code 窗口显示 UIButtonUnits _ Click () 过程的函数标识行，将 frmAreaUnits. Show 这行代码输入至函数体。当代码运行时，方法 show 就使 frmAreaUnits 窗体显示出来。

（5）关闭 VB 编辑器。打开 idcounty2. shp，点击定制好的按钮，这时 New AreaUnits 窗体就弹出来以供使用。

3.6　将窗体存储到模板中

与带有命令的新工具栏一样，窗体及其控件也可以存储在 Normal. mxt、基本模板或地图文档中。下面介绍将 frmAreaUnits. frm 存储为基本模板的步骤：

（1）退出 ArcMap 以保证要建立的模板中没有其他工程留下来的数据集。再次启动 ArcMap，打开 VB 编辑器，右击 Project Explorer 的 Project，选择 Import File，导入 frmAreaUnits. frm。

（2）从 ArcMap 的 File 菜单中选择 Save As，在 Save As 对话框中，选择存储的文件类型为 ArcMap 模板（*. mxt），输入文件名 AreaUnits. mxt，退出 ArcMap。

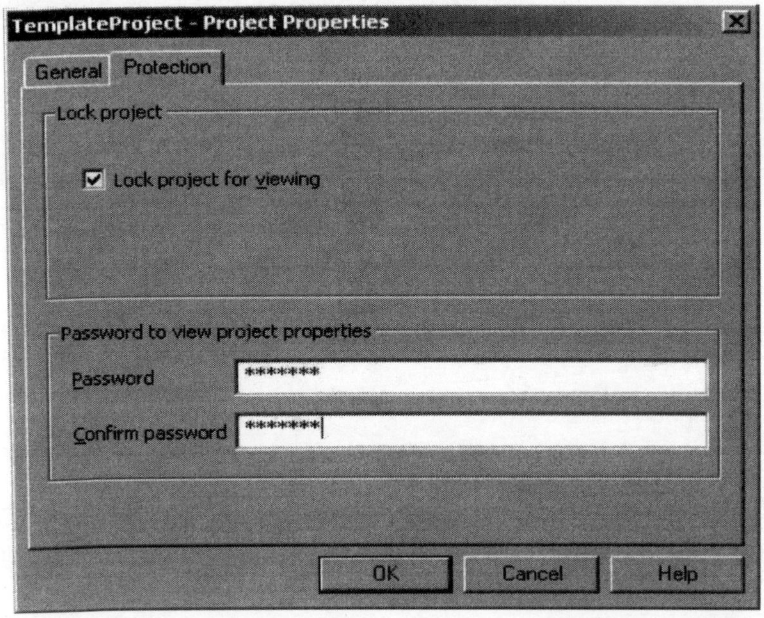

图 3.12　Temporal Properties 对话框中的 Protection 标签页让用户输入密码

(3) ArcMap 为查看工程属性提供了密码保护功能。下面我们为 AreaUnits. mxt 添加密码保护。启动 ArcMap，打开 AreaUnits. mxt，在 ArcMap 中打开 VB 编辑器。Project Explorer 中列出了 TemplateProject（AreaUnits. mxt），右击 TemplateProject（AreaUnits. mxt）选择 TemplateProject Properties，在 Project Properties 对话框的 Protection 标签下，勾选 Lock the project for viewing，并且输入密码（图 3.12），设定完后再保存文件。

(4) 再次打开 AreaUnits. mxt 时，必须输入密码才能查看该窗体及其代码。

VBA 的用户只可以将定制存储为 Normal. mxt、基本模板或地图文档。如果要创建 DLL（动态链接库）或 EXE（可执行）文件，我们必须使用 VB、C++或其他编程语言才能完成。

第4章 数据集和图层管理

Geodatabase数据模型将地理数据（geographic data）和非地理数据（nongeographic data）分开。地理数据有空间要素的几何数据，而非地理数据没有。地理数据包括基于要素的数据集和基于栅格的数据集，非地理数据包括文本格式的表、dBASE格式的表或其他格式的表。

ArcMap中大多常用的应用程序的第一步，是打开地理数据集作为图层。一个图层即对一个地理数据集的引用。图层的定义有两层意义。

（1）图层必须是和某个数据集关联的。如果与图层相关联的数据集是基于要素的数据集，例如，shapefile、coverage或是geodatabase要素类，那么这个图层就是要素图层。栅格图层是与栅格数据集相关联的图层。

（2）图层是地理数据集的图形表示。因此，我们可以用不同的属性或符号来显示图层，而不用担心会影响下层的数据集。

ArcMap以层次结构的方式组织图层。地图文档可能包含一个或多个数据框架，而一个数据框架可能包含一个或多个图层。在数据框架中，图层可以添加、删除或修改绘制顺序。图层也可以存储为图层文件（layer file），图层文件是地理数据集的制图视图(cartographic view)。

在ArcMap中非地理数据被称为表。表被列在目录表的Source标签下，可以使用添加、删除图层的方式来操作这些表。要在地图上显示表数据，必须先将表数据链接到一个要素类（要素属性表）。

本章主要讲述数据集与图层的管理。4.1节描述了ArcGIS中数据集的作用；4.2节讲述了ArcObjects中与数据集和图层相关的对象；4.3节的主要内容是ArcMap中用来添加各种类型的数据集的宏；4.4节描述了一个用来管理当前地图图层的宏；4.5节描述了用来拷贝和粘贴数据集的宏；4.6节讲述了一个用来报告地理数据的空间参照和区域范围的宏。每一个宏的开始都列出了关键接口和关键成员（属性和方法）及其用法。

4.1 ArcGIS中数据集的使用

ArcCatalog是ArcGIS Desktop用来管理数据集的应用程序。目录树通过相关联的目录将数据集进行分组。在每个目录中，不同的图标表示不同的数据集。每个数据集，不论其类型为何，都可以使用命令菜单中的命令进行拷贝、粘贴和重命名。

ArcMap是显示和分析数据集的应用程序。用户可以使用添加数据按钮为当前数据层框架添加地理数据集为图层，或者添加非地理数据集为表。每个数据框架都有移除或激活该数据框架的命令菜单。每个数据框架有一个目录表，该表列出了数据集所包含的内容。目录表有两个标签页：Display（显示）和 Source（数据源）。Display 标签显示了图层的绘制顺序。Source 标签按照数据的来源组织图层和表。要把已经包含于某数据框架数据集的表列出来，目录表此时必须显示 Source 标签。

图层的上下文菜单中有一个命令，用于从当前活动的数据框架中移除数据集；还有另外一个命令，是将某图层存储为图层文件。表的上下文菜单则有移除和打开表的命令。

4.2 数据集和图层相关的 ArcObjects

图 4.1 显示了 ArcMap 中的地图对象和图层对象的层次结构。层次结构的顶层是 Application，在这里指的就是 ArcMap。Application 由 MxDocument 对象构成，MxDocument 对象由 Map 对象构成，而 Map 对象又是由 Layer 对象所构成的。在 ArcMap 中，Map 对象表现为数据框架。图层，举例来说，包括要素图层、栅格图层和不规则三角网（triangulated irregular network，TIN）图层，等等。

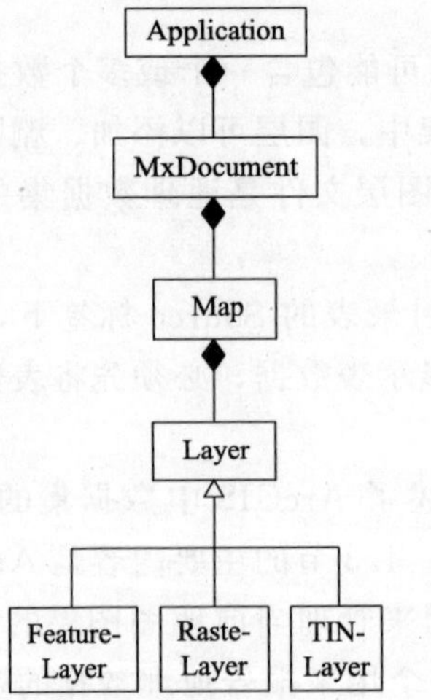

图 4.1 ArcMap 中 Application、MxDocument、Map 以及 Layer 类的层次结构

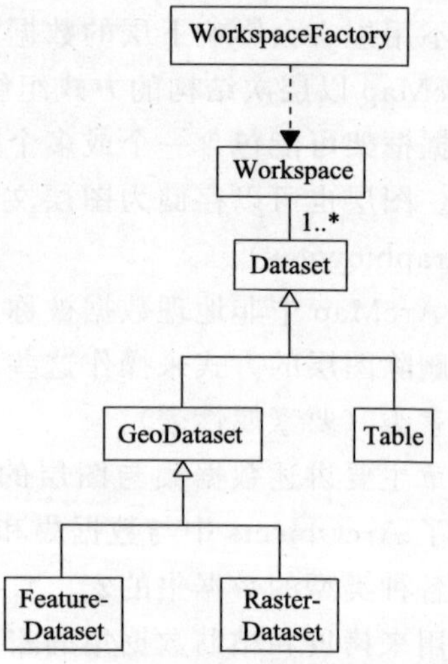

图 4.2 Geodatabase 中 WorkspaceFactory、Workspace 以及 Dataset 类的层次结构

图 4.2 显示了 Geodatabase 库中的数据集对象和数据源对象的层次结构。ArcObjects 的 Geodatabase 子系统包括数据集和数据来源的对象。顶层是 WorkspaceFactory 抽象类。许多组件类继承了 WorkspaceFactory 类的属性和方法，如 ShapefileWorkspaceFactory、ArcInfoWorkspaceFactory、RasterWorkspaceFactory、AccessWorkspaceFactory、FileGDBWorkspaceFactory 等组件类分别用于 shapefile、coverage、栅格、个人 geodatabase 和文件 geodatabase。

工作区工厂对象（workspace factory object）可创建新的工作区。例如，IWorkspaceFactory 的 OpenFromFile 方法根据文件或目录的路径名返回工作区对象的 IWorkspace 接口。利用 IWorkspace 接口，我们可以进行 QI（查询接口）获得 IFeatureWorkspace 接口，以打开 shapefile 或要素类这样的数据集；或者获得 IRasterWorkspace 打开栅格数据集。因此，工作区对象（workspace object）是不同类型数据的一个容器。

Dataset 抽象类包括地理数据和非地理数据（图 4.2）。Dataset 的类型有 GeoDataset（地理数据集）和 Table（表）两种类型。GeoDataset 对象有 Extent 和 SaptialReference 两个重要的属性，它们分别描述区域范围和地理数据集的空间参照。GeoDataset 对象包括要素图层、要素类、栅格数据集以及栅格图层。Table 对象是在列中存储属性的行的集合。例如，Table 对象，包括文本格式的表、dBASE 格式的表，或者是要素类等。

负责工作区和数据集的管理的宏常使用 Name 对象。Name 对象能识别并定位 geodatabase 对象，如工作区、数据集等。Name 对象是一种小型的对象，因为其属性和方法数量有限。Name 对象的众多方法中有一种是 Open 方法，通过 Open 方法，程序员可以获取实际对象的实例。本章中，我们将用 Name 对象为 ArcMap 中的表添加非地理数据表。第 6 章将使用多种 Name 对象进行数据转换。

4.3　将数据集添加为图层

本节将介绍在 ArcMap 中添加地理数据集和非地理数据集。地理数据集包括 shapefile、coverage、geodatabase 要素类及栅格数据。非地理数据集包括图层文件和 dBASE 表。从编程的角度来说，不同的数据集类型需要使用不同的数据源对象。

4.3.1　AddFeatureClass

宏 AddFeatureClass 在当前地图上添加一个 shapefile。这与 ArcMap 中的添加数据命令执行的是相同的功能。相比之下 AddFeatureClass 还有少许改进，它还可以添加 coverage 和 geodatabase 要素类。

主要接口：IMxDocument，IMap，IWorkspaceFactory，IFeatureWorkspace，IFeatureLayer，IFeatureClass。

主要成员：FocusMap，OpenFromFile，OpenFeatureClass，FeatureClass，Name，AliasName，AddLayer。

用法：在 ArcMap 的 VB 编辑器中导入下面的 AddFeatureClass 代码。运行宏。该宏将 emidastrm 添加到当前地图。

```
Private Sub AddFeatureClass ()
    Dim pMxDoc As IMxDocument
    Dim pMap As IMap
    Dim pWorkspaceFactory As IWorkspaceFactory
    Dim pFeatureWorkspace As IFeatureWorkspace
    Dim pFeatureLayer As IFeatureLayer
```

```
    Dim pFeatureClass As IFeatureClass
    'Specify the workspace and the feature class.
    Set pWorkspaceFactory = New ShapefileWorkspaceFactory
    Set pFeatureWorkspace = pWorkspaceFactory.OpenFromFile ("c:\data\chap4", 0)
    Set pFeatureClass = pFeatureWorkspace.OpenFeatureClass ("emidastrm")
    'Prepare a feature layer.
    Set pFeatureLayer = New FeatureLayer
    Set pFeatureLayer.FeatureClass = pFeatureClass
    pFeatureLayer.Name = pFeatureLayer.FeatureClass.AliasName
    'Add the feature layer to the active map.
    Set pMxDoc = ThisDocument
    Set pMap = pMxDoc.FocusMap
    pMap.AddLayer pFeatureLayer
    'Refresh the active view.
    PMxDoc.ActiveView.Refresh
End Sub
```

宏首先创建了 ShapefileWorkspaceFactory 类的实例 pWorkspaceFactory，接着，用 IWorkspaceFactory 的 OpenFromFile 方法来获得一个工作区 IWorkspace，查询接口 IFeatureWorkspace 并使用 OpenFeatureClass 方法打开要素类 emidastrm，该要素类被 pFeatureClass 引用。代码利用 pFeatureClass 及其名字创建 FeatureLayer 类的实例 pFeatureLayer。宏的最后一部分是将 pFeatureLayer 添加至当前地图。代码将 pMxDoc 的值设为 ThisDocument，pMap 的值设为 pMxDoc 的当前地图（ThisDocument 是 MxDoc 对象的预定义的名称，它和 Application 对象一样，在 ArcMap 启动时就已被加载）。接着，在刷新视图之前，代码运用 IMap 的 AddLayer 方法将 pFeatureLayer 添加到当前地图。

我们若做两个小小的改动，就可以用 AddFeatureClass 将 coverage 添加到当前地图。假设我们想添加 breakstrm 这个 coverage 文件的弧段，首先修改工作区工厂以及指向要素类的路径：

```
'Specify the workspace and the feature class.
Set pWorkspaceFactory = New ArcInfoWorkspaceFactory
Set pFeatureWorkspace = pWorkspaceFactory.OpenFromFile ("c:\data\chap4\", 0)
Set pFeatureClass = pFeatureWorkspace.OpenFeatureClass ("breakstrm:Arc")
```

ArcInfoWorkspaceFactory 是创建 coverage 工作区的类。OpenFeatureClass 方法需要指定弧段这种要素类为参数。弧段是包含在 breakstrm 中的要素类之一，其他的要素类是节点和 tic 点。为了避免要素图层被简单的命名为“Arc”，第二处修改是在 pFeatureLayer 的 name 属性上添加了一个前缀“breakstrm:”

```
'Add the prefix to the layer name.
pFeatureLayer.Name = "breakstrm: " & pFeatureLayer.FeatureClass.AliasName
```

做一个小的改动，我们就可以用 AddFeatureClass 将 geodatabase 要素类添加至当前地图。这个要素类可以是独立的也可以是要素数据集的一部分。例如，为了添加 emida.mdb 里面的 emidastrum，我们需要对 AddFeatureClass 做如下改动：

```
'Specify the workspace and the feature class.
Set pWorkspaceFactory = New AccessWorkspaceFactory
Set pFeatureWorkspace = pWorkspaceFactory.OpenFromFile ("c:\data\chap4\emida.mdb", 0)
Set pFeatureClass = pFeatureWorkspace.OpenFeatureClass ("emidastrm")
```

AccessWorkspaceFactory 是为个人 geodatabase 创建工作区的类。同样地，指向要素工作区的路径需要包含指定 geodatabase（也就是 emida.mdb）。每个要素类，不论它是单独的还是要素数据集的一部分，都有唯一的名字。因此，不论是何种类型，OpenFeatureClass 方法都可以使用其名字来打开这些要素类。

4.3.2 AddFeatureClasses

AddFeatureClasses 让用户可以在对话框中选择 shapefile 添加至当前地图。这个对话框与 ArcMap 中的添加数据工具非常相似，只是这个对话框只显示 shapefile。

主要接口：IGxDialog，IGxObjectFilter，IEnumGxObject，IGxDataset。

主要成员：AllowMultiSelect，ButtonCaption，ObjectFilter，StartingLocation，Title，DoModalOpen，Next，Refresh，UpdateContents。

用法：在 ArcMap 的 VB 编辑器中导入 AddFeatureClasses。运行宏，则会弹出带有“Add Shapefiles”标题的对话框。选择 idcities.shp 和 idcounty.shp，点击 Add。宏向当前地图添加了基于相同坐标系统的两个 shapefile。

```
Private Sub AddFeatureClasses ()
    'Part 1: Prepare an Add Shapefiles dialog.
    Dim pGxDialog As IGxDialog
    Dim pGxFilter As IGxObjectFilter
    Set pGxDialog = New GxDialog
    Set pGxFilter = New GxFilterShapefiles
    'Define the dialog's properties.
    With pGxDialog
        .AllowMultiSelect = True
        .ButtonCaption = "Add"
        Set.ObjectFilter = pGxFilter
        .StartingLocation = "c:\data\chap4"
        .Title = "Add Shapefiles"
```

```
    End With
```

代码第一部分准备好“Add Shapefiles”对话框。首先，创建 GxDialog 类的实例 pGxDialog 以及 GxFilterShapefiles 类的实例 pGxFilter、GxDialog 和 GxFilter 都是 ArcCatalog 的类。由于组件对象模型技术的支持，ArcMap 也可以使用 ArcCatalog 的对象。GxDialog 对象实际是一个窗体，ArcGIS 的开发者将其做成可以接收由用户选择数据集，并添加至 ArcMap 的工具。GxFilter 对象过滤各种数据，只留下可以在 GxDialog 对象中显示的数据。GxFilter 是具有超过 30 种类型的抽象类。第一部分使用的是 GxFilterShapefiles 类，因此限制了数据源只能是 shapefile 文件。第一部分的剩下的代码用 With 结构定义了 pGxDialog 的属性：对话框的标题是“Add Shapefiles”，按钮的标题是“Add”，object filter 属性设置为 pGxFilter，StartingLocation 设置为指向数据源的路径。

```
    'Part 2：Get the datasets from the dialog and add them to the active map.
    Dim pGxObjects As IEnumGxObject
    Dim pMxDoc As IMxDocument
    Dim pMap As IMap
    Dim pGxDataset As IGxDataset
    Dim pLayer As IFeatureLayer
    Set pMxDoc = ThisDocument
    Set pMap = pMxDoc.FocusMap
    'Open the dialog.
    pGxDialog.DoModalOpen 0，pGxObjects
    Set pGxDataset = pGxObjects.Next
    'Exit sub if no dataset has been added.
    If pGxDataset Is Nothing Then
        Exit Sub
    End If
    'Step through the datasets and add them as layers to the active map.
    Do Until pGxDataset Is Nothing
        Set pLayer = New FeatureLayer
        Set pLayer.FeatureClass = pGxDataset.Dataset
        pLayer.Name = pLayer.FeatureClass.AliasName
        pMap.AddLayer pLayer
        Set pGxDataset = pGxObjects.Next
    Loop
    'Refresh the map and update the table of contents.
    pMxDoc.ActivatedView.Refresh
    pMxDoc.UpdateContents
End Sub
```

第二部分代码是获取用户选择的数据集，IGxDialog 的 DoModalOpen 方法会打开对话框，并将选定的 shapefile 存储至一个集合。代码中 DoModalOpen 的第一个参数设为 0（也就是使用 ArcMap 的窗口）。第二个参数是 pGxObjects，pGxObjects 是 EnumGxObject 的引用。EnumGxObject 是存储了有序的对象的集合。代码中使用 IEnumGxObject 的 Next 方法来逐个获取对象，并将该对象赋给 GxDataset 的实例 pGxDataset 变量。GxDataset 对象，是 GxObject 的一种类型，表示数据集（图 4.3）。如果 Next 方法第一次取值时什么都没有取到，则会退出程序。如果该集合包含了多个选定的 shapefile，那么代码用 Do…Loop 句型逐个操作。每一次循环时，代码都会创建 FeatureLayer 的实例 pLayer，将要素类 pLayer 的值赋给数据集 pGxDataset，同时把该图层添加至当前地图。最后，代码更新视图及地图文档的目录表（table of contents）。

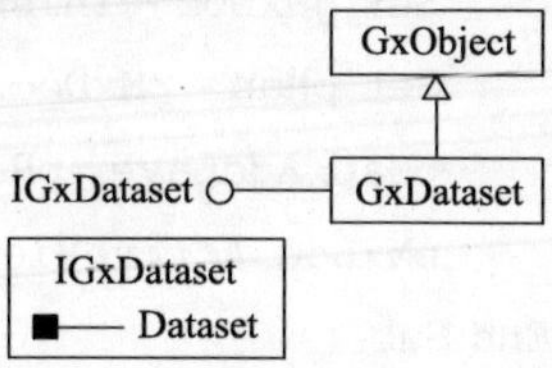

图 4.3 作为 GxObject 的一种类型，GxDataset 对象代表了能够通过 IGxDataset 的 Dataset 属性读取的数据集

4.3.3 AddRaster

AddRaster 将一个栅格数据集添加到当前地图上。该宏执行的功能与 ArcMap 中的 Add Data 命令相同。

主要接口：IWorkspaceFactory，IRasterWorkspace，IRasterLayer，IRasterDataset。

主要成员：OpenFromFile，OpenRasterDataset，CreateFromDataset，AddLayer。

用法：在 ArcMap 的 VB 编辑器中导入 AddRaster。运行宏，程序会将 emidalat 添加至当前地图。

```
Private Sub AddRaster ()
    Dim pMxDoc As IMxDocument
    Dim pMap As IMap
    Dim pWorkspaceFactory As IWorkspaceFactory
    Dim pRasterWorkspace As IRasterWorkspace
    Dim pRasterDS As IRasterDataset
    Dim pRasterLayer As IRasterLayer
    'Specify the workspace and the raster dataset.
    Set pWorkspaceFactory = New RasterWorkspaceFactory
    Set pRasterWorkspace = pWorkspaceFactory.OpenFromFile ("c:\data\chap4\", 0)
    Set pRasterDS = pRasterWorkspace.OpenRasterDataset ("emidalat")
    'Prepare a raster layer.
    Set pRasterLayer = New RasterLayer
```

```
    pRasterLayer.CreateFromDataset pRasterDS
    'Add the raster layer to the active map.
    Set pMxDoc = ThisDocument
    Set pMap = pMxDoc.FocusMap
    pMap.AddLayer pRasterLayer
    pMxDoc.ActiveView.Refresh
End Sub
```

该宏创建了 RasterWorkspaceFactory 类的实例 pWorkspaceFactory，同时用 IWorkspaceFactory 的 OpenFromFile 方法打开 pRasterWorkspace 中存储的基于栅格的工作区。接着，代码使用 IRasterWorkspace 的 OpenRasterDataset 方法来打开名为 emidalat 的栅格数据集，并由 pRasterDS 所引用。然后，代码创建 RasterLayer 类的实例 pRasterLayer，并定义其数据集。最后，代码用 IMap 的 AddLayer 方法将 pRasterLayer 添加至当前地图。

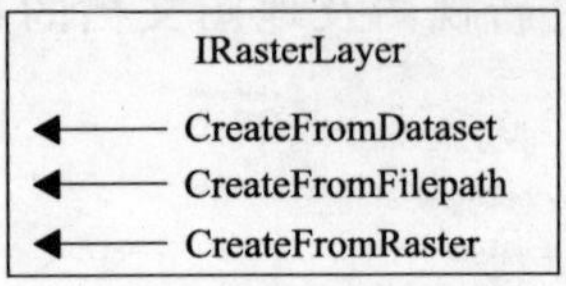

图 4.4 IRasterLayer 的方法

CreateFromDatase 方法是 IRasterLayer 创建栅格图层的三个方法中的一个，其他两个方法是 CreateFromFilePath 和 CreateFromRaster（图 4.4）。下面的宏程序用 CreateFromFilePath 方法来完成与 AddRaster 相同的功能。

```
Private Sub AddRaster_2()
    Dim pMxDocument As IMxDocument
    Dim pMap As IMap
    Set pMxDocument = ThisDocument
    Set pMap = pMxDocument.FocusMap
    Dim pRasterLayer As IRasterLayer
    Set pRasterLayer = New RasterLayer
    pRasterLayer.CreateFromFilePath "c:\data\chap4\emidalat"
    pMap.AddLayer pRasterLayer
End Sub
```

4.3.4 AddLayerFile

AddLayerFile 给当前地图添加一个图层文件。这与 ArcMap 中的 Add Data 命令的功能相同。

主要接口：IGxFile，IGxLayer。

主要成员：Path，Layer，AddLayer。

用法：在 ArcMap 中用 VB 编辑器导入 AddLayerFile。执行宏，程序会将图层文件 emidalat.lyr 添加至当前地图。由于 emidalat.lyr 引用了 emidalat，因此宏必须事先知道 emidalat 的位置才能完成任务。

```
Private Sub AddLayerFile()
```

```
    Dim pMxDoc As IMxDocument
    Dim pMap As IMap
    Dim pGxLayer As IGxLayer
    Dim pGxFile As IGxFile
    'Get the layer file.
    Set pGxLayer = New GxLayer
    Set pGxFile = pGxLayer
    pGxFile.Path = "c:\data\chap4\emidalat.lyr"
    'Add the layer file to the active map.
    Set pMxDoc = ThisDocument
    Set pMap = pMxDoc.FocusMap
    pMap.AddLayer pGxLayer.Layer
    pMxDoc.ActiveView.Refresh
    'If red exclamation mark appears, use Set Data Source on the Source tab of
    'the Properties dialog to set the layer file's data source.
End Sub
```

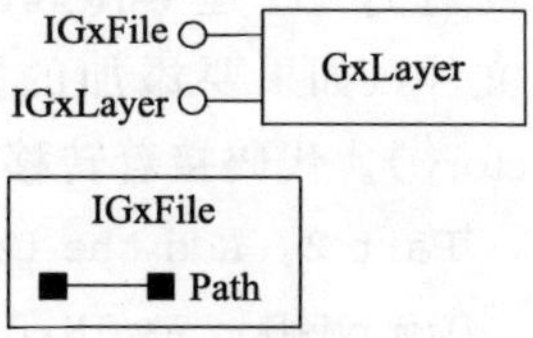

图 4.5　GxLayer 以及 GxLayer 对象支持的接口

该宏首先创建 GxLayer 类的实例 pGxLayer。接着进行接口查询得到 IGxFile 接口，用 Path 属性定义 emidalat.lyr 文件的路径（图 4.5）。接着用 IMap 的 ddLayer 方法将与 pGxLayer 相联系的图层添加至当前地图。GxLayer 和 GxFile 都是 ArcCatalog 的对象。

4.3.5　AddTable

AddTable 在当前地图中添加非地理数据表，并打开该表。该宏完成的功能与 ArcMap 中使用 Add Data 命令添加一个表以及利用 Open 命令打开表的功能相同。AddTable 有三个部分：第一部分用名称对象（name objects）定义用户输入的表；第二部分将表添加至当前地图；第三部分用表窗口打开表。

主要接口：IWorkspaceName，IDatasetName，IName，ITable，ITableCollection，ITableWindow。

主要成员：WorkspaceFactoryProgID，PathName，Name，WorkspaceName，AddTable，UpdateContents，Table，Application，Show。

用法：在 ArcMap 的 VB 编辑器中导入 AddTable。运行宏，宏打开 comp.dbf 表并将该表添加至当前地图。点击 ArcMap 目录表的 Source 标签页查看 comp.dbf。

```
Private Sub AddTable ()
    'Part 1: Define the input table.
    Dim pWSName As IWorkspaceName
```

```
Dim pDatasetName As IDatasetName
Dim pName As IName
Dim pTable As ITable
'Get the dbf file by specifying its workspace and name.
Set pDatasetName = New TableName
Set pWSName = New WorkspaceName
pWSName. WorkspaceFactoryProgID = "esriCore. ShapefileWorkspaceFactory"
pWSName. PathName = "c: \ data \ chap4"
pDatasetName. Name = "comp. dbf"
Set pDatasetName. WorkspaceName = pWSName
Set pName = pDatasetName
'Open the dbf table.
Set pTable = pName. Open
```

第一部分代码先创建 TableName 类的实例 pDatasetName。接着，使用 IWorkspaceName 和 IDatasetName 的成员定义工作区的名字和 pDatasetName 的名字属性。注意，工作区工厂的程序 ID 是 esriCore. ShapefileWorkspaceFactory，这是因为要打开的数据集是 dBASE 文件（如果要添加的数据集是文本文件，那么则要选择 esriCore. TextfileWorkspaceFactory）。代码接着转移到 IName 接口，并用 Open 方法打开表 pTable。

```
'Part 2: Add the table to the active map.
Dim pMxDoc As IMxDocument
Dim pMap As IMap
Dim pTableCollection As ITableCollection
Set pMxDoc = Application. Document
Set pMap = pMxDoc. FocusMap
Set pTableCollection = pMap  'QI
pTableCollection. AddTable pTable
pMxDoc. UpdateContents
```

第二部分首先将 pMap 设为当前地图。再查询 ITableCollection 的接口，使用 AddTable 方法将 pTable 添加至 pMap。IMxDocument 的 UpdateContents 方法将更新 ArcMap 的目录表。

```
'Part 3: Open the table in a table window.
Dim pTableWindow As ITableWindow
'Create a table window and specify its properties and methods.
Set pTableWindow = New TableWindow
With pTableWindow
    Set. Table = pTable
    Set. Application = Application
    . Show True
```

```
    End With
End Sub
```

代码第三部分先创建 TableWindow 类的实例 pTableWindow。接着，代码用 With 语句定义视图的表窗口。Application 属性被设为当前应用程序，也就是 ArcMap。如果 Application 属性没有设置，那么宏将崩溃。

4.4 管理图层

地图中的图层是从 0 开始计数的。常用的图层管理程序可以根据其序号来定位图层，这样在代码中才能访问到具体图层。

4.4.1 FindLayer

FindLayer 在当前地图中查找图层，并报告其序号。本书中的模块示例中常将 FindLayer 用作查找图层的函数，使得在代码中可以访问图层。

主要接口：IMap。

主要成员：LayerCount，Layer（），name。

用法：在当前地图中添加 emidalat 和 emidastrm. shp。在 ArcMap 的 VB 编辑器中导入 FindLayer。运行宏。宏首先报告了当前地图中数据集的数量。获取用户输入的图层名（如 emidalat）后，宏报告该层的序号。

```
Private Sub FindLayer ()
    Dim pMxDoc As IMxDocument
    Dim pMap As IMap
    Dim FindDoc As Variant
    Dim aLName As String
    Dim name As String
    Dim i As Long
    Set pMxDoc = ThisDocument
    Set pMap = pMxDoc. FocusMap
    MsgBox "The active map has " & pMap. LayerCount & " datasets. "
    'Use an input box to get a layer name.
    name = InputBox ("Enter a layer name: ", "")
    'Loop through layers in the active map and match the entered name
    'with the layer name in uppercase.
    For i = 0 To pMap. LayerCount - 1
        aLName = UCase (pMap. Layer (i) . name)
        'Given a match, assign the counter to FindDoc.
        If (aLName = (UCase (name))) Then
```

```
            FindDoc = i
          Exit for
        End If
    Next
    MsgBox name & " is at index " & FindDoc
End Sub
```

该宏首先用 IMap 的 LayerCount 属性报告当前地图中图层的数量。然后，代码从用户处获取图层名字，并将其值赋给 Name 变量。使用 For…Next 对每个图层进行循环，将层名的字母转换成大写，然后将其与用户输入的名字进行对比。发现名字相同时，则将其序号值赋给变量 FindDoc。消息框则会报告该图层的名字及其序号。UCase 是 VBA 的函数，其功能是将字符串中的字母转换为大写。

4.5 管理数据集

本节概述数据集的管理，例如，在程序中进行拷贝或删除数据集。在删除数据集之前，必须先将其从 ArcMap 中移除。

4.5.1 CopyDataset

CopyDataset 复制当前地图的某层的数据集，并将其存储在指定的工作区。这个宏执行了与 ArcCatalog 中 Copy（拷贝）命令相同的功能。

主要接口：IWorkspaceFactory，IFeatureWorkspace，IDataset，IFeatureClass。

主要成员：OpenFromFile，Copy。

用法：在当前地图中添加 emidastrm. shp。在 ArcMap 的 VB 编辑器中导入 CopyDataset。运行宏，宏运行的结果是复制 emidastrm. shp，并将其保存为 emidastrmCopy. shp。

```
Private Sub CopyDataset ()
    ' Part 1: Define the top layer as the dataset to be copied.
    Dim pMxDocument As IMxDocument
    Dim pMap As IMap
    Dim pFeatureLayer As IFeatureLayer
    Dim pFeatureClass As IFeatureClass
    Set pMxDocument = ThisDocument
    Set pMap = pMxDocument. FocusMap
    Set pFeatureLayer = pMap. Layer (0)
    Set pFeatureClass = pFeatureLayer. FeatureClass
```

第一部分代码将 pFeatureClass 定义为当前地图的首层的要素类。这个要素类就是要我们要拷贝的地理数据集。

```
    'Part 2: Copy the dataset and add it to the active map.
```

```
    Dim pWorkspaceFactory As IWorkspaceFactory
    Dim pFeatureWorkspace As IFeatureWorkspace
    Dim pDataset As IDatasct
    Dim pCopyFC As IFeatureClass
    Dim CopyDSName As String
    'Define the workspace for the copied dataset.
    Set pWorkspaceFactory = New ShapefileWorkspaceFactory
    Set pFeatureWorkspace = pWorkspaceFactory.OpenFromFile ("c:\data\chap4\", 0)
    'Copy the dataset.
    Set pDataset = pFeatureClass
    CopyDSName = pFeatureLayer.name & "Copy"
    Set pCopyFC = pDataset.Copy (CopyDSName, pFeatureWorkspace)
End Sub
```

第二部分代码创建了 ShapefileWorkspaceFactory 类的实例 pWorkspaceFactory，接着用 OpenFromFile 方法打开基于要素的工作区，再查询接口得到 IDataset 接口，用 Copy 方法复制 pFeatureClass。

专栏 4.1　CopyDataset _ GP

CopyDataset _ GP 利用 Data Management 工具箱里的 CopyFeatures 工具来拷贝 idcounty.shp 并将备份存储为 idcountycopy2.shp。在宏中，如果要使用 Geoprocessing 工具，必须先创建 Geoprocessing 对象。工具（CopyFeatures）的名称后面总是跟随着工具所在的工具箱的名字（Data Management 的 Management）。当有两个以上的工具具有相同名称时，这种命名规则很必要。在 ArcEditor 中运行该宏，在 Catalog 树状目录上勾选要复制的数据集。CopyDataset _ GP 功能与 CopyDataset 相同。

```
Private Sub CopyDataset_GP ()
    'Create the Geoprocessing object.
    Dim GP As Object
    Set GP = CreateObject ("esriGeoprocessing.GpDispatch.1")
    'CopyFeatures <in_features> <out_feature_class> {configuration_keyword}
    ' {spatial_grid_1} {spatial_grid_2} {spatial_grid_3}
    'Execute the copyfeatures tool, which has two required parameters.
    GP.CopyFeatures_management "c:\data\chap4\idcounty.shp", "c:\data\chap4\idcountycopy2.shp"
End Sub
```

4.5.2 DeleteDataset

DeleteDataset 从当前地图移除一个图层并删除该图层的数据集。宏执行的功能与 ArcMap 中的先用 Remove 命令移除某图层，再使用 ArcCatalog 的 Delete 命令删除图层数据集完成的功能相同。

主要接口：IMap，IDataset，IActiveView。

主要成员：DeleteLayer，Delete，Refresh。

用法：在当前地图添加 emidastrmCopy.shp。在 ArcMap 的 VB 编辑器中导入 DeleteDataset。运行宏，宏执行的结果是将 emidastrmCopy 从当前地图移除，并删除 emidastrmCopy.shp。

```
Private Sub DeleteDataset ()
    Dim pMxDocument As IMxDocument
    Dim pMap As IMap
    Dim pFeatureLayer As IFeatureLayer
    Dim pFeatureClass As IFeatureClass
    Dim pDataset As IDataset
    Dim pActiveView As IActiveView
    Set pMxDocument = ThisDocument
    Set pMap = pMxDocument.FocusMap
    'Define the dataset to be deleted.
    Set pFeatureLayer = pMap.Layer (0)
    Set pFeatureClass = pFeatureLayer.FeatureClass
    'Remove the layer from the active map.
    pMap.DeleteLayer pFeatureLayer
    'Delete the dataset.
    Set pDataset = pFeatureClass
    pDataset.Delete
    'Refresh the map.
    Set pActiveView = pMap
    pActiveView.Refresh
End Sub
```

该宏将 pFeatureLayer 设为当前地图的首层，将 pFeatureClass 设为其要素类。接下来，用 IMap 的 DeleteLayer 方法把 pFeatureLayer 从当前地图移除，再接着，访问 IDataset 接口，用 Delete 方法删除 pFeatureClass。最后，刷新地图视图。

4.6　报告地理数据集信息

本节讲述如何用宏程序来报告 GeoDataset 对象的空间参考属性和空间范围属性。

4.6.1　SpatialRef

SpatialRef 报告了地理数据集的空间参照和扩展。宏执行的功能与在 ArcCatalog 中查看地理数据集的元数据的功能相同，即在图层属性（layer Properties）的数据源（source）页获取信息。

主要接口：IGeoDataset，ISpatialReference，IEnvelope。

主要成员：SpatialReference，Extent，Xmin，YMin，XMax，YMax。

用法：在当前地图中添加 emidastrm. shp。在 ArcMap 的 VB 编辑器中导入 SpatialRef。运行宏，宏报告数据集的坐标系统和空间范围。

```
Private Sub SpatialRef ()
    Dim pMxDocument As IMxDocument
    Dim pMap As IMap
    Dim pFeatureLayer As IFeatureLayer
    Dim pGeoDataset As IGeoDataset
    Dim pSpatialRef As ISpatialReference
    Dim pEnvelope As IEnvelope
    Dim MinX, MaxX, MinY, MaxY As Double
    Set pMxDocument = ThisDocument
    Set pMap = pMxDocument. FocusMap
    'Define the input geodataset.
    Set pFeatureLayer = pMap. Layer (0)
    Set pGeoDataset = pFeatureLayer  'QI
    'Derive the spatial reference and extent of the geodataset.
    Set pSpatialRef = pGeoDataset. SpatialReference
    Set pEnvelope = pGeoDataset. Extent
    'Get MinX, MinY, MaxX, and MaxY.
    MinX = pEnvelope. XMin
    MinY = pEnvelope. YMin
    MaxX = pEnvelope. XMax
    MaxY = pEnvelope. YMax
    'Report the geodataset information.
    MsgBox "The layer's spatial reference is: " & pSpatialRef. Name
    MsgBox "Minimum X is: " & MinX & "   Minimum Y is: " & MinY & Chr$ (10) & _
```

```
    "Maximum X is: " & MaxX & "  Maximum Y is: " & MaxY
End Sub
```

该宏首先将 pFeatureLayer 定义为当前地图的首层。接着查询接口得到 IGeoDataset 接口，由此获得 pFeatureLayer 的 SpatialReference 和 Extent 属性。地理数据集的空间范围是一个信封状的，或者说矩形状的对象。代码将矩形的 XMin、YMin、XMax 和 YMax 分别赋给双精度型变量 MinX、MinY、MaxX 和 MaxY。最后，用对话框报告 pFeatureLayer 的空间信息。

第5章　属性数据管理

地理信息系统包括地理数据和属性数据。地理数据是和空间要素的几何性质有关的，而属性数据则是描述要素的特性的。Geodatabase 的数据模型用关系型数据库环境的表来记录这两种数据类型。有几何字段的表是要素类，或者是要素属性表，或者是地理数据集。而属性数据表仅仅是非地理数据集。

无论是要素类还是非地理数据表都包括行和列。每行表示一个要素，每列表示一个属性。行也可以称为记录，列称为字段。行和列的交叉点就是特定要素的某个属性的值。

属性数据管理有基于字段级的，也有基于表级的。字段级属性数据管理的基本任务包括获取字段信息、添加字段、删除字段、计算字段值。这些任务通常与字段的名字、类型、长度等属性有关。表级属性数据管理的基本任务是在关系型数据库环境下连接和关联表。连接表是将两个表连接到一起使其合成为一个表。而关联则是使两个表相互有某种关系，但两个表还是独立存在。这两种操作都是用关键字和关系来联系不同的表。

本章主要讲述属性数据的管理。5.1 节是 ArcGIS 中的属性数据管理的概述；5.2 节主要介绍与表、字段和关系类相关的对象；5.3 节讨论用于列出字段集和字段属性的宏；5.4 节介绍添加和删除字段的宏及地理操作（Geoprocessing，GP）宏；5.5 节介绍计算字段值的宏及地理操作宏；5.6 节介绍 4 个宏，用于连接和关联表，以及用于将表关联到图层的地理操作宏。所有宏的开始都列出了关键接口和关键成员（属性和方法）以及用法。

5.1　ArcGIS 中的属性数据管理

不论在 ArcCatalog 中还是在 ArcMap 中，用户都可以添加和删除字段。要添加字段，我们首先要定义字段属性。由于字段类型的原因，字段的定义必须包括长度、精度和范围。长度是指该字段可容纳的最大字节数。精度是指数值型字段中数值的位数。范围是指双精度型数据的小数位的位数。

Field Calculator（字段计算器）在 ArcMap 的快捷菜单中，是用来计算字段值的。使用字段计算器前，我们首先要准备好字段和数学函数的计算公式。字段计算器在执行计算表达式前可以执行 VBA 代码。

连接和关联工具在快捷菜单中有，在 ArcMap 的要素层或表的属性中也有。要连接或关联表，必须指定需要连接或关联的表，同时还要指定连接和关联基于的字段。用来连接和关联的字段称为键。主键是表中能唯一地标识记录的字段。连接或关联表的另一个表中的与其相对应的字段称为外键。一次只能建立一个连接或关联，但已存在的可以成批地移除。

两个表之间的联系有四种关系，也称为基数（cardinalities）。“一对一”关系是指一张表的一个记录在另一张表中有且仅有一个记录与之对应。“一对多”关系是指一张表中的一个记录在另一张表中有多条记录与之对应。“多对一”关系是指一表中的多条记录在另一表中只有一个记录与之对应。“多对多”关系是指一表中的多个记录在另一表中有多个记录与之对应。

连接工具通常使用“一对一”或是“多对一”关系。“一对一”关系中，两表是通过单个记录连接。“多对一”关系中，在连接表中的多个记录与另一表中的某个记录的值相同。“一对多”关系不宜用连接工具，因为会将从另一表中匹配到的第一个记录的值记录到本表中。而关联则适用于所有的四种关系。

5.2 属性数据管理的 ArcObjects

本节介绍与表、字段集、字段和关系类有关的对象。

5.2.1 表

图 5.1 描述了 Table、ObjectClass 和 FeatureClass 的层次结构。ObjectClass 是 Table 类的一种类型，Table 类的行表示实体，FeatureClass 是 ObjectClass 类的一种类型，ObjectClass 的行表示要素。要素类对象有两个默认字段：shape 字段存储了要素的几何类型值，FID 字段存储的是要素 ID。

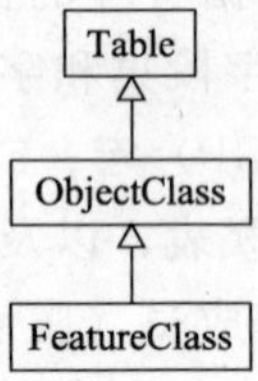

图 5.1 FeatureClass 是 ObjectClass 类的一种类型，ObjectClass 是 Table 类的一种

第 4 章已经阐述了如何通过数据源来获取要素类。我们还可以通过在当前地图中已打开的要素层来获取要素类。例如，用 IMap 的 Layer 属性先获取要素层，再使用 IFeatureLayer 的 FeatureClass 属性得到该图层的要素类（图 5.2）。

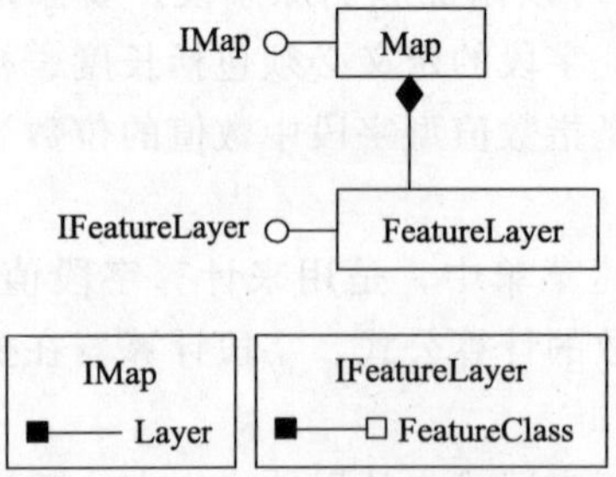

图 5.2 要素类可以通过当前地图的要素层获得

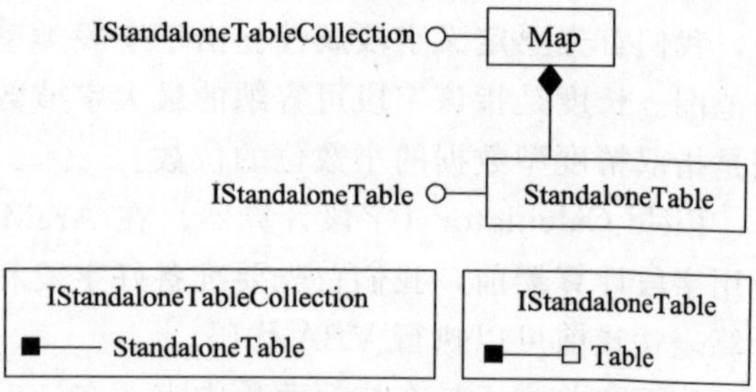

图 5.3 表可以通过当前地图的独立表获得

第 4 章还介绍了如何通过数据源来获取 dBASE 文件或文本文件。我们还可以通过在当前地图中已打开的表来获取文件。在当前地图中已打开的表称为独立表（standalone table）。StandaloneTable 对象是基于非地理数据表的，与要素类没有关系。图 5.3 描述了如何获取独立表下层的表。首先，用地图对象所支持的 IStandaloneTableCollection 接口获取独立表，再用 IStandaloneTable 的 Table 属性获得表。从概念上来看，独立表就像是要素层，而独立表的 Table 属性则类似要素层的 FeatureClass 属性。

5.2.2　字段集和字段

Fields 对象是字段的集合，例如，要素类、非地理数据表都是字段集。不论什么情况，字段集对象都是与表对象相关联的（图 5.4）。因此，我们可以通过字段集对象或表对象来添加、删除、查询字段。ITable 和 IFieldsEdit 接口可以使用 AddField 和 DeleteField 方法，ITable 和 IFields 接口可以使用 FindField 方法。

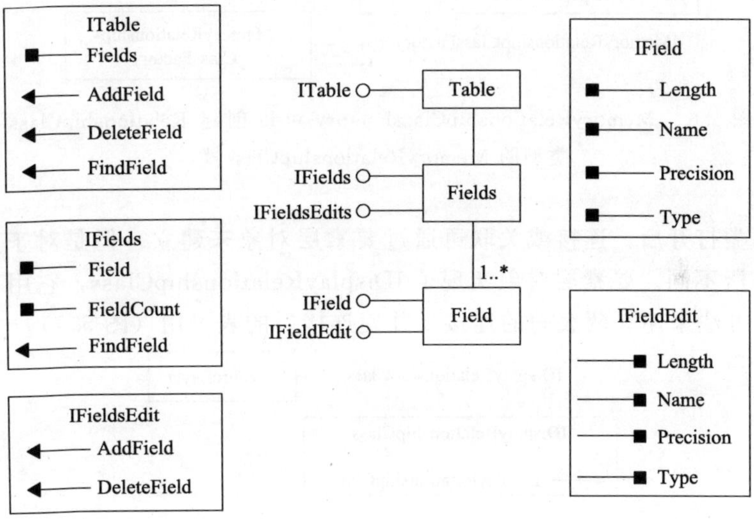

图 5.4　Table、Fields 与 Field 对象之间的关系，以及这些对象的属性和方法之间的关系

字段集对象包括一个或多个 Field 对象（图 5.4），每个字段都有序号。字段对象实现 IField 和 IFieldEdit 接口。IField 有只读的字段属性，如 name、length、precision 和 type 属性。而 IFieldEdit 则有只写的字段属性，因此在定义新字段时很有用。

ArcObjects 的组件类 Calculator 的功能是计算字段的值。ICalculator 有 Cursor、Expression、Field 属性和 Calculate 方法（图 5.5）。Cursor 会获取数据的对象，它使得宏可以对表的记录集中的记录进行逐个的操作。Calculate 方法使用用户定义的表达式计算指定字段的值。

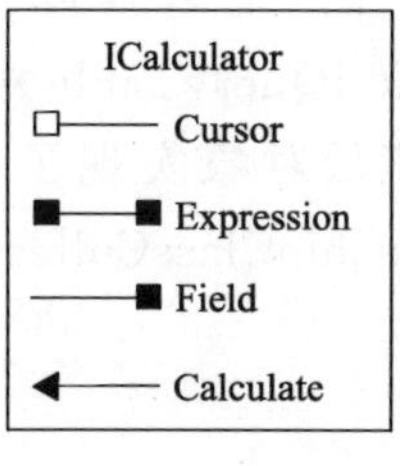

图 5.5　ICalculator 的属性和方法

5.2.3 关　系　类

在 ArcObjects 中，连接或关联被定义为联系两个表的关系类（relationship class）。关系类可以存储在 geodatabase 中，或者将其建立于正在使用的表的代码中。用代码建立连接或关联需要该关系类是内存（即虚拟的）关系类（图 5.6）。组件类 MemoryRelationshipClassFactory 实现了 IMemoryRelationshipClassFactory 接口，它用 Open 方法来创建内存关系类对象。

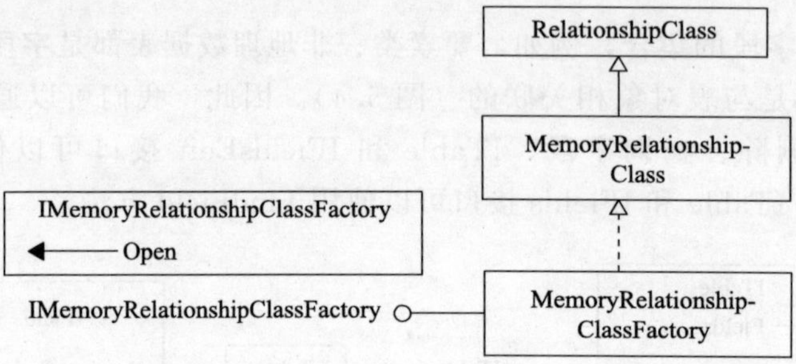

图 5.6　MemoryRelationshipClassFactory 可以创建 RelationshipClass 类型的 MemoryRelationshipClass 类

内存关系类打开后，连接或关联可通过要素层对象来建立。但是对于连接和关联，其建立方法有所不同。要素层对象实现了 IDisplayRelationshipClass，它用 DisplayRelationshipClass 方法来建立两表间的连接，并使连接后的表可用（图 5.7）。

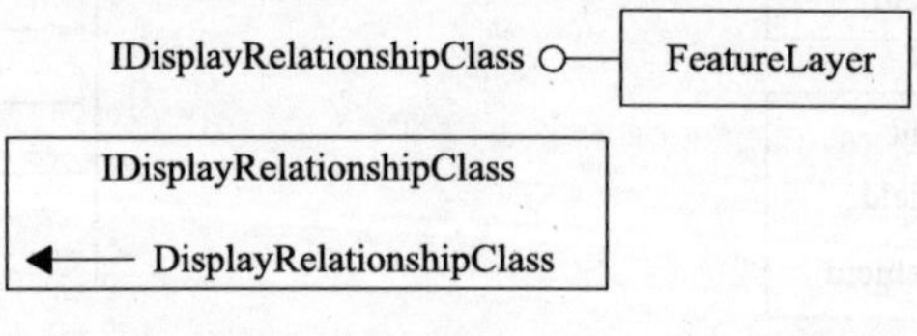

图 5.7　IDisplayRelationshipClass 可以为要素层建立连接

当需要连接的表超过两个时，ArcObjects 规定 RelQueryTable 对象在第一次连接时就应创建，第二次连接时，要用到 RelQueryTable 对象来创建一个新的 RelQueryTable 对象（图 5.8）。RelQueryTable 对象是通过组件类 RelQueryTableFactory 得到两个已经连接完成的表。IRelQueryTableFactory 提供的 Open 方法可用来创建新的 RelQueryTable 对象。

要素层对象实现了 IRelationshipClassCollection，其作用是管理关系（图 5.9）。IRelationshipClassCollectionEdit 接口具有建立和查找关系的成员以及添加、删除关系的方法。

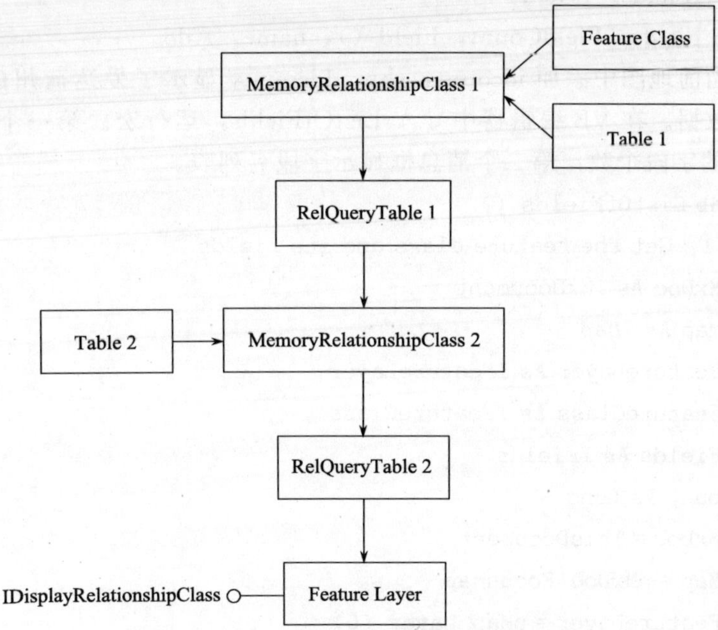

图 5.8　将两个表连接至要素类的流程图

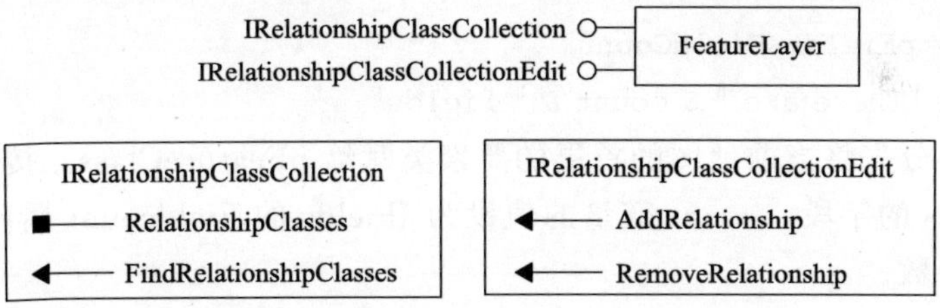

图 5.9　FeatureLayer 对象支持与关联有关的接口

5.3　列举字段集和字段的属性

本节介绍如何用宏来汇报数据集中的字段数和字段属性。

5.3.1　ListOfFields

ListOfFields 汇报了要素类中字段的个数和字段的名称。宏执行的结果与要素层属性对话框的字段页显示的内容相同。ListOfFields 有两个部分：第一部分获取要素类，汇报要素类字段的个数；第二部分遍历每个字段，取得字段名称，并将其添加至列表，最后汇报该列表。

主要接口：IFields，IField。

主要成员：Fields，FieldCount，Field ()，name，Add。

用法：在当前地图中添加 idcounty. shp。Idcounty 显示了爱达荷州的 44 个县及各县的人口统计数据。在 VB 编辑器中导入 ListOfFields，运行宏。第一个消息对话框汇报了 idcounty 的字段个数，第二个消息框显示字段名列表。

```
Private Sub ListOfFields ()
    'Part 1: Get the feature class and its fields.
    Dim pMxDoc As IMxDocument
    Dim pMap As IMap
    Dim pFeatureLayer As IFeatureLayer
    Dim pFeatureClass As IFeatureClass
    Dim pFields As IFields
    Dim count As Long
    Set pMxDoc = ThisDocument
    Set pMap = pMxDoc. FocusMap
    Set pFeatureLayer = pMap. Layer (0)
    Set pFeatureClass = pFeatureLayer. FeatureClass
    Set pFields = pFeatureClass. Fields
    'Get the number of fields.
    count = pFields. FieldCount
    MsgBox "There are " & count & " fields"
```

代码第一部分先将当前地图的首层的要素类赋给 pFeatureClass。接着将 pFields 指向 pFeatureClass 的字段，count 变量的值设为 IFields 的 Fieldcount 属性。最后用消息框汇报字段的个数。

```
    'Part 2: Prepare a list of fields and display the list.
    Dim ii As Long
    Dim aField As IField
    Dim fieldName As Variant
    Dim NameList As Variant
    'Loop through each field, and add the field name to a list.
    For ii = 0 To pFields. FieldCount - 1
        Set aField = pFields. Field (ii)
        fieldName = aField. name
        NameList = NameList&fieldName&Chr (13)
    Next
    'Display the list of field names in a message box.
    MsgBox NameList,, "Field Names"
End Sub
```

代码第二部分用 For…Next 语句遍历 pFields 的每个字段。由于循环计数从 0 开始，所以预先设定循环的次数为 FieldCount – 1，每次循环时，将字段的名字赋给 fieldName 变量并将该名字添加至集合 NameList。最后用 For Each…Next 语句在消息对话框中显示每个字段的名字。常量 Chr（13）是用来添加回车符的。

5.3.2　ListFieldProps

ListFieldProps 汇报数据集中每个字段的字段名、类型、长度、精度及范围。宏执行结果与要素层属性对话框的字段页显示的内容相同。ListFieldProps 有两部分：第一部分获取要素类及其字段；第二部分取得每个字段的属性并显示。

主要接口：IFields，IField。

主要成员：Fields，FieldCount，Field（），name，Type，Length，Precision，Scale，Add。

用法：在当前地图打开 idcounty. shp。将 ListFieldProps 导入至 VB 编辑器，运行宏。消息框将列出 idcounty 每个字段的属性。

```
Private Sub ListFieldProps ()
    'Part 1: Get the feature class and its fields.
    Dim pMxDoc As IMxDocument
    Dim pMap As IMap
    Dim pFeatureLayer As IFeatureLayer
    Dim pFeatureClass As IFeatureClass
    Dim pFields As IFields
    Dim count As Long
    Set pMxDoc = ThisDocument
    Set pMap = pMxDoc. FocusMap
    Set pFeatureLayer = pMap. Layer (0)
    Set pFeatureClass = pFeatureLayer. FeatureClass
    Set pFields = pFeatureClass. Fields
```

代码第一部分与 ListOfFields 相同，从要素类的首层获得字段的个数，并存储于 pFields。

```
    'Part 2: Get the field properties for each field, and report them.
    Dim ii As Long
    Dim aField As IField
    Dim fieldName As String
    Dim fieldType As Integer
    Dim fieldLength As Integer
    Dim fieldPrecision As Integer
    Dim fieldScale As Integer
```

```
Dim typeDes As String
Dim out As Variant
Dim theList As New Collection
Dim NameList As Variant
'Set up a do loop.
For ii = 0 To pFields.FieldCount - 1
    Set aField = pFields.Field (ii)
    'Derive properties of the field.
    fieldName = aField.name
    fieldType = aField.Type
    fieldLength = aField.Length
    fieldPrecision = aField.Precision
    fieldScale = aField.Scale
    'Determine the field type.
    Select Case fieldType
        Case 0
            typeDes = "SmallInteger"
        Case 1
            typeDes = "Integer"
        Case 2
            typeDes = "Single"
        Case 3
            typeDes = "Double"
        Case 4
            typeDes = "String"
        Case 5
            typeDes = "Date"
        Case 6
            typeDes = "OID"
        Case 7
            typeDes = "Geometry"
        Case 8
            typeDes = "Blob"
    End Select
    'Save the field properties to the variable out.
    out = fieldName & "  " & typeDes & "  " & fieldLength & "  " & field-
Precision & "  " & fieldScale
    'Add the variable out to a list.
```

```
        theList. Add out
    Next
    'Display the list in a message box.
    For Each out In theList
        NameList = NameList & out & Chr (13)
    Next out
    MsgBox NameList,, "Field Name, Type, Length, Precision, & Scale"
End Sub
```

代码的第二部分先用 For…Next 语句遍历 pFields 的每个字段，取到字段的属性值。除字段名之外，代码处理了附加的字段属性：类型、长度、精度和范围。由于字段类型值的范围是从 0～8，代码用 Select Case 语句将数值翻译为文字描述，如整型或双精度型。字段长度是指最大可容量字节数。字段精度是指数值型字段的数值的位数。字段范围是指双精度型字段的小数点后的位数。取到字段属性后，将其串在一起赋给 variant 变量 out。可变型（variant）可以处理各种类型的数据。再将 out 的值添加至 theList。最后用消息对话框逐个汇报 theList 中每一字段的值。

5.3.3　UseFindLayer

UseFindLayer 包括一个子程序和一个函数。FindLayer 函数通过输入对话框获取用户输入的层名并将层的序号返回给 Start 子程序，然后由 Start 来汇报该层中字段的个数。

主要接口：IFields，IField。

主要成员：Fields，FieldCount，Field，name，Add。

用法：在当前地图中添加 idcounty. shp 和 idcities. shp。在 VB 编辑器中导入 UseFindLayer。运行该模块。在输入框中输入层名，程序将会汇报该层的字段的个数。

```
Private Sub Start ()
    Dim pMxDoc As IMxDocument
    Dim pMap As IMap
    Dim i As Long
    Dim pFeatureLayer As IFeatureLayer
    Dim pFeatureClass As IFeatureClass
    Dim pFields As IFields
    Dim count As Long
    Set pMxDoc = ThisDocument
    Set pMap = pMxDoc. FocusMap
    'Run the FindLayer function.
    i = FindLayer ()
```

```
    'Use the returned Id to locate the layer.
    Set pFeatureLayer = pMap. Layer (i)
    Set pFeatureClass = pFeatureLayer. FeatureClass
    Set pFields = pFeatureClass. Fields
    'Get the number of fields.
    count = pFields. FieldCount
    MsgBox "There are " & count & " fields"
End Sub
```

Start 子程序将 FindLayer 返回的值赋给 i，用 i 作为序号来定位 pFeatureLayer。接着将 pFeatureClass 设为要素类，pFields 设为 pFeatureClass 的字段，再用消息对话框汇报 pFields 的字段的个数。

```
Private Function FindLayer () As Long
    Dim pMxDoc As IMxDocument
    Dim pMap As IMap
    Dim FindDoc As Variant
    Dim aLName As String
    Dim name As String
    Dim i As Long
    Set pMxDoc = ThisDocument
    Set pMap = pMxDoc. FocusMap
    'Use an input box to get a layer name.
    name = InputBox ("Enter a layer name: ", "")
    'Locate the layer in the active map.
    For i = 0 To pMap. LayerCount - 1
        aLName = UCase (pMap. Layer (i) . name)
        If (aLName = (UCase (name))) Then
            FindDoc = i
            Exit For
        End If
    Next
    FindLayer = FindDoc
End Function
```

FindLayer 函数从输入框中得到层名，并将其值赋给变量 name。接着遍历当前地图的每一层，以大写字母的形式去匹配层名与 name 一致的层。找到匹配的层时，将层的序号值 i 赋给 FindDoc 变量。此时，将 FindDoc 作为 FindLayer 函数的值返回给子程序 Start。

5.4　添加或删除字段

本节介绍在 VBA 中对数据集添加字段、删除字段的操作。

5.4.1　AddDeleteField

AddDeleteField 的功能是对要素属性表添加两个新字段，删除一个字段。宏执行的结果与用 ArcCatalog 数据集的属性对话框添加和删除字段是相同的。AddDeleteField 由三个部分组成：第一部分定义要素类；第二部分定义两个新字段，并将其添加至要素类；第三部分从要素类删除一个字段。

主要接口：IFeatureClass，IFieldEdit，IFields，IField。

主要成员：FeatureClass，name，Type，Length，AddField，Fields，FindField，Field ()，DeleteField。

用法：在当前地图中打开 idcounty2. shp。打开 idcounty2 的属性表，属性表显示字段名字是 Pop94，这是宏将要删除的字段。Pop1990 和 Pop2000 则是两个要添加的字段。在 VB 编辑器中导入 AddDeleteField，运行宏。再次打开 idcounty2 属性表，以检查运行结果是否正确。

```
Private Sub AddDeleteField ()
    'Part 1: Get a handle on the feature class.
    Dim pMxDoc As IMxDocument
    Dim pFeatureLayer As IFeatureLayer
    Dim pFeatureClass As IFeatureClass
    Set pMxDoc = ThisDocument
    Set pFeatureLayer = pMxDoc. FocusMap. Layer (0)
    Set pFeatureClass = pFeatureLayer. FeatureClass
```

代码第一部分将当前地图的首层的要素类赋给 pFeatureClass。

```
    'Part 2: Add two new fields.
    Dim pField1 As IFieldEdit
    Dim pField2 As IFieldEdit
    'Define the first new field.
    Set pField1 = New Field
    pField1. name = "Pop1990"
    pField1. Type = esriFieldTypeInteger
    pField1. Length = 8
    'Add the first new field.
    pFeatureClass. AddField pField1
    'Define the second new field.
```

```
        Set pField2 = New Field
        pField2. name = "Pop2000"
        pField2. Type = esriFieldTypeInteger
        pField2. Length = 8
        'Add the second new field.
        pFeatureClass. AddField pField2
```

代码第二部分创建 Field 类的实例 pField1，用 IFieldEdit 接口来定义字段的属性：名字、类型和长度。接着用 IFeatureClass 的 AddField 方法将 pField1 添加至 pFeatureClass。再用相同的过程将 pField2 添加至 pFeatureClass。

```
        'Part 3: Delate a field.
        Dim pFields As IFields
        Dim ii As Integer
        Dim pField3 As IField
        Set pFields = pFeatureClass. Fields
        ii = pFields. FindField ("Pop94")
        Set pField3 = pFields. Field (ii)
        pFeatureClass. DeleteField pField3
    End Sub
```

代码第三部分将 pFields 设为 pFeatureClass 的字段。接着用 IFields 的 FindField 方法查找 Pop94 的字段序号，将序号值赋给变量 ii，将 pFields3 指向序号为 ii 的字段。然后用 IFeatureClass 的 DeleteField 方法删除 pField3。

专栏 5.1　AddDeleteField _ GP

AddDeleteField _ GP 利用 Data Management 工具箱里的 DeleteField 和 AddField 这两个工具，先删除 idcounty5. shp 里的一个字段（Pop94），在添加两个新字段（Pop1990 和 Pop2000）。在 ArcCatalog 中运行宏。宏的功能与 AddDeleteField 相同。

```
Private Sub AddDeleteField _ GP ()
    'Make sure that chap5 is not the active folder in the catalog tree.
    'Create the Geoprocessing object and define its workspace.
    Dim GP As Object
    Set GP = CreateObject ("esriGeoprocessing. GpDispatch. 1")
    'Specify GP's workspace.
    Dim filepath As String
    filepath = "c: \ data \ chap5 \ "
    GP. Workspace = filepath
```

```
    'DeleteField <in_table> <drop_field; drop_field…>
    'AddField <in_table> <field_name> <LONG | TEXT | FLOAT | DOUBLE
| SHORT | DATE | BLOB>
    ' {field_precision { {field_length} {field_alias} {NULLABLE | NON_
NULLABLE}
    ' {NON_REQUIRED | REQUIRED} {field_domain}
    'Execute the deletefield and addfield tools.
    GP.DeleteField_management "idcounty5.shp", "Pop94"
    GP.AddField_management "idcounty5.shp", "Pop1990", "SHORT"
    GP.AddField_management "idcounty5.shp", "Pop2000", "SHORT"
End Sub
```

5.5　字段值的计算

本节关注字段的值。第一个宏论述如何在程序中用表达式来计算字段值。第二个宏的功能是更新数据子集中的字段值。

5.5.1　CalculateField

CalculateField 通过要素类中两个已有的字段来计算字段的值。宏操作的功能与使用字段计算器工具的功能是相同的。CalculateField 有两个部分：第一部分查找要计算的字段；第二部分用游标计算每个记录（要素）的字段值。

主要接口：IFeatureClass，IFields，ICursor，ICalculator。

主要成员：FeatureClass，Fields，FindField，Update，Cursor，Expression，Field，Calculate。

用法：在当前地图打开 idcounty3.shp。idcounty3.shp 的属性表包括三个字段：Pop1990，1990 年县人口数；Pop2000，2000 年县人口数；change。在 VB 编辑器中导入 CalculateField。运行宏，宏计算了从 Pop1990 到 Pop2000 的变化值。

```
Private Sub CalculateField ()
    'Part 1: Find the field to be calculated.
    Dim pMxDoc As IMxDocument
    Dim pFeatLayer As IFeatureLayer
    Dim pFeatureClass As IFeatureClass
    Dim pFields As IFields
    Set pMxDoc = ThisDocument
    Set pFeatLayer = pMxDoc.FocusMap.Layer (0)
    Set pFeatureClass = pFeatLayer.FeatureClass
```

代码的第一部分将 pFeatureClass 设为当前地图首层的要素类。

```
'Part 2: Calculate the field values by using a cursor.
    Dim pCursor As ICursor
    Dim pCalculator As ICalculator
    'Prepare a cursor with all records.
    Set pCursor = pFeatureClass.Update (Nothing, True)
    'Define a calculator.
    Set pCalculator = New Calculator
    With pCalculator
        Set.Cursor = pCursor
        .Expression = " ( ( [Pop2000] - [Pop1990]) / [Pop1990]) * 100"
        .Field = "Change"
    End With
    'Calculate the field values.
    pCalculator.Calculate
End Sub
```

代码第二部分用 IFeatureClass 的 Update 方法建立 pFeatureClass 的游标。因为 Update 方法所使用的参数是 Nothing 而不是一个查询过滤器对象，所以所有的记录都包含在游标中（第 9 章将介绍查询过滤器对象的使用）。接下来创建 Calculator 类的实例 pCalculator，并用 With 语句定义其属性。游标是 pCursor 对象，表达式是一个计算 1990～2000 年县人口变化百分数的等式，其值将被写入 Change 字段。最后，代码用 ICalculator 的 Calculate 方法结束任务。

专栏 5.2　CalculateField _ GP

CalculateField _ GP 利用 Data Management 工具箱里的 CalculateField 工具来计算 idcounty6.shp 图层中 Change 字段的值。在 ArcCatalog 中运行宏。宏所完成的任务与 CalculateField 相同。

```
Private Sub CalculateField _ GP ()
'Create the Geoprocessing object.
    Dim GP As Object
    Set GP = CreateObject ("esriGeoprocessing.GpDispatch.1")
    'CalculateField <in _ table> <field> <expression>
    'Execute the calculatefield tool.
GP.CalculateField _ management "c:\data\chap5\idcounty6.shp", "Change",
" ( [Pop2000] - [Pop1990]) / [Pop1990] * 100"
End Sub
```

5.5.2 UpdateValue

UpdateValue 与 CalculateField 的不同有两个方面：第一，UpdateValue 计算的是数据子集的字段值，而不是每一个记录的；第二，该宏也没有用到 ICalculator 来记录字段值。

UpdateValue 执行的功能与使用 Selection（选择）菜单中的 Select by Attributes 命令先选择一个数据子集，再用字段计算器计算字段值的功能是相同的。这个宏有三个部分：第一部分定义要素类；第二部分选择一个数据子集；第三部分计算数据子集中每个记录的字段值。

主要接口：IFeatureClass，IFields，IQueryFilter，IFeatureCursor，IFeature。

主要成员：FeatureClass，WhereClause，Update，FindField，NextFeature，Value，UpdateFeature。

用法：在当前地图打开 idcounty4. shp。Idcounty4 的属性表包括 Change 字段，该字段记录的是 1990～2000 年的人口变化率。在 VB 编辑器中导入 UpdateValue，运行宏。宏对 Class 字段赋值：高增长率（如字段 Change＞30％）的县 Class 字段的值就赋为 1，其他的则为 0。

```
Private Sub UpdateValue ()
    'Part 1: Define the feature class.
    Dim pMxDoc As IMxDocument
    Dim pFeatLayer As IFeatureLayer
    Dim pFeatureClass As IFeatureClass
    Dim pFields As IFields
    Dim ii As Integer
    Set pMxDoc = ThisDocument
    Set pFeatLayer = pMxDoc. FocusMap. Layer (0)
    Set pFeatureClass = pFeatLayer. FeatureClass
```

代码第一部分将 pFeatureClass 设为当前地图首层的要素类。

```
    'Part 2: Prepare a feature cursor.
    Dim pQFilter As IQueryFilter
    Dim pUpdateFeatures As IFeatureCursor
    'Prepare a query filter.
    Set pQFilter = New QueryFilter
    pQFilter. WhereClause = "Change > 30"
    'Create a feature cursor for updating.
    Set pUpdateFeatures = pFeatureClass. Update (pQFilter, False)
```

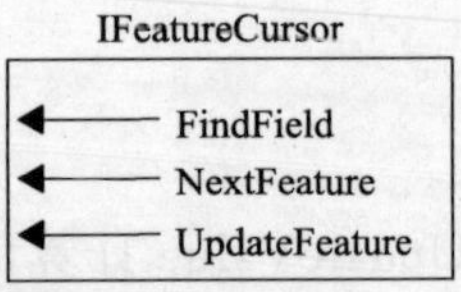

图 5.10 IFeatureCursor 具有管理字段和要素的方法

第二部分代码创建 QueryFilter 类的实例 pQFilter，并定义 WhereClause 条件为“Change>30”。查询过滤器对象的作用是过滤出满足 WhereClause 表达式的数据子集。代码中 pQFilter 被用作对象限制器（object qualifier），并用 IFeatureClass 的 Update 方法来建立记录选定要素的游标。要素游标是用来获取要素的更新、删除和插入数据的对象。要素游标对象可使用 FindField、NextFeature、UpdateFeature 等方法（图 5.10）。

```
    'Part 3：Calcuate the Class value.
    Dim indexClass As Integer
    Dim pFeature As IFeature
    indexClass = pUpdateFeatures.FindField ("Class")
    Set pFeature = pUpdateFeatures.NextFeature
    'Loop through each feature and update its Class value.
    Do Until pFeature Is Nothing
        pFeature.Value (indexClass) = 1
        pUpdateFeatures.UpdateFeature pFeature
        Set pFeature = pUpdateFeatures.NextFeature
    Loop
End Sub
```

第三部分代码先用 IFeatureCursor 的 FindField 方法来查询 Class 字段的序号，并将该序号值赋给变量 indexClass。接着用循环语句遍历选定的要素，并将序号为 indexClass 的记录中 Class 字段的值赋为 1，再用 IFeatureCursor 的 UpdateFeature 方法更新该要素。

5.6 表的连接和关联

本节用四个示例宏来讲解连接（join）和关联（relate）：两个是关于连接的；另两个是关于关联的。每种关系类都使用了两个宏做示范，本节介绍如何链接要素类和非地理数据表，以及如何将两个或多个非地理数据表链接至要素类。

5.6.1 JoinTableToLayer

JoinTableToLayer 将 dBASE 文件和要素类连接起来。宏执行了与 ArcMap 中要素层快捷菜单中的 Join 相同的操作。JoinTableToLayer 宏有三个部分：第一部分定义要素类；第二部分定义要连接的属性表；第三部分将属性表连接至要素类。

主要接口：IFeatureClass，ITable，IStandaloneTableCollection，IStandaloneTable，IMemoryRelationshipClassFactory，IRelationshipClass，IDisplayRelationshipClass。

主要成员：FeatureClass，StandaloneTable ()，Table，Open，DisplayRelationshipClass。

用法：在当前地图添加 wp.shp 和 wpdata.dbf。wp 是一个植被立地的 shapefile，wpdata 是包括植被立地属性的 dBASE 文件。wp 的属性表与 wpdata 共有的字段是 ID。在 VB 编辑器中导入 JoinTableToLayer。运行宏。输入 ID 作为连接字段名。宏会连接 wpdata 与 wp 属性表。为检验宏的运行结果，打开 wp 的属性表。表中应该有两个属性集：一个是以 wp 为前缀的；另一个是以 wpdata 为前缀的。

```
Private Sub JoinTableToLayer ()
    'Part 1: Get a handle on the layer's attribute table.
    Dim pMxDoc As IMxDocument
    Dim pMap As IMap
    Dim pFeatureLayer As IFeatureLayer
    Dim pFeatureClass As IFeatureClass
    Set pMxDoc = ThisDocument
    Set pMap = pMxDoc.FocusMap
    Set pFeatureLayer = pMap.Layer (0)
    Set pFeatureClass = pFeatureLayer.FeatureClass
```

第一部分代码先定义 pFeatureClass 为当前地图首层的要素类。

```
    'Part 2: Define the table to be joined.
    Dim pTabCollection As IStandaloneTableCollection
    Dim pStTable As IStandaloneTable
    Dim pFromTable As ITable
    Set pTabCollection = pMap
    Set pStTable = pTabCollection.StandaloneTable (0)
    Set pFromTable = pStTable.Table
```

第二部分代码查询得到 IStandaloneTableCollection 接口，将 pStTable 设为 pMap 的第一个独立表。再将 pFromTable 设为 pStTable 的基本表。

```
    'Part 3: Join the table to the layer's attribute table.
    Dim strJnField As String
    Dim pMemRelFact As IMemoryRelationshipClassFactory
    Dim pRelClass As IRelationshipClass
    Dim pDispRC As IDisplayRelationshipClass
    'Prompt for the join field.
    strJnField = InputBox ("Provide the name of the join field: ", "Joining a
table to a layer", "")
    'Create a memory relationship class.
    Set pMemRelFact = New MemoryRelationshipClassFactory
    'The underscore _ means continuation of a line statement.
```

```
    Set pRelClass = pMemRelFact.Open ("TableToLayer", pFromTable, strJn-
Field, pToTable, strJnField, "wp", "wpdata", esriRelCardinalityOneToOne)
    'Perform a join.
    Set pDispRC = pFeatureLayer
    pDispRC.DisplayRelationshipClass pRelClass, esriLeftOuterJoin
End Sub
```

第三部分代码在连接两表前先创建内存关系类。接着从输入框中获取用户输入的连接字段。再创建 MemoryRelationshipClassFactory 的实例 pMemRelFact，并用 IMemoryRelationshipClassFactory 的 Open 方法来创建关系类存储于 pRelClass。Open 方法用了 8 个对象限定和参数。两个对象限定 pFromTable 和 pFeatureClass 是已定义的。关系类的名字是“TableToLayer”。主键源和外键源皆是 strJnField。前面的路径标注和后面的路径标注分别是 wp 和 wpdata。关系类型指定为“一对一”。接着查找 IDisplayRelationshipClass 的接口，用 DisplayRelationshipClass 方法来执行连接操作。除 pRelClass 之外，DisplayRelationshipClass 还用到了参数 esriLeftOuterJoin，这个参数规定连接操作包括了所有的行，而不仅仅是匹配的行。

5.6.2 JoinMultipleTables

JoinMultipleTables 将两个 dBASE 表连接至要素类。从概念上来看，JoinMultipleTables 类似于 JoinTableToLayer。但从程序的角度来看，JoinMultipleTables 需要用 IRelQueryTable 对象来执行两次连接。宏执行的操作与 ArcMap 的要素图层快捷菜单的 Join 命令执行的操作相同。该宏由五个部分组成：第一部分定义要素类；第二部分定义要连接的两个表；第三部分创建第一个虚连接；第四部分创建第二个虚连接；第五部分执行连接操作。

主要接口：IStandaloneTableCollection，IStandaloneTable，ITable，IMemoryRelationshipClassFactory，IRelationshipClass，IRelQueryTableFactory，IRelQueryTable，IDisplayRelationshipClass。

主要成员：FeatureClass，StandaloneTable ()，Table，Open，DisplayRelationshipClass。

用法：在当前地图中打开 idcounty4.shp、change.dbf 和 population.dbf。Idcounty4 是显示爱达荷州 44 个县的 shapefile。Change 和 population 是两个包括爱达荷州各县的人口统计数据的 dBASE 文件（该宏不能操作文本文件）。连接 change 和 idcounty 的关键字段都是 co _ name。把 population 连接到表的关键字段是 change.co _ name 和 co _ name。在 VB 编辑器中导入 JoinMultipleTables。运行宏。该宏将 change 和 population 的属性表合并至 idcounty4 的属性表。为验证宏的运行情况，打开 idcounty4 的属性表检查。其中应该包括 change 和 population 的属性，而且表中的每个字段都有相应的前缀来表示其来源。

```
Private Sub JoinMultipleTables ()
```

```
'Part 1：Define the feature class.
Dim pMxDoc As IMxDocument
Dim pMap As IMap
Dim pFeatureLayer As IFeatureLayer
Dim pFeatureClass As IFeatureClass
Set pMxDoc = ThisDocument
Set pMap = pMxDoc. FocusMap
Set pFeatureLayer = pMap. Layer (0)
Set pFeatureClass = pFeatureLayer. FeatureClass
```

第一部分代码将 pFeatureClass 设为当前地图首层的要素类。

```
'Part 2：Define the two tables to be joined.
Dim pTabCollection As IStandaloneTableCollection
Dim pStTable1 As IStandaloneTable
Dim pFromTable1 As ITable
Dim pStTable2 As IStandaloneTable
Dim pFromTable2 As ITable
Set pTabCollection = pMap
'Define the first table.
Set pStTable1 = pTabCollection. StandaloneTable (0)
Set pFromTable1 = pStTable1. Table
'Define the second table.
Set pStTable2 = pTabCollection. StandaloneTable (1)
Set pFromTable2 = pStTable2. Table
```

第二部分代码先查询得到 IStandaloneTableCollection 接口，将 pStTable1 和 pStTable2 分别设为 pMap 的第一和第二个独立表。再分别定义 pFromTable1 和 pFromTable2 为 pStTable1 和 pStTble2 的基本表。

```
'Part 3：Join the first table to the feature class.
Dim pMemRelFact As IMemoryRelationshipClassFactory
Dim pRelClass1 As IRelationshipClass
Dim pRelQueryTableFact As IRelQueryTableFactory
Dim pRelQueryTab1 As IRelQueryTable
'Create the first virtual join.
Set pMemRelFact = New MemoryRelationshipClassFactory
Set pRelClass1 = pMemRelFact. Open ("Table1ToLayer", pFeatureClass, "co _
name", pFromTable1, "co _ name", "forward", "backward", esriRelCardinalityOne-
ToOne)
'Create the first relquerytable.
Set pRelQueryTableFact = New RelQueryTableFactory
```

```
    Set pRelQueryTab1 = pRelQueryTableFact.Open (pRelClass1, True, Nothing, Nothing, "", True, True)
```

第三部分代码先创建 MemoryRelationshipClassFactory 的实例 pMemRelFact，再用 Open 方法创建内存关系类的对象 pRelClass。指定给 Open 方法的两张表是 pFeatureClass 和 pFromTable1。接着再创建 RelQueryTableFactory 的实例 pRelQueryTableFact，并用 IRelQueryTableFactory 的 Open 方法创建 IRelQueryTable 类的对象 pRelQueryTab1，其中 Open 方法的参数是 pRelClass1。

```
    'Part 4: Join the second table to the joined table.
    Dim pRelClass2 As IRelationshipClass
    Dim pRelQueryTab2 As IRelQueryTable
    'Create the second virtual join.
    Set pMemRelFact = New MemoryRelationshipClassFactory
    Set pRelClass2 = pMemRelFact.Open ("Table2ToLayer", pRelQueryTab1, "change.co_name", _
    pFromTable2, "co_name", "forward", "backward", esriRelCardinalityOneToOne)
    'Create the second relquerytable.
    Set pRelQueryTableFact = New RelQueryTableFactory
    Set pRelQueryTab2 = pRelQueryTableFact.Open (pRelClass2, True, Nothing, Nothing, "", True, True)
```

第四部分代码过程与第三部分相同，将 pRelQueryTab1 和 pFromTable2 作为输入值来创建 pRelClass2，以 pRelClass2 为输入值创建 pRelQueryTab2。

```
    'Part 5: Perform the join operation.
    Dim pDispRC2 As IDisplayRelationshipClass
    Set pDispRC2 = pFeatureLayer
    pDispRC2.DisplayRelationshipClass pRelQueryTab2.RelationshipClass, esriLeftOuterJoin
End Sub
```

第五部分代码查询 IDisplayRelationshipClass 的接口，并用 DisplayRelationshipClass 方法执行连接操作。需要注意的是，方法中用到的 RelQueryTab2 是对象限定。

5.6.3 RelateTableToLayer

RelateTableToLayer 的功能是在 dBASE 文件和要素类之间建立关联。宏执行的操作与 ArcMap 中要素层快捷菜单的 Relate（关联）工具执行的操作相同。该宏有三个部分：第一部分定义要素类；第二部分定义需要关联的非地理数据表；第三部分请求建立关联的键，创建虚关联，并执行关联。

主要接口：IFeatureClass，ITable，IStandaloneTableCollection，IStandaloneTable，

IMemoryRelationshipClassFactory，IRelationshipClass，IRelationshipClassCollectionEdit。

主要成员：FeatureClass，StandaloneTable（），Table，Open，AddRelatoinshipClass。

用法：在当前地图中添加 wp. shp 和 wpdata. dbf。wp 属性表和 wpdata 中的 ID 均可用作关键字段。在 VB 编辑器中导入 RelateTabletoLayer。运行宏。在输入框中输入 ID。宏为 wpdata 和 wp 的属性表创建关联。为检验宏的运行情况，打开 wp 的属性表，查看表中的部分记录。点击 wp 的属性表的 Options（属性），指到关联表（Related Tables）处。TableToLayer：wpdata 应出现在旁边的注释条中。点击它，与 wp 被选中记录相应的记录会高亮显示。

```
Private Sub RelateTabletoLayer ()
    'Part 1: Define the feature class.
    Dim pMxDoc As IMxDocument
    Dim pMap As IMap
    Dim pFeatureLayer As IFeatureLayer
    Dim pFeatureClass As IFeatureClass
    Set pMxDoc = ThisDocument
    Set pMap = pMxDoc. FocusMap
    Set pFeatureLayer = pMap. Layer (0)
    Set pFeatureClass = pFeatureLayer. FeatureClass
```

第一部分代码将 pFeatureClass 设为当前地图首层的要素类。

```
    'Part 2: Define the table for a relate.
    Dim pTabCollection As IStandaloneTableCollection
    Dim pStTable As IStandaloneTable
    Dim pFromTable As ITable
    Set pTabCollection = pMap
    Set pStTable = pTabCollection. StandaloneTable (0)
    Set pFromTable = pStTable. Table
```

第二部分代码将 pFromTable 定义为当前地图的第一个独立表的基本表。

```
    'Part 3: Perform the relate.
    Dim strLayerField As String
    Dim strTableField As String
    Dim pMemRelFact As IMemoryRelationshipClassFactory
    Dim pRelClass As IRelationshipClass
    Dim pRelClassCollEdit As IRelationshipClassCollectionEdit
    'Prompt for the keys.
    strLayerField = InputBox ("Provide the key from the layer: ", "Relating
a table to a layer", "")
    strTableField = InputBox ("Provide the key from the table: ", "Relating
```

```
a table to a layer", "")
    'Create a virtual relate.
    Set pMemRelFact = New MemoryRelationshipClassFactory
    Set pRelClass = pMemRelFact.Open ("TableToLayer", pFromTable, strTableField, pFeatureClass, _
    strLayerField, "wp", "wpdata", esriRelCardinalityOneToOne)
    'Add the relate to the collection.
    Set pRelClassCollEdit = pFeatureLayer
    pRelClassCollEdit.AddRelationshipClass pRelClass
End Sub
```

第三部分代码首先提示用户输入建立关联所需的关键字段，接着创建 MemoryRelationshipClassFactory 的实例 pMemRelFact，再用 IMemoryRelationshipClassFactory 的 Open 方法创建虚关联 pRelClass。最后，查询接口得到 IRelationshipClassCollectionEdit，并用 AddRelationshipClass 方法将 pRelClass 添加至要素图层的关系类集合。

专栏 5.3　RelateTableTolayer _ GP

RelateTableToLayer _ GP 利用 Data Management 工具箱里的 CreateRelationshipClass 工具来建立要素类和表之间的关联。上述两种数据集都必须存放在 geodatabase 中。在本例中，geodatabase 是 relation.mdb，要素类是 wp，表格是 wpdata。在 ArcCatalog 中运行宏。在第一个输入框中输入“wp”，第二个输入框输入“ID”，第三个输入框输入“wpdata”，第四个输入框也输入“ID”。“ID”是用于关联的键。完成后，在 relation.mdb 中应该出现一个关系类（wp _ wpdata）。除了使用的是个人 geodatabase 之外，RelateTableToLayer _ GP 和 RelateTableToLayer 的功能完全相同。

```
Private Sub RelateTableToLayer_GP ()
    'This macro can only work with Geodatabase feature classes and tables.
    'Create the geoprocessing object and define its workspace.
    Dim GP As Object
    Set GP = CreateObject ("esriGeoprocessing.GpDispatch.1")
    'Specify a geodatabase for GP's workspace.
    Dim filepath As String
    filepath = "c:\data\chap5\relation.mdb"
    GP.Workspace = filepath
    'CreateRelationshipClass <origin_table> <destination_table> <out_relationship_class>
    '<SIMPLE | COMPOSITE> <forward_label> <backward_label>
    '<NONE | FORWARD | BACKWARD | BOTH>
```

```
'<ONE_TO_ONE | ONE_TO_MANY | MANY_TO_MANY>
'<NONE | ATTRIBUTED><origin_primary_key><origin_foreign_key>
' {destination_primary_key} {destination_foreign_key}
Dim table1 As String
teble1 = InputBox ("Enter the name of the origin table")
Dim key1 As String
key1 = InputBox ("Enter the name of the origin key")
Dim table2 As String
table2 = InputBox ("Enter the name of the destination table")
Dim key2 As String
key2 = InputBox ("Enter the name of the destination key")
'Execute the createrelationshipclass tool.
GP.CreateRelationshipClass _ management table1, table2, "wp _ wpdata",
"SIMPLE", "wpdata", "wp", _
"NONE", "ONE_TO_ONE", "NONE", key1, key2
End Sub
```

5.6.4　RelationalDatabase

RelationalDatabase 在要素类和三个来自关系型数据库的 dBASE 文件之间建立关联关系。宏执行的操作与执行三次 ArcMap 的 Relate 操作相同。该宏由四个部分组成：第一部分定义要素类；第二部分定义关联将用到的三个 dBASE 文件；第三部分创建三个虚关联；第四部分将关联添加至要素层的关系类集合。

主要接口：IFeatureClass，ITable，IStandaloneTableCollection，IStandaloneTable，IMemoryRelationshipClassFactory，IRelationshipClass，IRelationshipClassCollectionEdit。

主要成员：FeatureClass，StandaloneTable（），Table，Open，AddRelatoinshipClass。

用法：在当前地图中添加 mosoils. shp、comp. dbf、forest. dbf 和 plantnm. dbf。宏假定这三张表在目录表中由上至下的顺序是 comp、forest、plantnm。Mosoils 是土地的 shapefile，而三个关系型数据库中的 dBASE 文件包含了土地的属性数据。关联 mosoils 和 comp 的关键字段是 MUSYM，comp 和 fores 的关联字段是 MUID，forest 和 plantnm 的关联字段是 PLANTSYM。在 VB 编辑器中导入 RelationalDatabase。运行宏。在三个输入框中分别输入相应的关键字段。为验证宏的运行情况，查看 mosoils 的属性表的记录，并打开 comp 查看相对应的记录。

```
Private Sub RelationalDatabase ()
    'Part 1: Get a handle on the mosoils attribute table.
    Dim pMxDoc As IMxDocument
```

```
Dim pMap As IMap
Dim pFeatureLayer As IFeatureLayer
Dim pFeatureClass As IFeatureClass
Set pMxDoc = ThisDocument
Set pMap = pMxDoc. FocusMap
Set pFeatureLayer = pMap. Layer (0)
Set pFeatureClass = pFeatureLayer. FeatureClass
```

第一部分代码将 pFeatureClass 设为当前地图首层的要素类。

```
'Part 2: Define the tables for relates.
Dim pTabCollection As IStandaloneTableCollection
Dim pStTable1 As IStandaloneTable
Dim pCompTable As ITable
Dim pStTable2 As IStandaloneTable
Dim pForestTable As ITable
Dim pStTable3 As IStandaloneTable
Dim pPlantnmTable As ITable
Set pTabCollection = pMap
'Define the first table.
Set pStTable1 = pTabCollection. StandaloneTable (0)
Set pCompTable = pStTable1. Table
'Define the second table.
Set pStTable2 = pTabCollection. StandaloneTable (1)
Set pForestTable = pStTable2. Table
'Define the third table.
Set pStTable3 = pTabCollection. StandaloneTable (2)
Set pPlantnmTable = pStTable3. Table
```

第二部分代码将 pCompTable、pForestTable、pPlantnmTable 分别设为三个独立表的基本表。

```
'Part 3: Create three virtual relates.
Dim strField1 As String
Dim pMemRelFact As IMemoryRelationshipClassFactory
Dim pRelClass1 As IRelationshipClass
Dim strField2 As String
Dim pRelClass2 As IRelationshipClass
Dim strField3 As String
Dim pRelClass3 As IRelationshipClass
'Create the first virtual relate.
strField1 = InputBox ("Provide the common field in Mosoils and Comp: ",
```

```
"Relate Mosoils to Comp", "")
        Set pMemRelFact = New MemoryRelationshipClassFactory
        Set pRelClass1 = pMemRelFact.Open ("Mosoils - Comp", pCompTable, strField1, pFeatureClass, strField1, _ "Mosoils", "Comp", esriRelCardinalityManyToMany)
        'Create the second virtual relate.
        strField2 = InputBox ("Provide the common field in Comp and Forest: ", "Relate Comp to Forest", "")
        Set pRelClass2 = pMemRelFact.Open ("Comp - Forest", pForestTable, strField2, pCompTable, strField2, _ "Comp", "Forest", esriRelCardinalityManyToMany)
        'Create the third virtual relate.
        strField3 = InputBox ("Provide the common field in Forest and Plantnm: ", "Relate Forest to Plantnm", "")
        Set pRelClass3 = pMemRelFact.Open ("Forest - Plantnm", pPlantnmTable, strField3, pForestTable, _
        strField3, "Forest", "Plantnm", esriRelCardinalityManyToMany)
```

第三部分代码用相应的关键字段和表建立三个内存关系类的对象 pRelClass1、pRelClass2、pRelClass3。注意，方法中指定了关系（如基数）参数的类型为“多对多”。

```
    'Part 4: Add the relates to the collection.
    Dim pRelClassCollEdit As IRelationshipClassCollectionEdit
    Set pRelClassCollEdit = pFeatureLayer
    pRelClassCollEdit.AddRelationshipClass pRelClass1
    pRelClassCollEdit.AddRelationshipClass pRelClass2
    pRelClassCollEdit.AddRelationshipClass pRelClass3
End Sub
```

第四部分查询接口得到 IRelationshipClassCollectionEdit，并用 AddRelationshipClass 方法将三个虚关联添加到 pFeatureLayer 的关系类集合中。

第6章 数据转换

将不同数据源、不同格式的数据进行整合是 GIS 的一个重要应用。为实现数据整合，GIS 软件包必须要能够读取各种不同格式的数据并将其进行转换。数据转换可以以不同的方式进行，最主要的三种方法是：不同类型的矢量数据之间的转换；矢量数据和栅格数据之间的转换；x、y 坐标数据转换为点数据。

过去的 20 年中，伴随着每一个主要产品的发布，ESRI 引入了新的矢量数据模型：Arc/Info 的 coverage、ArcView 的 shapefile 和 ArcGIS 的 geodatabase。尽管 ArcGIS 用户可以使用这三种矢量数据中的任意一种，但大多数据已从传统的 coverage 和 shapefile 转换为 geodatabase。这个转换使用户可以充分利用面向对象技术以及 ESRI 新技术的优点。

矢量数据和栅格数据之间的转换对于数字化（如扫描文件数字化）和数据分析是非常重要的。矢量数据转换成栅格数据，即栅格化，是将点、线、面数据转换为单元格数据，并根据其属性填充单元格的值。栅格数据转换成矢量数据，即矢量化，是把点和线从单元格中提取出来，通常还要对提取出的要素进行概括和柔化。

记录气象站位置或飓风轨迹的表通常包含 x、y 坐标值。这些记录了地理位置的 x、y 坐标可以转换成点要素。这是在数字化仪上数字化点位置的一种替代方法。

本章内容包括了以上三种类型的数据转换。6.1 节是 ArcGIS 中的数据转换操作的概述；6.2 节讨论与数据转换有关的对象；6.3 节介绍在要素数据集中将 shapefile 转换为独立要素类或要素类的宏和 GP 宏；6.4 节介绍将 coverage 转换为 shapefile 或 geodatabase 的宏；6.5 节介绍栅格化和矢量化的宏，还包括一个用于栅格化的 GP 宏；6.6 节介绍了将 x、y 坐标转换为点数据的宏和 GP 宏。

6.1 ArcGIS 里的数据转换

ArcGIS 的 ArcCatalog、ArcMap 和 ArcToolbox 这三个应用中都有数据转换命令。ArcToolbox 可能是大多用户的首选，因为它有很多的数据转换工具，而且这些转换工具很集中。ArcToolbox 的 Conversion Tools 下提供了以下 7 种分类。

（1）From Raster：从栅格转出；

（2）To CAD：转为 CAD；

（3）To Coverage：转为 Coverage；

（4）To dBase：转为 dBase；

（5）To Geodatabase：转为 Geodatabase；

（6）To Raster：转为栅格；

（7）To Shapefile：转为 Shapefile。

3D Analyst Tools 也提供了栅格和 TI 之间相互转换的工具，Coverage Tools 则提

供了与 coverage 相互转换的工具。

ArcCatalog 将数据转换命令整合在快捷菜单中。个人 geodatabase 的快捷菜单的 Import 命令可以用于导入要素类、表、栅格数据集和 geodatabase。Shapefile 或者 coverage 的快捷菜单中有 Export 命令，用于将数据集导出为 geodatabase 或其他格式。Event table（事件表）的快捷菜单中有 Create Feature 命令，用于根据 x、y 坐标值来创建点要素；另外还有 Export 命令，用于将表导出为 dBase 或 geodatabase。

在 ArcMap 中，通过数据集快捷菜单中的 Data/Export Data 命令，可以将矢量数据由一种格式转换成另一种格式。另外，在 Spatial Analyst 和 3D Analyst 中，通过 Convert 命令可以进行栅格数据和矢量数据相互转换。ArcMap 的 Tools 菜单中有 Add XY Data 命令，可用来将具有 x、y 坐标的表转换成点要素。

6.2 用于数据转换的 ArcObjects

本节介绍要素数据转换、栅格化和矢量化以及 XY 事件的对象。

6.2.1 要素数据转换的对象

ArcObjects 中，geodatabase、shapefile、coverage 数据间转换需要用到的主要组件是 FeatureDataConverter 类（图 6.1）。要素数据转换对象实现 IFeatureDataConverter 和 IFeatureDataConverter2 接口。这两个接口都有转换要素类、要素数据集和表的方法。IFeatureDataConverter2 还具有处理数据子集的功能。除了用 IFeatureDataConverter 之外，我们还可以用 IExportOperation，虽然 IExportOperation 只有少数几个选项，但它具有将矢量数据转换成不同格式的方法（图 6.2）。

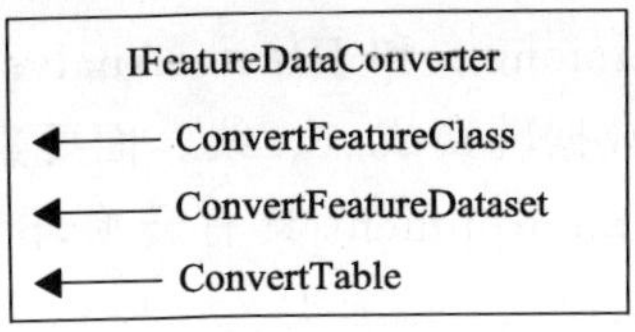

图 6.1 IFeatureDataConverter 接口方法可转换要素数据集

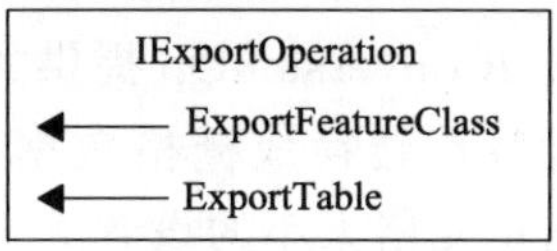

图 6.2 IExportOperation 接口方法可导出要素数据集

本章中还会经常用到三个名称对象。WorkspaceName 对象是用来标识和定位工作区的。要创建工作区名称对象，必须先定义工作区工厂的类型及路径名称（图 6.3）。可以通过 IWorkspaceName 的 WorkspaceFactoryProgID 属性来指定工作区工厂的类型。路径名称是指定工作区路径的，在程序中可以是一个字符串，也可以用 PropertySet 对象来管理。IPropertySet 接口的方法可以设置和保留工作区等对象的各个属性。

DatasetName 对象可以用来描述各种类型的数据集（图 6.4）。我们可以通过 IDatasetName 的 Name 和 WorkspaceName 属性来分别设置数据集的名字和数据集名称对象的工作区名字。

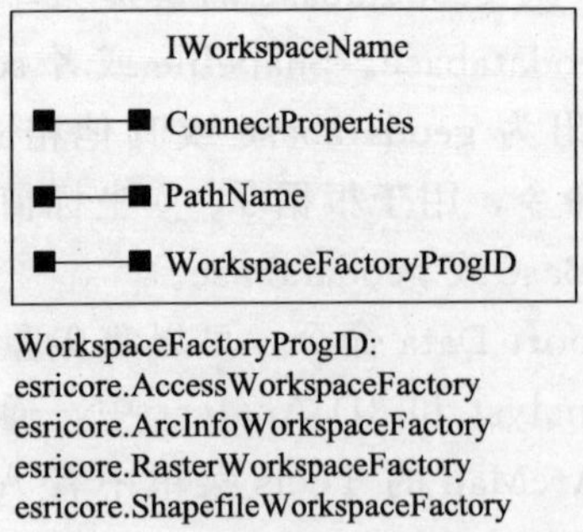

图 6.3　IWorkspaceName 接口属性可标识工作区工厂和路径

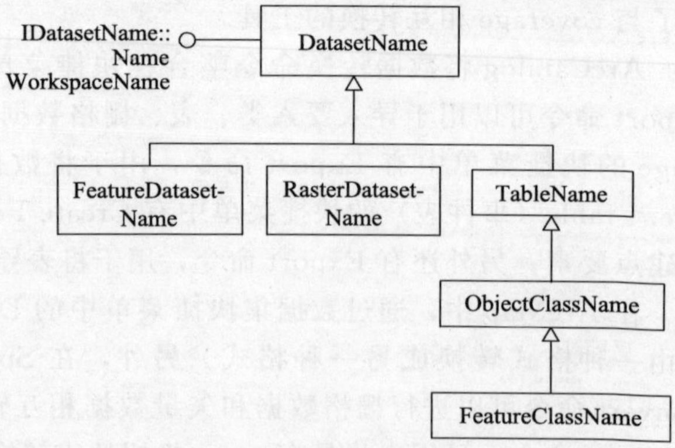

图 6.4　DatasetName 的类型可以共享 IDatasetName 的 Name 和 WorkspaceName 属性

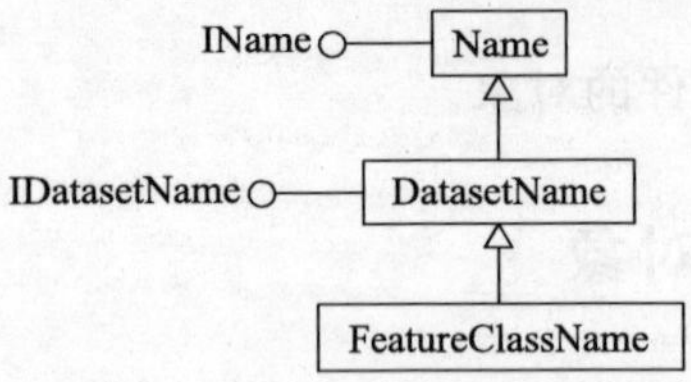

图 6.5　FeatureClassName 对象继承了 IName 和 IDatasetName

FeatureClassName 对象是标识和定位某个对象的，该对象可以是 shapefile、coverage 或者 geodatabase 要素类。因为 FeatureClassName 是 DatasetName 类的一种，可以通过查询接口得到 IDatasetName，来指定要素类的名字和工作区。类似地，因为 FeatureClassName 是 Name 类的一种，可以查询接口得到 IName，用 Open 方法打开要素类（图 6.5）。

6.2.2　栅格化和矢量化的对象

矢量数据和栅格数据之间进行转换用到的主要组件是 RasterConversionOp 类（图 6.6）。RasterConversionOp 对象实现了 IConversionOp 和 IRasterAnalysisEnvironment 接口。IConversionOp 提供的方法可以将栅格数据转换成点、线、面要素数据，也可以将矢量数据转换成栅格数据。IRasterAnalysisEnvironment 具有转换环境的成员，例如，输出单元格大小的设置等。

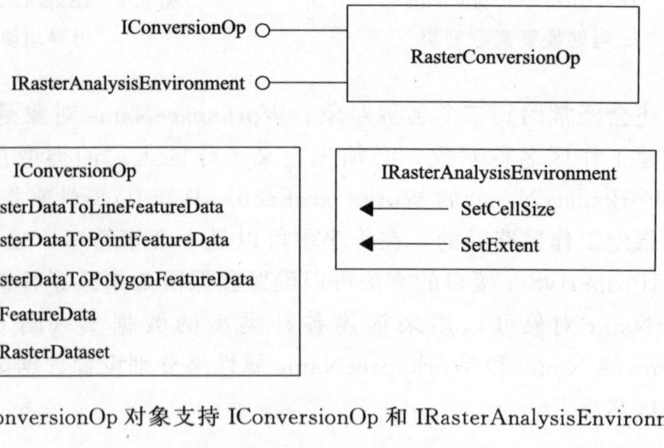

图 6.6　RasterConversionOp 对象支持 IConversionOp 和 IRasterAnalysisEnvironment

RasterDatasetName 对象是等同于 FeatureClassName 对象的栅格数据名称对象。但栅格化或矢量化的宏通常不使用栅格数据名称对象，因为 IConversionOp 的方法需要使用真实的数据集而不是名称对象。

6.2.3　XY 事件的对象

XYEventSource、XYEventSourceName 和 XYEvent2FieldsProperties 是将 x、y 坐标数据转换成点要素的主要组件（图 6.7）。XY 事件的源对象是独特的，这是因为：

（1）XY 事件的源对象是通过 XY 事件的源名称对象建立的；

（2）XY 事件的源对象是点要素类；

（3）通过 XY 事件源对象描述的点要素类是动态的，也就是说这个要素类是由表产生的，而不是由数据集产生的。但是，一旦动态的要素类被创建，它就可以导出为 shapefile 或 geodatabase 要素类。

XYEvent2FieldsProperties 对象实现了 IXYEvent2FieldsProperties，它具有建立点要素类的 x 字段、y 字段和 z 字段（可选）的属性。这些属性可传给 XY 事件的源名称对象。IXYEventSourceName 还具有指定源表和空间参照的成员。

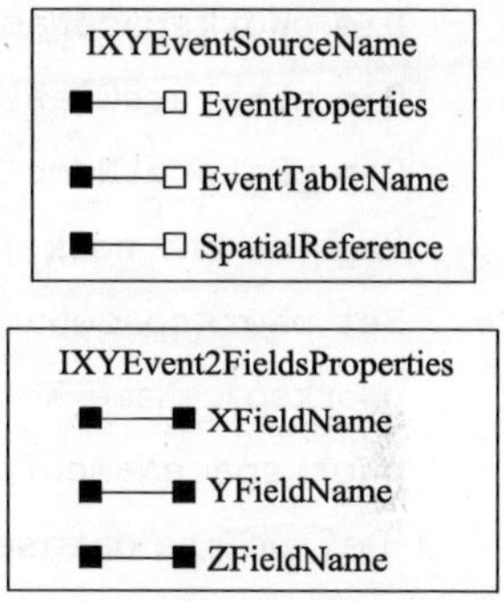

图 6.7　XYEventSourceName 和 XYEvent2FieldProperties 的属性可用于定义 XYEventSource 对象

6.3　Shapefile 转换为 GeoDatabase

Shapefile 包含了一个空间数据的集合，可以是点、线或面要素。转换成 geodatabase 后，Shapefile 变成了要素类，它可以是独立的要素类，也可以是要素数据集的一部分。本节将介绍这两种转换，并介绍转换多个 shapefile 的两种方法：一个使用了对话框；另一个使用了输入框。

6.3.1　ShapefileToAccess

ShapefileToAccess 的功能是将 shapefile 转换为要素类，并将结果以独立要素类的形式保存至新的 geodatabase。宏执行的操作与 ArcCatalog 中创建新的 geodatabase，再用 Import/FeatureClass（Single）命令将 shapefile 导入 geodatabase 所执行的操作是相同的。该宏由三个部分组成；第一部分定义了输出要素类，包括其工作区和名称；第二部分定义了输入；第三部分执行数据转换。该宏的代码中用到了轻量级的名称对象。

主要接口：IWorkspacename，IFeatureClassName，IDatasetName，IFeatureDataConverter。

主要成员：WorkspaceFactoryProgID，PathName，Name，WorkspaceName，ConvertFeatureClass。

用法：在 ArcCatalog 的 VB 编辑器中导入 ShapefileToAccess。运行宏。当数据转换结束时，宏会提示“Shapefile 转换完成”（Shapefile conversion complete）。宏将 Trial. mdb 添加至目录（Catalog）树，在 geodatabase 中添加要素类 Soils。该要素类是由 soils. shp 转换而来的。

```
Private Sub ShapefileToAccess ()
    'Part 1: Define the output.
    Dim pWorkspaceName As IWorkspaceName
    Dim pFeatureClassName As IFeatureClassName
    Dim pDatasetName As IDatasetName
    'Define the workspace.
    Set pWorkspaceName = New WorkspaceName
    pWorkspaceName. WorkspaceFactoryProgID = "esricore. AccessWorkspaceFactory"
    pWorkspaceName. PathName = "c: \ data \ chap6 \ Trial. mdb"
    'Define the dataset.
    Set pFeatureClassName = New FeatureClassName
    Set pDatasetName = pFeatureClassName
    Set pDatasetName. WorkspaceName = pWorkspaceName
    pDatasetName. name = "Soils"
```

第一部分代码创建了 WorkspaceName 类的实例 pWorkspaceName，并定义其属性 WorkspaceFactoryProgID 和 PathName。接着创建 FeatureClassName 类的实例 pFeatureClassName，查询接口得到 IDatasetName，设置 WorkspaceName 和 Name 属性。

```
    'Part 2: Define the input.
    Dim pInShpWorkspaceName As IWorkspaceName
    Dim pFCName As IFeatureClassName
    Dim pShpDatasetName As IDatasetName
    'Define the workspace.
    Set pInShpWorkspaceName = New WorkspaceName
    pInShpWorkspaceName. PathName = "c: \ data \ chap6"
    pInShpWorkspaceName. WorkspaceFactoryProgID = "esriCore. ShapefileWorkspace
Factory"
    'Define the dataset.
    Set pFCName = New FeatureClassName
    Set pShpDatasetName = pFCName
    pShpDatasetName. name = "soils. shp"
    Set pShpDatasetName. WorkspaceName = pInShpWorkspaceName
```

第二部分代码创建 WorkspaceName 类的实例 pInShpWorkspaceName，并设定其 PathName 和 WorkspaceFactoryProgID 属性。再创建 FeatureClassName 类的实例 pFC-

Name，并查询接口得到 IDatasetName 来设定 Name 和 WorkspaceName 属性。

```
'Part 3: Perform data conversion.
Dim pShpToFC As IFeatureDataConverter
Set pShpToFC = New FeatureDataConverter
    pShpToFC.ConvertFeatureClass  pFCName, Nothing, Nothing, pFeature-
ClassName, Nothing, Nothing, "", 1000, 0
MsgBox "Shapefile conversion complete! "
End Sub
```

第三部分代码创建 FeatureDataConverter 类的实例 pShpToFC，并用 IFeatureDataConverter 的 ConvertFeatureClass 方法将 pFCName 转换为 pFeatureClassName。除了这两个对象限定之外，ConvertFeatureClass 方法还将时间间隔设定为 1000。这个时间间隔规定了提交数据间隔的时间，这在将大量数据导入 geodatabase 时非常重要。在数据转换时除了使用 IFeatureDataConverter 外，我们还可以使用 IExportOperation，IExportOperation 也提供了导出要素类和表的方法。在将 shapefile 转换成 geodatabase 时，这两者的功能几乎完全相同。下面这段代码就是用 IExportOperation 来代替 ShapefileToAccess 的第三部分里面的 IFeaureDataConverter：

```
'Part 3: Use a new ExportOperation to complete the conversion task.
Dim pShpToFC As IExportOperation
Set pShpToFC = New ExportOperation
    pShpToFC.ExportFeatureClass pFCName, Nothing, Nothing, Nothing, pFea-
tureClassName, 0
```

专栏 6.1　ShapefileToAccess _ GP

ShapefileToAccess _ GP 运用了 Management 工具箱里的 CreatePersonalGDB 工具以及 Conversion 工具箱里的 FeatureclassToFeatureclass 工具。首先创建一个个人 geodatabase（lochsa. mdb），然后将 shapefile（deer. shp）转换为 geodatabase 里的一个独立要素类。在 ArcCatalog 里运行宏，其输出结果可在 Catalog 目录树里检查到。

```
Private Sub ShapefileToAccess _ GP ()
    'Create the Geoprocessing object and define its workspace.
    Dim GP As Object
    Set GP = CreateObject ("esriGeoprocessing. GpDispatch. 1")
    Dim filepath As String
    filepath = "c: \ data \ chap6 \ "
    GP. Workspace = filepath
    'CreatePersonalGDB <out _ folder _ path> <out _ name>
    'Execute the createpersonalGDB tool.
```

```
    GP.CreatePersonalGDB_management filepath, "lochsa.mdb"
    'FeatureclassToFeatureclass <input_features> <output_location>
    '<output_feature_class_name> {expression} {field_info} {SAME_AS
_TEMPLATE |
    'DISABLED | ENABLED} {SAME_AS_TEMPLATE | DISABLED | ENABLED}
    ' {configuration_keyword} {first_spatial_grid}
    'Execute the featureclasstofeatureclass tool.
    GP.FeatureclassToFeatureclass_conversion "deer.shp", "lochsa.mdb",
"deer"
End Sub
```

6.3.2 MultipleShapefilesToAccess

MultipleShapefilesToAccess 将两个或多个 shapefile 转换成独立的要素类，并将其存储至新的 geodatabase。宏执行的操作与在 ArcCatalog 下创建新的 geodatabase 后用 Import/Shapefile to Geodatabase 命令将两个或多个 shapefile 转换为 geodatabase 的操作相同。该宏由三个部分组成：第一部分定义了输入和输出的工作区名称对象；第二部分用对话框获取要转换的 shapefile；第三部分用 Do…Loop 语句将 shapefile 转换成独立的要素类。

主要接口：IWorkspacename，IGxDialog，IGxObjectFilter，IEnumGxObject，IGxDataset，IFeatureClassName，IDatasetName，IFeatureDataConverter。

主要成员：WorkspaceFactoryProgID，PathName，AllowMultiSelect，ButtonCaption，ObjectFilter，StartingLocation，Title，DoModalOpen，Next，Name，WorkspaceName，ConvertFeatureClass。

用法：在 ArcCatalog 的 VB 编辑器中导入 MultipleShapefilesToAccess。运行宏。在对话框中选择 landuse.shp、sewers.shp、soils.shp 进行转换。宏将 SiteAnalysis.mdb 添加至 Catalog 的目录树，将 landuse、sewers、soils 作为要素类添加到 geodatabase 中。宏用 shapefile 的前缀来命名要素类的输出结果。

```
Private Sub MultipleShapefilesToAccess ()
    'Part 1: Define the output and input workspaces.
    Dim pWorkspaceName As IWorkspaceName
    Dim pInShpWorkspaceName As IWorkspaceName
    'Define the output workspace.
    Set pWorkspaceName = New WorkspaceName
    pWorkspaceName.WorkspaceFactoryProgID = "esricore.AccessWorkspaceFactory"
    pWorkspaceName.PathName = "c:\data\chap6\SiteAnalysis.mdb"
    'Define the input workspace.
```

```
Set pInShpWorkspaceName = New WorkspaceName
pInShpWorkspaceName.pathname = "c:\data\chap6"
pInShpWorkspaceName.WorkspaceFactoryProgID =
"esriCore.ShapefileWorkspaceFactory"
```

第一部分代码创建 WorkspaceName 类的实例 pWorkspaceName，并定义其 WorkspaceFactoryProgID 和 PathName 属性。以同样的方法创建和定义 pInShpWorkspaceName。

```
'Part 2: Prepare a dialog box for selecting shapefiles to convert.
Dim pGxDialog As IGxDialog
Dim pGxFilter As IGxObjectFilter
Dim pGxObjects As IEnumGxObject
Dim pGxDataset As IGxDataset
Set pGxDialog = New GxDialog
Set pGxFilter = New GxFilterShapefiles
'Define the dialog's properties.
With pGxDialog
    .AllowMultiSelect = True
    .ButtonCaption = "Add"
    Set.ObjectFilter = pGxFilter
    .StartingLocation = pInShpWorkspaceName.PathName
    .Title = "Select Shapefiles to Convert"
End With
'Open the dialog.
pGxDialog.DoModalOpen 0, pGxObjects
'Exit sub if no shapefile has been selected.
Set pGxDataset = pGxObjects.Next
If pGxDataset Is Nothing Then
    Exit Sub
End If
```

第二部分代码创建 GxDialog 类的实例 pGxDialog，GxFilterShapefiles 类的实例 pGxFilter。接着定义 pGxDialog 的属性，使其可接收多个选择，设置其开始位置为输入工作区的位置，并且只显示 shapefile。再用 IGxDialog 的 DoModalOpen 方法打开对话框，将选中的 shapefile 保存至集合。如果没有选择 shapefile，则直接退出程序。

```
'Part 3: Loop through each selected shapefile and convert it to a feature
class.
Dim pFeatureClassName As IFeatureClassName
Dim pDatasetName As IDatasetName
Dim pFCName As IFeatureClassName
```

```
        Dim pShpDatasetName As IDatasetName
        Dim pShpToFC As IFeatureDataConverter
        Do Until pGxDataset Is Nothing
            'Define the output dataset.
            Set pFeatureClassName = New FeatureClassName
            Set pDatasetName = pFeatureClassName
            Set pDatasetName.WorkspaceName = pWorkspaceName
            pDatasetName.name = pGxDataset.Dataset.name
            'Define the input dataset.
            Set pFCName = New FeatureClassName
            Set pShpDatasetName = pFCName
            pShpDatasetName.name = pGxDataset.Dataset.name & ".shp"
            Set pShpDatasetName.WorkspaceName = pInShpWorkspaceName
            'Perform data conversion.
            Set pShpToFC = New FeatureDataConverter
            pShpToFC.ConvertFeatureClass pFCName, Nothing, Nothing, pFeatureClass-
Name, Nothing, Nothing, "", 1000, 0
            Set pGxDataset = pGxObjects.Next
        Loop
        MsgBox "Shapefile conversions complete! "
    End Sub
```

第三部分代码用 Do…Loop 循环遍历所选择的 shapefile。接着查询接口得到 IDatasetName 来设定输出和输入数据集的 Name 和 WorkspaceName 属性。再用 ConvertFeatureClass 方法将输入数据集转换成输出数据集。从 pGxObjects 中无法取到数据时循环停止。

6.3.3 ShapefilesToFeatureDataset

ShapefilesToFeatureDataset 的功能是将一个或多个 shapefile 转换成要素类，并将其保存至 geodatabase 中特定的要素数据集中。因此该宏的输出结果是遵从 geodatabase、要素数据集和要素类这个层次结构的。因为要素数据集中所有的要素类要共享同一个空间参照（即相同的坐标系统和空间范围），因此要素数据集通常保存来自同一个研究地区的要素类，或者相互之间有拓扑关系的要素类。

ShapefilesToFeatureDataset 执行的操作与创建一个新的 geodatabase，再创建一个新的要素数据集，并用 Import/Shapefile to Geodatabase 命令将一个或多个 shapefile 转换成 geodatabase 的操作相同。默认情况下，要素数据集将第一个 shapefile 的范围作为其区域范围。如果第一个 shapefile 的区域范围比较小，其他 shapefile 的部分区域在转换后可能会丢失。

该宏由两个部分组成：第一部分定义了输出工作区、输出要素数据集和输入工作区；第二部分用一个输入框和一个 Do…Loop 语句来获取要转换的 shapefile。

主要接口：IWorkspacename，IFeatureDatasetName，IDatasetName，IFeatureClassName，IFeatureDataConverter。

主要成员：WorkspaceFactoryProgID，PathName，Name，WorkspaceName，ConvertFeatureClass。

用法：在 ArcCatalog 的 VB 编辑器导入 ShapefilesToFeatureDataset。运行宏。在录入框中输入 landuse、sewers 和 soils。点击输入框中的 Cancel 来关闭这个窗口。宏在 Catalog 目录树中分级添加了 SiteAnalysis2. mdb、StudyArea1、landuse、sewers、soils。Geodatabase 中的要素类是由 shapefile 转换来的。

```
Private Sub ShapefilesToFeatureDataset ()
    'Part 1: Define the output and input workspaces.
    Dim pWorkspaceName As IWorkspaceName
    Dim pFeatDSName As IFeatureDatasetName
    Dim pDSName As IDatasetName
    Dim pInShpWorkspaceName As IWorkspaceName
    'Define the output workspace.
    Set pWorkspaceName = New WorkspaceName
    pWorkspaceName. WorkspaceFactoryProgID = "esricore. AccessWorkspaceFactory"
    pWorkspaceName. PathName = "c: \ data \ chap6 \ SiteAnalysis2. mdb"
    'Specify the output feature dataset.
    Set pFeatDSName = New FeatureDatasetName
    Set pDSName = pFeatDSName
    Set pDSName. WorkspaceName = pWorkspaceName
    pDSName. Name = "StudyArea1"
    'Specify the input workspace.
    Set pInShpWorkspaceName = New WorkspaceName
    pInShpWorkspaceName. pathname = "c: \ data \ chap6"
    pInShpWorkspaceName. WorkspaceFactoryProgID = "esriCore. ShapefileWorkspace
Factory"
```

第一部分代码用 MultipleShapefilesToAccess 同样的方法定义了输出工作区和输入工作区。在定义输出要素数据集时有所不同。代码创建了 FeatureDatasetName 类的实例 pFeatDSName，然后转到 IDatasetName 接口来定义其 WorkspaceName 和 Name 的属性。

```
    'Part 2: Loop through every shapefile to be converted.
    Dim pFeatureClassName As IFeatureClassName
    Dim pDatasetName As IDatasetName
    Dim pFCName As IFeatureClassName
```

```
    Dim pShpDatasetName As IDatasetName
    Dim pShpToFC As IFeatureDataConverter
    Dim pInput As String
    'Use the input box to get an input shapefile.
    pInput = InputBox ("Enter the name of the input shapefile")
    'Loop through each input shapefile while the input box is not empty.
    Do While pInput <> ""
        'Define the output dataset.
        Set pFeatureClassName = New FeatureClassName
        Set pDatasetName = pFeatureClassName
        Set pDatasetName. WorkspaceName = pWorkspaceName
        pDatasetName. Name = pInput
        'Define the input dataset.
        Set pFCName = New FeatureClassName
        Set pShpDatasetName = pFCName
        pShpDatasetName. Name = pInput & ". shp"
        Set pShpDatasetName. WorkspaceName = pInShpWorkspaceName
        'Perform data conversion.
        Set pShpToFC = New FeatureDataConverter
         pShpToFC. ConvertFeatureClass pFCName, Nothing, pFeatDSName, pFeatureClassName, Nothing, _
        Nothing, "", 1000, 0
        pInput = InputBox ("Enter the name of the input shapefile")
    Loop
    MsgBox "Shapefile conversions complete! "
End Sub
```

第二部分代码用 InputBox 函数和 Do…Loop 循环语句来遍历要转换的 shapefile。ConvertFeatureClass 方法使用了附加的要素数据集的对象限定 pFeatDSName。

专栏 6.2 ShapefilesToFeatureDataset _ GP

> ShapefilesToFeatureDataset _ GP 运用 CreatePersonalGeodatabase 工具来创建 trial. mdb，运用 CreateFeatureDataset 工具来创建 analysis1，运用 FeatureclassToGeodatabase 工具将三个 Shapefile（landuse、sewers 和 soils）转换为要素类，存放在 analysis1 中。
> FeatureclassToGeodatabase 工具的参数允许多要素输入，因此，宏不需要 Do…Loop 循环。在 ArcCatalog 中运行宏，在 ArcCatalog 目录树中检查输出结果。

```
Private Sub ShapefilesToFeatureDataset _ GP ()
    'Create the Geoprocessing object and define its workspacc.
    Dim GP As Object
    Set GP = CreateObject ("esriGeoprocessing. GpDispatch. 1")
    'CreatePersonalGDB <out _ folder _ path> <out _ name>
    'Execute the createpersonalGDB tool.
    GP. CreatePersonalGDB _ management "c: \ data \ chap6", "trial. mdb"
    'CreateFeatureDataset <out _ dataset _ path> <out _ name> {spatial _
reference}
    'Execute the createfeaturedataset tool.
    GP. CreateFeatureDataset _ management "trial. mdb", "analysis1"
    'Define two parameters: one for input features and the other for geodata-
base.
    Dim parameter1 As String
    parameter1 = "landuse. shp; sewers. shp; soils. shp"
    Dim parameter2 As String
    parameter2 = "trial. mdb \ analysis1"
    'FeatureclassToGeodatabase < input _ features; input _ features... >
<output _ geodatabase>
    'Execute the featureclasstogeodatabase tool.
    GP. FeatureclassToGeodatabase _ conversion parameter1, parameter2
End Sub
```

6.4 Coverage 转换为 GeoDatabase 和 Shapefile

本节主要介绍将传统的 coverage 转换为 geodatabase 和 shapefile。Coverage 包括不同的数据集，如 arc、tic、labels。基于区域或动态分割数据模型的 coverage 则有更多的数据集。因此，coverage 的转换必须指定数据集后再进行转换。

6.4.1 CoverageToAccess

CoverageToAccess 将 coverage 转换为要素类，并将该要素类存储于指定的 geodatabase。宏执行的操作与在 ArcCatalog 中创建新的 geodatabase，再使用 Import/Coverage to Geodatabase 命令将 coverage 导入为 geodatabase 的操作相同。该宏由三个部分组成：第一部分定义输出的工作区和名称；第二部分定义输入，包括要转换的 coverage 的工作区和指定数据集；第三部分执行数据转换。

主要接口：IPropertySet，IWorkspaceFactory，IWorkspacename，IFeatureClass-

Name，IDatasetName，IFeatureDataConverter。

主要成员：SetProperty，Create，WorkspaceName，Name，PathName，WorkspaceFactoryProgID，ConvertFeatureClass。

用法：在 ArcCatalog 的 VB 编辑器导入 CoverageToAccess。运行宏。宏将 emida.mdb 添加至目录树，在数据库中将 breakstrm 作为要素类进行添加。Geodatabase 中的该要素类是由 breakstrm coverage 的弧转换而来的。

```
Private Sub CoverageToAccess ()
    'Part 1: Define the output.
    Dim pPropset As IPropertySet
    Dim pOutAcFact As IWorkspaceFactory
    Dim pOutAcWorkspaceName As IWorkspaceName
    Dim pOutAcFCName As IFeatureClassName
    Dim pOutAcDSName As IDatasetName
    'Set the connection property.
    Set pPropset = New PropertySet
    pPropset.SetProperty "Database", "c:\data\chap6"
    'Define the workspace.
    Set pOutAcFact = New AccessWorkspaceFactory
    Set pOutAcWorkspaceName = pOutAcFact.Create ("c:\data\chap6", "emida",
pPropset, 0)
    'Define the dataset.
    Set pOutAcFCName = New FeatureClassName
    Set pOutAcDSName = pOutAcFCName
    Set pOutAcDSName.WorkspaceName = pOutAcWorkspaceName
    pOutAcDSName.name = "breakstrm"
```

第一部分代码定义输入。先创建 PropertySet 类的实例 pPropset。IWorkspaceFactory 的 Create 方法用 pPropset 和其他参数创建了 pOutAcWorkspaceName。接着创建 FeatureClassName 类的实例 pOutAcFCName，并查询接口得到 IDatasetName 来设定 WorkspaceName 和 Name 属性。

```
    'Part 2: Specify the Input.
    Dim pInCovWorkspaceName As IWorkspaceName
    Dim pFCName As IFeatureClassName
    Dim pCovDatasetName As IDatasetName
    'Define the workspace.
    Set pInCovWorkspaceName = New WorkspaceName
    pInCovWorkspaceName.PathName = "c:\data\chap6"
    pInCovWorkspaceName.WorkspaceFactoryProgID = "esriCore.ArcInfoWorkspace
Factory.1"
```

```
    'Define the dataset of the coverage to be converted.
    Set pFCName = New FeatureClassName
    Set pCovDatasetName = pFCName
    pCovDatasetName.name = "breakstrm: arc"
    Set pCovDatasetName.WorkspaceName = pInCovWorkspaceName
```

第二部分指定输入。代码先创建 WorkspaceName 类的实例 pInCovWorkspaceName，并定义其 PathName 和 WorkspaceFactoryProgID 属性。接着创建 FeatureClassName 类的实例 pFCName，并查询接口得到 IDatasetName 来设置 Name 和 WorkspaceName 属性。注意，这里的名字是“breakstrm：arc”，它指的是 breakstrm 的弧。

```
    'Part 3: Perform data conversion.
    Dim pCovtoFC As IFeatureDataConverter
    Set pCovtoFC = New FeatureDataConverter
    pCovtoFC.ConvertFeatureClass pFCName, Nothing, Nothing, pOutAcFCName,
Nothing, Nothing, "", 1000, 0
    MsgBox "Coverage conversion complete! "
End Sub
```

第三部分代码用 IFeatureDataConverter 的 ConvertFeatureClass 方法将 pFCName 转换成 pOutAcFCName。

6.4.2 CoverageToShapefile

CoverageToShapefile 将 coverage 转换成 shapefile。宏执行的操作与在 ArcToolbox 用 Coverage to Shapefile 工具或在 ArcMap 中用 coverage 的便捷菜单的 Data/Export Data 命令执行的操作相同。该宏由三个部分组成：第一部分定义输入 coverage 的工作区、数据集和几何数据；第二部分指定输出工作区和数据集；第三部分将 coverage 转换成 shapefile，并将 shapefile 作为要素图层添加至当前地图。

主要接口：IWorkspaceName，IFeatureClassName，IDatasetName，IPropertySet，IName，IFeatureDataConverter。

主要成员：PathName，WorkspaceFactoryProgID，name，WorkspaceName，SetProperty，ConnectionProperties，ConvertFeatureClass。

用法：在当前地图中添加 breakstrm.arc，即 coverage breakstrm 的弧。在 VB 编辑器导入 CoverageToShapefile。运行宏。宏将创建 breakstrm.shp 文件，并将其作为要素层添加至当前地图。

```
Private Sub CoverageToShapefile ()
    'Part 1: Define the input coverage.
    Dim pInCovWorkspaceName As IWorkspaceName
    Dim pInFCName As IFeatureClassName
    Dim pCovDatasetName As IDatasetName
```

```
'Define the workspace.
Set pInCovWorkspaceName = New WorkspaceName
pInCovWorkspaceName. pathname = "c: \ data \ chap6"
pInCovWorkspaceName. WorkspaceFactoryProgID = "esriCore. ArcInfoWorkspace
Factory. 1"
'Define the dataset.
Set pInFCName = New FeatureClassName
Set pCovDatasetName = pInFCName
pCovDatasetName. Name = "breakstrm: arc"
Set pCovDatasetName. WorkspaceName = pInCovWorkspaceName
```

第一部分代码定义了输入 coverage。代码先创建 WorkspaceName 类的实例 pInCovWorkspaceName，并定义其 PathName 和 WorkspaceFactoryProgID 属性。接着创建 FeatureClassName 类的实例 pInFCName，并查询接口得到 IDatasetName 来定义 Name 和 WorkspaceName 属性。

```
'Part 2: Define the output.
Dim pPropset As IPropertySet
Dim pOutShWSName As IWorkspaceName
Dim pOutShFCName As IFeatureClassName
Dim pOutshDSName As IDatasetName
'Set the connection property.
Set pPropset = New PropertySet
pPropset. SetProperty "DATABASE", "c: \ data \ chap6"
'Define the workspace.
Set pOutShWSName = New WorkspaceName
pOutShWSName. ConnectionProperties = pPropset
pOutShWSName. WorkspaceFactoryProgID = "esriCore. shapefileWorkspace
Factory. 1"
'Define the dataset.
Set pOutShFCName = New FeatureClassName
Set pOutshDSName = pOutShFCName
Set pOutshDSName. WorkspaceName = pOutShWSName
pOutshDSName. Name = "breakstrm. shp"
```

第二部分代码定义输出。代码先创建 PropertySet 类的实例 pPropset，并用 pPropset 和 shapefile 工作区工厂来定义 WorkspaceName 类的实例 pOutShWSName。接着创建 FeatureClassName 类的实例 pOutShFCName，并查询接口得到 IDatasetName 来定义 WorkspaceName 和 Name 属性。

```
'Part 3: Convert the coverage to a shapefile and display the shapefile.
Dim pName As IName
```

```
    Dim pCovtoshape As IFeatureDataConverter
    Dim pOutShFC As IFeatureClass
    Dim pOutSh As IFeatureLayer
    Dim pMxDoc As IMxDocument
    Dim pMap As IMap
    'Convert the coverage to a shapefile.
    Set pCovtoshape = New FeatureDataConverter
    pCovtoshape. ConvertFeatureClass pInFCName, Nothing, Nothing, pOutShF-
CName, Nothing, Nothing, "", 1000, 0
    'Create a feature layer from the output feature class name object.
    Set pName = pOutShFCName
    Set pOutShFC = pName. Open
    Set pOutSh = New FeatureLayer
    Set pOutSh. FeatureClass = pOutShFC
    pOutSh. Name = "breakstrm. shp"
    'Add the feature layer to the active map.
    Set pMxDoc = ThisDocument
    Set pMap = pMxDoc. FocusMap
    pMap. AddLayer pOutSh
    MsgBox "Coverage conversion complete! "
End Sub
```

第三部分代码通过 IFeatureDataConverter 的 ConvertFeatureClass 方法将 pInFCName 转换为 pOutShFCName。接着从名称对象打开要素类 pOutShFC，并由此创建一个要素层。最后，将要素层 pOutSh 添加至当前地图。

6.5　栅格化和矢量化

本节主要介绍栅格化和矢量化。栅格化就是要创建一个栅格数据，并根据属性值配置栅格单元。栅格数据是 ESRI 定义的格网（grid），是软件规范的栅格。而其属性可以是指定的字段，或者默认为要素 ID。矢量化根据栅格来创建要素数据集。输入的栅格数据的单元格的值被存储在要素类的 GRIDCODE 字段。其他字段可以通过代码进行添加。

6.5.1　FeatureToRaster

FeatureToRaster 将要素层转换成永久的栅格数据，并将该栅格数据添加至当前地图。输入的要素层可以是 shapefile、coverage 或者 geodatabase 要素类。而输出的栅格数据则包含了与输入数据集的要素 ID 相对应的单元格的值。

宏执行的操作与用空间分析器（Spatial Analyst）的 Convert/Features to Raster 命令所执行的操作相同。该宏由三个部分组成：第一部分定义输入要素层；第二部分执行转换，并将输出的栅格数据保存至指定的工作区；第三部分由输出数据创建栅格数据层，并将其添加至当前地图。

主要接口：IWorkspace，IWorkspaceFactory，IConversionOp，IRasterAnalysisEnvironment，IRasterDataset。

主要成员：OpenFromFile，SetCellSize，ToRasterDataset，CreateFromDataset，Name。

用法：将 nwroads.shp 添加至当前地图，nwroads.shp 是西北太平洋区的州际高速公路 shapefile。在 ArcMap 的 VB 编辑器中导入 FeatureToRaster。运行宏。宏运行后将 roadsgd 作为栅格数据层添加至当前地图。

```
Private Sub FeatureToRaster ()
    'Part 1: Define the input dataset.
    Dim pMxDoc As IMxDocument
    Dim pMap As IMap
    Dim pInputFL As IFeatureLayer
    Dim pInputFC As IFeatureClass
    Set pMxDoc = ThisDocument
    Set pMap = pMxDoc.FocusMap
    Set pInputFL = pMap.Layer (0)
    Set pInputFC = pInputFL.FeatureClass
```

第一部分代码将 pInputFC 设为当前地图首层的要素类。

```
    'Part 2: Convert feature class to raster.
    Dim pWS As IWorkspace
    Dim pWSF As IWorkspaceFactory
    Dim pConversionOp As IConversionOp
    Dim pEnv As IRasterAnalysisEnvironment
    Dim pOutRaster As IRasterDataset
    'Set the output workspace.
    Set pWSF = New RasterWorkspaceFactory
    Set pWS = pWSF.OpenFromFile ("c:\data\chap6", 0)
    'Prepare a raster conversion operator, and perform the conversion.
    Set pConversionOp = New RasterConversionOp
    Set pEnv = pConversionOp
    pEnv.SetCellSize esriRasterEnvValue, 5000
    Set pOutRaster = pConversionOp.ToRasterDataset (pInputFC, "GRID", pWS,
"roadsgd")
```

第二部分代码执行转换。首先定义输出工作区 pWS。接着创建 RasterConversionOp 类的实例 pConversionOp，并查询接口得到 IRasterAnalysisEnvironment 来设置输出单元格的大小为 5000（m）。再用 IConversionOp 的 ToRasterDataset 方法将 pInputFC 转换为 pOutRaster，并把输出结果保存至 pWS。

```
    'Part 3: Create a new raster layer and add the layer to the active map.
    Dim pOutRasterLayer As IRasterLayer
    Set pOutRasterLayer = New RasterLayer
    pOutRasterLayer.CreateFromDataset pOutRaster
    pOutRasterLayer.Name = "roadsgd"
    pMap.AddLayer pOutRasterLayer
End Sub
```

第三部分代码用 IRasterLayer 的 CreateFromDataset 方法由 pOutRaster 创建新的栅格数据层，并将该栅格数据层添加至当前地图。

专栏 6.3　FeatureToRaster _ GP

FeatureToRaster _ GP 运用 Conversion 工具箱的 FeatureToRaster 工具，将 nwroads.shp 转换为栅格（roadsgd2）。在输入框中输入“RTE _ NUM1”，作为使用的字段，输入“5000”作为输出的单元大小（米）。在 Catalog 中运行宏并在目录树中检查输出结果。

```
Private Sub FeatureToRaster_GP()
    'Create the Geoprocessing object.
    Dim GP As Object
    Set GP = CreateObject("esriGeoprocessing.GpDispatch.1")
    'FeatureToRaster <input_features> <field> <output_raster> {cell_size}
    Dim value As String
    value = InputBox("Enter the field name for the cell value")
    Dim size As Integer
    size = InputBox("Enter the output cell size in meters")
    'Execute the featuretoraster tool.
    GP.FeatureToRaster_conversion "c:\data\chap6\nwroads.shp", value,
_ "c:\data\chap6\roadsgd2", size
End Sub
```

6.5.2　FCDescriptorToRaster

FeatureToRaster 的功能是输出以要素 ID 作为单元格值的栅格数据。在某些情况下，县名或高速公路名所对应的单元格值比要素 ID 更有用。FCDescriptorToRaster 是专为上述情况设计的，它将要素类描述器（feature class descriptor）作为输入数据集。Feature-

ClassDescriptor 对象实现了 IFeatureClassDescriptor 接口，该接口提供创建基于数据集指定字段的要素类描述器的方法（图 6.8）。

图 6.8　IFeatureClassDescriptor 的方法

FCDescriptorToRaster 执行的操作与在 Spatial Analyst 中使用 Convert/Features to Raster 命令执行的操作相同。Convert/Features to Raster 对话框允许用户指定与单元格的值相应的字段。该宏由三个部分组成：第一部分根据要素图层创建要素类描述器；第二部分将要素类描述器转换成永久的栅格数据；第三部分由输出的栅格数据创建一个新的栅格数据图层，并将其添加至当前地图。

主要接口：IFeatureClassDescriptor，IWorkspace，IWorkspaceFactory，IConversionOp，IRasterAnalysisEnvironment，IRasterDataset。

主要成员：Create，OpenFromFile，SetCellSize，ToRasterDataset，CreateFromDataset，Name。

用法：在当前地图打开 nwroads. shp。在 ArcMap 的 VB 编辑器中导入 FCDescriptorToRaster。运行宏。宏将 rtenumgd 作为栅格数据层添加至当前地图。rtenumgd 的属性表的 Rte _ num1 字段列出了高速公路的号码。

```
Private Sub FCDescriptorToRaster ()
    'Part 1: Get a handle on the descriptor of a shapefile to be converted.
    Dim pMxDoc As IMxDocument
    Dim pMap As IMap
    Dim pInputFL As IFeatureLayer
    Dim pInputFC As IFeatureClass
    Dim pFCDescriptor As IFeatureClassDescriptor
    Dim sFieldName As String
    Set pMxDoc = ThisDocument
    Set pMap = pMxDoc. FocusMap
    Set pInputFL = pMap. Layer (0)
    Set pInputFC = pInputFL. FeatureClass
    'Create a feature class descriptor based on the field RTE _ NUM1.
    Set pFCDescriptor = New FeatureClassDescriptor
    sFieldName = "RTE _ NUM1"
    pFCDescriptor. Create pInputFC, Nothing, sFieldName
```

第一部分代码将 pInputFC 设为当前地图首层的要素类。接着创建 FeatureClassDescriptor 类的实例 pFCDescriptor，并将字段 RTE _ NUM1 的值赋给变量 sFieldName。再用 IFeatureClassDescriptor 的 Create 方法及其参数 sFieldName 创建 pFCDescriptor。

```
    'Part 2: Convert the feature class descriptor to a raster.
    Dim pWS As IWorkspace
    Dim pWSF As IWorkspaceFactory
```

```
    Dim pConversionOp As IConversionOp
    Dim pEnv As IRasterAnalysisEnvironment
    Dim pOutRaster As IRasterDataset
    Set pWSF = New RasterWorkspaceFactory
    Set pWS = pWSF.OpenFromFile ("c:\data\chap6", 0)
    Set pConversionOp = New RasterConversionOp
    Set pEnv = pConversionOp
    pEnv.SetCellSize esriRasterEnvValue, 5000
    'Use the feature class descriptor as the input for conversion.
    Set pOutRaster = pConversionOp.ToRasterDataset (pFCDescriptor, "GRID",
pWS, "rtenumgd")
```

第二部分代码先设定 pWS 为输出工作区，创建 RasterConversionOp 类的实例 pConversionOp。再用 ToRasterDataset 方法及其对象限定 pFCDescriptor 创建 pOutRaster。

```
    'Part 3: Create a new raster layer and add the layer to the active map.
    Dim pOutRasterLayer As IRasterLayer
    Set pOutRasterLayer = New RasterLayer
    pOutRasterLayer.CreateFromDataset pOutRaster
    pOutRasterLayer.Name = "rtenumgd"
    pMap.AddLayer pOutRasterLayer
End Sub
```

第三部分代码由 pOutRaster 创建新的栅格数据层，并将其添加至当前地图。

6.5.3 RasterToShapefile

RasterToShapefile 的功能是将栅格数据转换成 shapefile。宏执行的操作与 Spatial Analyst 中 Convert/Raster to Features 命令所执行的操作相同。输入的 shapefile 包括默认的 GRIDCODE 字段，在这个字段中保存了输入的栅格数据的单元格的值。

RasterToShapefile 由三个部分组成：第一部分定义输入栅格数据；第二部分执行转换并将输入的 shapefile 保存于指定的工作区；第三部分由输出结果创建要素层，并将其添加至当前地图。

主要接口：IWorkspace，IWorkspaceFactory，IConversionOp，IFeatureClass。

主要成员：OpenFromFile，RasterDataToLineFeatureData，FeatureClass，Name。

用法：将 nwroads.shp 添加至当前地图，nwroads.shp 是西北太平洋区的州际高速公路的 shapefile。在 ArcMap 的 VB 编辑器导入 RasterToShapefile。运行宏。RasterToShapefile 将 roads.shp 作为要素图层添加至当前地图。

```
Private Sub RasterToShapefile ()
    'Part 1: Get a handle on the input raster.
```

```
    Dim pMxDoc As IMxDocument
    Dim pMap As IMap
    Dim pInputRL As IRasterLayer
    Dim pInputRaster As IRaster
    Set pMxDoc = ThisDocument
    Set pMap = pMxDoc.FocusMap
    Set pInputRL = pMap.Layer (0)
    Set pInputRaster = pInputRL.Raster
```

第一部分代码将 pInputRaster 设为当前地图首层的栅格数据。

```
    'Part 2: Convert the raster to a shapefile.
    Dim pWS As IWorkspace
    Dim pWSF As IWorkspaceFactory
    Dim pConversionOp As IConversionOp
    Dim pOutFClass As IFeatureClass
    'Set the output workspace.
    Set pWSF = New ShapefileWorkspaceFactory
    Set pWS = pWSF.OpenFromFile ("c:\data\chap6", 0)
    'Prepare a raster conversion operation, and perform the conversion.
    Set pConversionOp = New RasterConversionOp
    Set pOutFClass = pConversionOp.RasterDataToLineFeatureData (pInputRaster, pWS, "roads.shp", True, True, 5000)
```

第二部分代码将 pWS 设为输出 shapefile 的工作区。接着创建 RasterConversionOp 类的实例 pConversionOp，用 IConversionOp 的 RasterDataToLineFeatureData 方法创建 pOutFClass。该方法用了 pInputRaster 和 pWS 作为对象限制。除此之外，该方法还有四个参数：第一个参数是输出数据集的名称；第二个参数，如果为真，表示单元格的值小于等于 0 或是背景中无数据；第三个参数，如果为真，表示输出时对线进行概括或柔化处理；最后一个参数是表示输出结果中悬弧（dangling arc，指仅有一端和其他弧段联接的弧）的最小长度。

IConversionOp 接口还提供 ToFeatureData 方法，该方法可以将栅格数据转换成线数据的 shapefile。但是，由于 ToFeatureData 不包括线概括和悬弧的选项，所以输出结果不像 RasterDataToLineFeatureData 那样令人满意。

```
    'Part 3: Create a new raster layer and add the layer to the active map.
    Dim pOutputFeatLayer As IFeatureLayer
    Set pOutputFeatLayer = New FeatureLayer
    Set pOutputFeatLayer.FeatureClass = pOutFClass
    pOutputFeatLayer.Name = pOutFClass.AliasName
    pMap.AddLayer pOutputFeatLayer
End Sub
```

第三部分代码由 pOutFClass 创建新的要素层，并将其添加至当前地图。

6.5.4　RasterDescriptorToShapefile

RasterDescriptorToShapefile 用栅格数据描述作为输入，在输出的 shapefile 中除 GRIDCODE 之外再添加一个字段。栅格数据的描述与要素类的描述一样，是基于栅格数据中某个特定字段的。RasterDescriptor 对象实现了 IRasterDescriptor 接口，该接口提供了创建栅格数据描述的方法（图 6.9）。

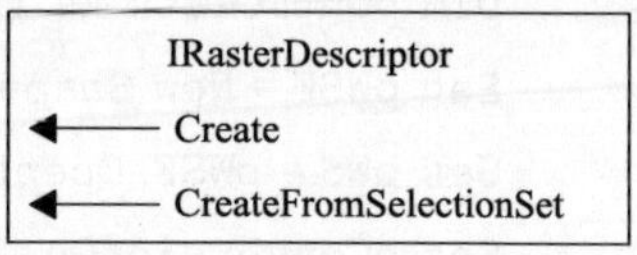

图 6.9　IRasterDescriptor 的方法

该宏由三个部分组成：第一部分由输入的栅格数据创建栅格数据描述；第二部分执行转换，并将输出的 shapefile 保存至指定的工作区；第三部分由输出数据创建要素层，并将其添加至当前地图。

主要接口：IRasterDescriptor，IWorkspace，IWorkspaceFactory，IConversionOp，IFeatureClass。

主要成员：Create，OpenFromFile，RasterDataToPolygonFeatureData，FeatureClass，Name。

用法：将 nwcounties_gd 添加至当前地图，nwcounties_gd 是显示西北太平洋各县的栅格数据。在 ArcMap 的 VB 编辑器中导入 RasterDescriptorToShapefile。运行宏。宏将 Fips.shp 作为要素图层添加至当前地图。Fips 的属性表除了默认的 GRIDCODE 字段外，还有 Fips（联邦信息处理码）字段。

```
Private Sub RasterDescriptorToShapefile ()
    'Part 1: Get a handle on the descriptor of the raster to be converted.
    Dim pMxDoc As IMxDocument
    Dim pMap As IMap
    Dim pInputRL As IRasterLayer
    Dim pInputRaster As IRaster
    Dim pRasterDescriptor As IRasterDescriptor
    Dim sFieldName As String
    Set pMxDoc = ThisDocument
    Set pMap = pMxDoc.FocusMap
    Set pInputRL = pMap.Layer (0)
    Set pInputRaster = pInputRL.Raster
    'Create a raster descriptor based on the field Fips.
    Set pRasterDescriptor = New RasterDescriptor
    sFieldName = "Fips"
    pRasterDescriptor.Create pInputRaster, Nothing, sFieldName
```

第一部分代码将 pInputRaster 设为当前地图首层的栅格数据。接着创建 RasterDescriptor 类的实例 pRasterDescriptor，并将 Fips 字段的值赋给变量 sFieldName。再用 IRasterDescriptor 的 Create 方法创建 pRasterDescriptor。

```
'Part 2: Convert the raster descriptor to a shapefile.
Dim pWS As IWorkspace
Dim pWSF As IWorkspaceFactory
Dim pConversionOp As IConversionOp
Dim pOutFClass As IFeatureClass
Set pWSF = New ShapefileWorkspaceFactory
Set pWS = pWSF.OpenFromFile ("c:\data\chap6", 0)
Set pConversionOp = New RasterConversionOp
'Use the raster descriptor as the input for conversion.
Set pOutFClass = pConversionOp.RasterDataToPolygonFeatureData (pRasterDescriptor, pWS, "Fips.shp", True)
```

第二部分代码先将 pWS 设为输出 shapefile 的工作区。接着创建 RasterConversionOp 类的实例 pConversionOp，并用 IConversionOp 的 RasterDataToPolygonFeatureData 方法创建 pOutFClass。注意，RasterDataToPolygonFeatureData 方法使用 pRasterDescriptor 作为对象限定。

```
'Part 3: Create a new raster layer and add the layer to the active map.
Dim pOutputFeatLayer As IFeatureLayer
Set pOutputFeatLayer = New FeatureLayer
Set pOutputFeatLayer.FeatureClass = pOutFClass
pOutputFeatLayer.Name = pOutFClass.AliasName
pMap.AddLayer pOutputFeatLayer
End Sub
```

第三部分代码由 pOutFClass 创建要素层，并将其添加至当前地图。

6.6 添加 XY 事件

本节介绍如何将 x、y 坐标数据的表转换成点要素。坐标可以是地理的，也可以是投影的。当数据进行转换时，每个 x、y 坐标都变成一个点。

6.6.1 XYEvents

XYEvents 从包含 x、y 坐标数据的表产生一个点图层，并添加至当前地图。表的源文件是一个文本文件。图层可以随后导出为 shapefile，其坐标系统是在给出 x、y 坐标时就预设好的。宏执行的操作与用 ArcMap 的 Tool 菜单的 Add XY Data 命令执行的操作相同。

该宏由三个部分组成：第一部分根据文件的工作区和名称定义了文本文件；第二部分定义了事件源，事件源包括 event-to-fields 属性和空间参照；第三部分由事件源创建新的要素层，并将其添加至当前地图。

主要接口：IWorkspaceName，ITableName，IDatasetName，IXYEvent2FieldsProperties，ISpatialReferenceFactory，IProjectedCoordinateSystem，IXYEventSourceName，IXYEventSource。

主要成员：PathName，WorkspaceFactoryProgID，Name，WorkspaceName，XFieldName，YFieldName，ZFieldName，CreateProjectedCoordinateSystem，EventProperties，SpatialReference，EventTableName，Open，FeatureClass。

用法：在ArcMap的VB编辑器导入XYEvents。运行宏，宏将名为XY Events数据层添加至当前地图。XY Events的数据源是events.txt，events.txt是有x、y坐标的表。

```
Private Sub XYEvents ()
    'Part 1: Define the text file.
    Dim pWorkspaceName As IWorkspaceName
    Dim pTableName As ITableName
    Dim pDatasetName As IDatasetName
    'Define the input table's workspace.
    Set pWorkspaceName = New WorkspaceName
    pWorkspaceName.PathName = "c:\data\chap6"
    pWorkspaceName.WorkspaceFactoryProgID = "esriCore.TextFileWorkspace
Factory.1"
    'Define the dataset.
    Set pTableName = New TableName
    Set pDatasetName = pTableName
    pDatasetName.Name = "events.txt"
    Set pDatasetName.WorkspaceName = pWorkspaceName
```

第一部分定义了输入的文本文件。创建WorkspaceName类的实例pWorkspaceName，并定义PathName和WorkspaceFactoryProgID属性。注意，ProgID被设定为esri.TextFileWorkspaceFactory。接下来代码定义TableName类的实例pTableName，查询接口得到IDatasetName来设定name和workspace属性。

```
    'Part 2: Define the XY events source name object.
    Dim pXYEvent2FieldsProperties As IXYEvent2FieldsProperties
    Dim pSpatialReferenceFactory As ISpatialReferenceFactory
    Dim pProjectedCoordinateSystem As IProjectedCoordinateSystem
    Dim pXYEventSourceName As IXYEventSourceName
    'Set the event to fields properties.
    Set pXYEvent2FieldsProperties = New XYEvent2FieldsProperties
    With pXYEvent2FieldsProperties
        .XFieldName = "easting"
        .YFieldName = "northing"
```

```
        .ZFieldName = ""
    End With
    'Set the spatial reference.
    Set pSpatialReferenceFactory = New SpatialReferenceEnvironment
    Set pProjectedCoordinateSystem = pSpatialReferenceFactory.CreateProjected
CoordinateSystem (esriSRProjCS_NAD1927UTM_11N)
    'Specify the event source and its properties.
    Set pXYEventSourceName = New XYEventSourceName
    With pXYEventSourceName
        Set.EventProperties = pXYEvent2FieldsProperties
        Set.SpatialReference = pProjectedCoordinateSystem
        Set.EventTableName = pTableName
    End With
```

第二部分定义事件源。先创建 XYEvent2FieldsProperties 类的实例 pXYEvent2FieldsProperties，并用 With 语句定义 IXYEvent2FieldsProperties 的属性 XFiledName、YFieldName 和 ZFieldName。接着创建投影坐标系 pProjectedCoordinateSystem。再创建 XYEventSourceName 类的实例 pXYEventSourceName，用 with 语句定义 EventProperties、SpatialReference 和 EventTableName 属性。

```
    'Part 3: Display XY events.
    Dim pMxDoc As IMxDocument
    Dim pMap As IMap
    Dim pName As IName
    Dim pXYEventSource As IXYEventSource
    Dim pFLayer As IFeatureLayer
    Set pMxDoc = ThisDocument
    Set pMap = pMxDoc.FocusMap
    'Open the events source name object.
    Set pName = pXYEventSourceName
    Set pXYEventSource = pName.Open
    'Create a new feature layer and add the layer to the display.
    Set pFLayer = New FeatureLayer
    Set pFLayer.FeatureClass = pXYEventSource
    pFLayer.Name = "XYEvent"
    pMap.AddLayer pFLayer
End Sub
```

第三部分代码先由 pXYEventSourceName 打开 pXYEventSource。事件源对象只能由事件源的名称对象创建。最后，代码由 pXYEventSource 创建新的要素层，并将其添加至当前地图。

专栏 6.4 XYEvent _ GP

XYEvent _ GP 运用 Data Management 工具箱里的 MakeXYEventLayer 工具将含有 x、y 坐标的文本文件 events. txt 转换为事件图层。在宏中，工具的指定不需要给出工具箱名（Management），这是由于该工具的名称是唯一的。在 ArcMap 中运行宏并检查结果。

```
Private Sub XYEvents _ GP ()
    'Run this macro in ArcMap so that the event layer can be displayed.
    'Create the Geoprocessing object.
    Dim GP As Object
    Set GP = CreateObject ("esriGeoprocessing. GpDispatch. 1")
    'MakeXYEventLayer <table> <in _ x _ field> <in _ y _ field> <out _
layer> {spatial _ reference}
    'Execute the makexyeventlayer tool.
    GP. MakeXYEventLayer "c: \ data \ chap6 \ events. txt", "easting", "northing",
"c: \ data \ chap6 \ XYEvent2", esriSR _ ProjCS _ NAD1927UTM _ 11N
End Sub
```

第7章　坐　标　系

坐标系是地球表面空间要素的位置参照系。由于GIS处理的是地理空间数据，所以坐标系在GIS中扮演着关键角色。坐标系分为两种，分别是地理坐标系和投影坐标系。地理坐标系由经线和纬线组成。投影坐标系是一种基于地图投影的平面坐标系。例如，通用横轴墨卡托（universal transverse mercator，UTM）坐标系就是基于横轴墨卡托投影的。

不论是地理坐标系还是投影坐标系，都是由一组参数定义的。地理坐标系的基本参数是基准面，而基准面则是基于地球椭球体的。目前，美国最常用的两种基准面模型是基于克拉克1866椭球的NAD27（北美基准面1927）和基于GRS80（1980年的测量参考系）椭球的NAD83（北美基准面1983）。投影坐标系参数的定义不仅取决于投影，还取决于投影所基于的地理坐标系。例如，NAD27UTM _ 11N坐标系就是基于NAD27，而UTM _ Zone _ 11 North的投影参数则包括了117°中央子午线，一个0.9996的比例因子，赤道纬度投影原点，一个500 000m的东移假定值因子和一个为0的北移假定值因子。

ArcGIS将坐标系的定义保存在空间参照文件中（如shapefile的prj文件）。没有空间参照的地理数据集，在ArcGIS中被认为是在一个未知的坐标系下。空间参照信息的存在，不仅对于数据集由一个坐标系投影到另一个坐标系是必需的，而且对空间分析也是非常重要的。

本章主要介绍坐标系。7.1节回顾ArcGIS中管理坐标系的命令；7.2节讨论与坐标系有关的对象；7.3节介绍定义动态投影的宏和一个GP宏；7.4节介绍定义和导入坐标系的宏和一个GP宏；7.5节介绍更改基准面的宏；7.6节介绍投影和再投影地理数据集的宏以及一个用于投影shapefile的GP宏。所有宏的开始都列出了关键的接口和关键成员（属性和方法）及宏的用法。

7.1　在ArcGIS中管理坐标系

ArcMap在数据显示中使用动态投影。动态投影获取每个数据集中的空间参照信息，并自动将这些数据集变换到一个通用坐标系中。这个通用坐标系就是第一个加入地图的图层的坐标系。另外，它也可以被设置为数据框架的一个属性。动态投影并不实际影响数据集的原始坐标系，设计它的目的主要是为了数据显示。如果数据集的坐标系是未知的，ArcMap会给其一个假定的坐标系。例如，NAD27是一个假定的地理坐标系。动态投影不能代替实际的投影工作。如果某个数据集经常在另一种坐标系下使用，那么建议对其进行投影。同样，我们也建议对要进行空间分析的数据集使用同一个坐标系进行投影，以获得最准确的结果。

ArcToolbox 对处理坐标系有一系列的投影工具。从功能上划分，这些工具可以分为以下三类：①定义坐标系；②进行地理（坐标）变换；③投影数据集。

7.1.1　定义坐标系

ArcToolbox 有处理坐标系的 Define Projection 工具。定义坐标系有三种基本方法。

（1）选择。允许用户选择一个预定义的坐标系。预定义的坐标系的参数是已知的，并已经编码到软件中。

（2）导入。允许用户从一个数据集中将空间参照信息拷贝至另一个数据集。

（3）新建。是指定制坐标系。定制地理坐标系时需要定义其基准面、角度单位以及本初子午线。定制投影坐标系时需要定义地理坐标系的参数，同样也需要定义投影坐标系的参数。

7.1.2　进行地理变换

地理变换指的是将地理坐标系由一种变换为另一种。地理变换常用的方案是变换基准面，例如，从 NAD27 变换至 NAD83。地理投影包含在 ArcToolbox 的 Project 工具下。只要投影中存在基准面变化，就会出现一个选择由某种基准面变换为另一种基准面的对话框，对话框中还会列出变换方法。在北美洲，NAD27 和 NAD83 之间变换的常用方法是 NADCON。Project 工具将地理变换得到的新坐标保存在输出的数据集中。

7.1.3　投影数据集

ArcToolbox 中的多个 Project 工具可进行要素和栅格数据投影。无论是要素还是栅格，都根据输入和输出所定义的坐标系产生一个新的数据集。常用的投影方法有两种：一种是将数据集从地理坐标系映射到投影坐标系，例如，从 NAD27 地理坐标系投影至 UTM 坐标系；另一种是将数据集从一种投影坐标映射到另一种投影坐标。第二种投影方法通常也称为重投影。

7.2　坐标系的 ArcObjects

ArcObjects 中，管理坐标系统的主要组件是 SpatialReference 抽象类。空间参照对象实现了 ISpatialReference 接口，该 ISpatialReference 接口用于获取数据集的空间参照属性，如坐标系的名称。

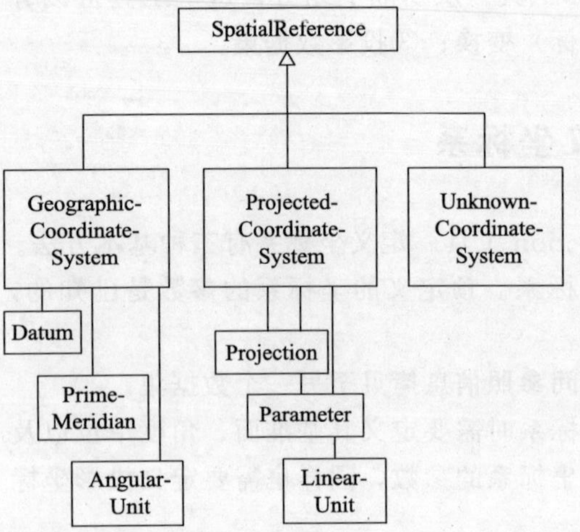

图 7.1　SpatialReference 是一种抽象类，用于地理坐标、投影坐标系和未知坐标系这三种坐标系。每一个地理坐标系和投影坐标系都有其相应的一系列参数

SpatialReference 类被三个组件类所继承：GeographicCoordinateSystem、ProjectedCoordinateSystem 和 UnknownCoordinateSystem（图 7.1）。这三个组件类分别管理地理的、投影的和未知的坐标系。

地理坐标系的对象实现了 IGeographicCoordinateSystem 和 IGeographicCoordinateSystemEdit 两个接口（图 7.2）。IGeographicCoordinateSystem 用于获取坐标单位、基准面、名称和本初子午线属性。IGeographicCoordinateSystemEdit 接口提供了定义新的地理坐标系属性的方法。

同样，投影坐标系对象实现了 IProjectedCoordinateSystem 和 IProjectedCoordinateSystemEdit 两个接口（图 7.3）。IProjectedCoordinateSystem 能够访问中央子午线、中央纬线、坐标单位、东移假定值（false easting）、北移假定值（false northing）、地理坐标系统、名称、比例尺因子、第一标准纬线、第二标准纬线以及其他属性值。IProjectedCoordinateSystemEdit 则提供了定义投影坐标系各个属性的方法。

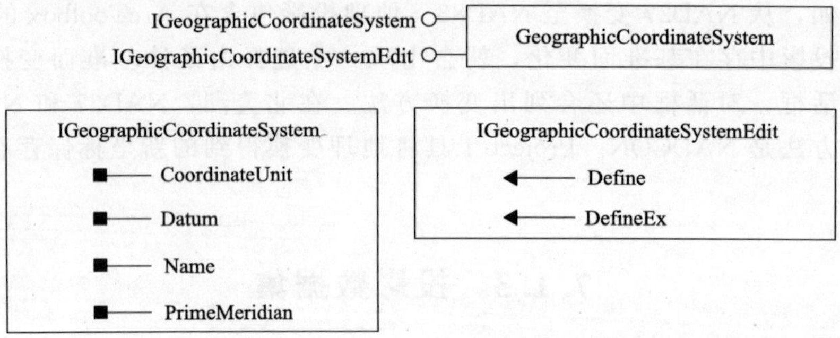

图 7.2　GeographicCoordinateSystem 对象支持 IGeographicCoordinateSystem 和 IGeographicCoordinateSystemEdit

ArcObjects 中，坐标系的其他两个主要组件是 SpatialReferenceEnvironment 和 GeoTransformation。SpatialReferenceEnvironment 类允许用户用预制的空间参照对象来创建坐标系。空间参照环境对象实现了三个版本的 ISpatialReferenceFactory 接口（图 7.4）。ISpatialReferenceFactory 具有利用 NAD27、UTM 等预制的空间参照对象来定义坐标系的方法；ISpatialReferenceFactory2 增加了处理预制地理变换的相关方法；ISpatialReferenceFactory3 增加了垂直坐标系的相关方法和一个高精度空间参照的相关方法抽象类 GeoTransformation 管理地理变换（图 7.5）。对美国的 ArcGIS 用户有着特

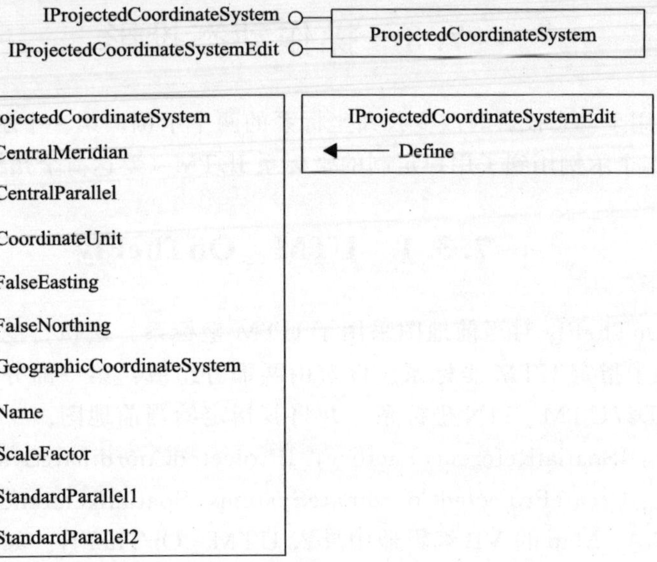

图 7.3 ProjectedCoordinateSystem 对象支持 IProjectedCoordinateSystem 和 IProjectedCoordinateSystemEdit

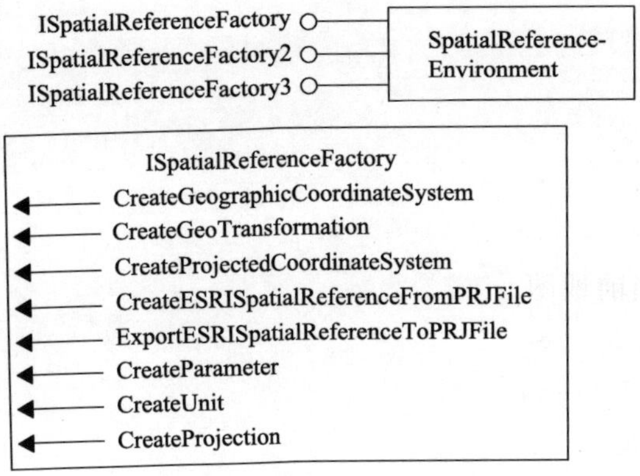

图 7.4 SpatialReferenceEnvironment 对象所支持的 ISpatialReferenceEnvironment 接口的方法

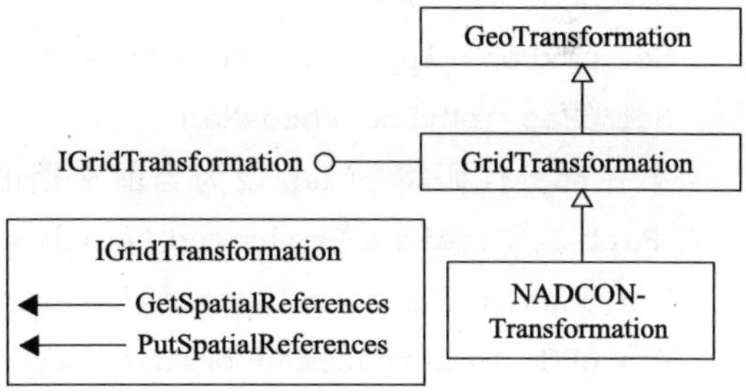

图 7.5 NADCONTransformation 是 GridTransformation 对象的一种，而 GridTransformation 又是 GeoTransformation 对象的一种

殊意义的是 GeoTransformation 的子类 GridTransformation，它用基于网格的方法对地理坐标的 NAD27 标准和 NAD83 标准进行变换。

除了与坐标系有直接关系的对象外，投影和重投影的宏还使用了其他对象来创建数据集。这些对象主要用于处理数据转换、字段和几何字段。这部分内容将在 7.5 节和 7.6 节进行介绍。

7.3 操作动态投影

本节讨论用于动态投影时改变公共坐标系的两个示例。第一个示例用到了预制的坐标系 UTM，第二个示例用到了用户定制的坐标系 IDTM（爱达荷全州横轴墨卡托坐标系）。

7.3.1 UTM _ OnTheFly

UTM _ OnTheFly 对当前地图采用了 UTM 坐标系。宏执行的操作相当于在当前地图的地图属性中指定 UTM 坐标系。该宏由两部分组成：第一部分定义当前地图；第二部分创建 NAD27UTM _ 11N 坐标系，并将其指定给当前地图。

主要接口：ISpatialReferenceFactory，IProjectedCoordinateSystem。

主要成员：CreateProjectedCoordinateSystem，SpatialReference。

用法：在 ArcMap 的 VB 编辑器中导入 UTM _ OnTheFly。如果需要，可插入一个新的数据框架，右击新的数据框架，选择 Properties，并确保在 Coordinate System 标签下的 current coordinate system 显示为 no projection。运行宏。当前坐标系显示为 NAD _ 1927 _ UTM _ Zone _ 11N。

```
Private Sub UTM _ OnTheFly ()
    'Part 1: Define the active map.
    Dim pMxDoc As IMxDocument
    Dim pMap As IMap
    Set pMxDoc = Application.Document
    Set pMap = pMxDoc.FocusMap
```

第一部分代码将 pMap 设为当前文档的当前地图。

```
    'Part 2: Create a Projected Coordinate System.
    Dim pSpatRefFact As ISpatialReferenceFactory
    Dim pPCS As IProjectedCoordinateSystem
    Set pSpatRefFact = New SpatialReferenceEnvironment
    Set pPCS = pSpatRefFact.CreateProjectedCoordinateSystem (esriSRProjCS _
NAD1927UTM _ 11N)
    Set pMap.SpatialReference = pPCS
    'Refresh the map.
    pMxDoc.ActiveView.Refresh
End Sub
```

第二部分代码先创建 SpatialReferenceEnvironment 类的实例 pSpatRefFact。接着用 ISpatialReferenceFactory 的 CreateProjectedCoordinateSystem 方法建立 NAD27UTM _ 11N 坐标系 pPCS。接着代码将 pPCS 设定为当前地图的空间参照，然后刷新地图文档的当前视图。

7.3.2 IDTM _ OnTheFly

IDTM _ OnTheFly 采用 IDTM 作为当前地图的公共坐标系。宏执行的操作相当于在当前地图的地图属性中指定 IDTM 坐标系。该宏有三个部分：第一部分定义 IDTM 的投影、地理坐标系和线性单位；第二部分将 IDTM 的投影参数存储于数组中；第三部分创建 IDTM，并将当前地图文档的坐标系设置为 IDTM。

主要接口：ISpatialReferenceFactory2，IGeographicCoordinateSystem，IProjection，IUnit，ILinearUnit，IParameter，IProjectedCoordinateSystemEdit。

主要成员：CreateProjection，CreateGeographicCoordinateSystem，CreateUnit，CreateParameter，Define，SpatialReference。

用法：在 ArcMap 的 VB 编辑器中导入 IDTM _ OnTheFly。运行宏。要检查宏的运行结果，可以先右击当前地图，选择 Properties，在 Coordinate System 标签页上，带有 IDTM 参数值的 UserDefinedPCS 坐标系必须是当前坐标系。

```
Private Sub IDTM _ OnTheFly ()
    'Part 1: Define the active map and the IDTM coordinate system.
    Dim pMxDoc As IMxDocument
    Dim pMap As IMap
    Set pMxDoc = Application. Document
    Set pMap = pMxDoc. FocusMap
    'Define the coordinate system's projection, geographic coordinate system (datum), and unit.
    Dim pSpatRefFact As ISpatialReferenceFactory2
    Dim pProjection As IProjection
    Dim pGCS As IGeographicCoordinateSystem
    Dim pUnit As IUnit
    Dim pLinearUnit As ILinearUnit
    Set pSpatRefFact = New SpatialReferenceEnvironment
    Set pProjection = pSpatRefFact. CreateProjection (esriSRProjection _ TransverseMercator)
    Set pGCS = pSpatRefFact. CreateGeographicCoordinateSystem (esriSRGeoCS _ NAD1983)
    Set pUnit = pSpatRefFact. CreateUnit (esriSRUnit _ Meter)
    Set pLinearUnit = pUnit
```

第一部分代码创建了 SpatialReferenceEnvironment 类的实例 pSpatRefFact，并且用 ISpatialReferenceFactory2 的方法进行了以下定义：投影定义为横轴墨卡托投影，地理坐标系统定义为 NAD83，线性单位定义为米。CreateUnit 方法最开始创建了一个 IUnit 对象。但由于 ILinearUnit 是继承自 IUnit，所以可以令 pLinearUnit 等于 pUnit。

```
'Part 2: Store the 5 known parameters of IDTM in an array.
Dim aParamArray (5) As IParameter
Set aParamArray (0) = pSpatRefFact.CreateParameter (esriSRParameter_FalseEasting)
aParamArray (0) .Value = 2500000
Set aParamArray (1) = pSpatRefFact.CreateParameter (esriSRParameter_FalseNorthing)
aParamArray (1) .Value = 1200000
Set aParamArray (2) = pSpatRefFact.CreateParameter (esriSRParameter_CentralMeridian)
aParamArray (2) .Value = -114
Set aParamArray (3) = pSpatRefFact.CreateParameter (esriSRParameter_LatitudeOfOrigin)
aParamArray (3) .Value = 42
Set aParamArray (4) = pSpatRefFact.CreateParameter (esriSRParameter_ScaleFactor)
aParamArray (4) .Value = 0.9996
```

第二部分代码用 ISpatialReferenceFactory2 的 CreateParameter 方法将 IDTM 的五个已知的参数存储于数组中。代码用 IParameter 的 index 和 value 属性将东移假定值存为 500 000，并作为数组的第一个元素，第二个元素存储北移假定值 100 000，第三个元素存储中央子午线的值－114，第四个元素存储起始纬度 42，第五个元素存储中央经线的比例因子 0.9996。

```
'Part 3: Use the Define method of IProjectedCoordinateSystemEdit to create IDTM.
Dim pProjCoordSysEdit As IProjectedCoordinateSystemEdit
Set pProjCoordSysEdit = New ProjectedCoordinateSystem
pProjCoordSysEdit.Define "UserDefinedPCS", _
    "UserDefinedAlias", _
    "UsrDefAbbrv", _
    "Custom IDTM", _
    "Suitable for Idaho", _
    pGCS, _
    pLinearUnit, _
    pProjection, _
    aParamArray
'Set the map to use IDTM and refresh the map.
Set pMap.SpatialReference = pProjCoordSysEdit
pMxDoc.ActiveView.Refresh
```

```
End Sub
```

第三部分代码先创建 ProjectedCoordinateSystem 类的实例 pProjCoordSysEdit。接着用 IProjectedCoordinateSystemEdit 的 Define 方法定义坐标系。Define 方法需要九个对象限定器或参数，为了看得更清楚，每一个对象限定器或参数都用单独的一行来表示。前五个参数分别是坐标系的 name、alias name、abbreviation、remarks 和 usage。后四个对象限定器与来自第一部分代码的投影参数有关。IDTM 创建后，宏将 IDTM 用作当前地图的空间参照，然后刷新地图。

7.4　定义坐标系

本节介绍两个示例，其中地理数据集的坐标系是已定义好的。第一个示例用 VBA 宏对数据集的空间参照信息进行编码。这些信息可以通过数据集的元数据（metadata）访问到。第二个示例通过从另一个数据集拷贝的信息来定义空间参照信息。

读取或改变数据集的空间参照要用 GeoDataset 对象。GeoDataset 对象实现了 IGeoDataset 和 IGeoDatasetSchemaEdit（图 7.6）。IGeoDataset 拥有 Extent 和 SpatialReference 只读属性。IGeoDatasetSchemaEdit 包含 CanAlterSpatialReference 和 AlterSpatialReference 两个方法成员，用于编辑数据集的空间参照。这两个接口在本节都会用到。

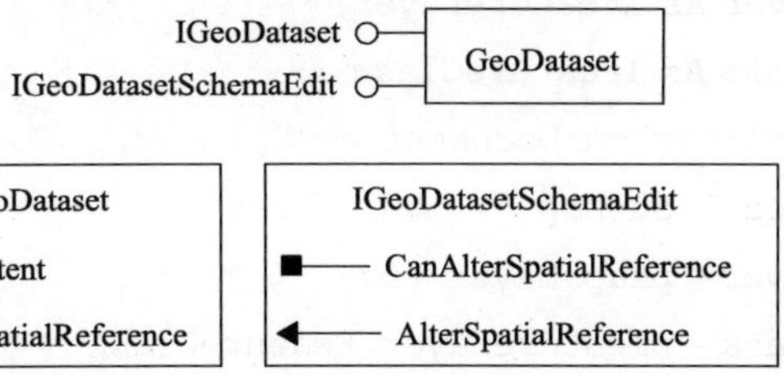

图 7.6　GeoDataset 对象支持 IGeoDataset 和 IGeoDatasetSchemaEdit 接口

7.4.1　DefineGCS

DefineGCS 将 shapefile 的地理坐标定义为 NAD27。宏执行的操作等同于在 ArcToolbox 中使用 Define Projection（定义投影）工具。该宏由三个部分组成：第一部分创建 NAD27 坐标系；第二部分定义输入 shapefile；第三部分改变 shapefile 的空间参照信息，并将该信息导出为 prj 文件。

主要接口：ISpatialReferenceFactory，IGeographicCoordinateSystem，ISpatialReference，IGeoDataset，IGeoDatasetSchemaEdit。

主要成员：CreateGeographicCoordinateSystemm，ExportESRISpatialReferenceToPRJFile，CanAlterSpatialReference，CreateESRISpatialReferenceFromPRJFile，AlterSpatialReference，SpatialReference。

用法：在 ArcMap 的当前地图文档中添加 idll. shp。由于没有空间参照文件，idll 的坐标系假定是 NAD27。在 ArcMap 的 VB 编辑器中导入 DefineGCS。运行宏。一个消息框会确认 GCS _ North _ American _ 1927 是 idll 的新的空间参照。宏还创建了一个以 shapefile 名称为前缀的 prj 文件。

```
Private Sub DefineGCS ()
'Part 1: Create the NAD27 coordinate system.
    Dim pSpatRefFact As ISpatialReferenceFactory
    Dim pGeogCS As IGeographicCoordinateSystem
    Dim pSpatialReference As ISpatialReference
    Set pSpatRefFact = New SpatialReferenceEnvironment
    Set pGeogCS = pSpatRefFact. CreateGeographicCoordinateSystem (esriSRGeoCS _
NAD1927)
```

第一部分代码首先创建 SpatialReferenceEnvironment 类的实例 pSpatRefFact，并用 CreateGeographicCoordinateSystem 方法建立基于 NAD27 的地理坐标系，由 pGeogCS 所引用。

```
    'Part 2: Define the input shapefile.
    Dim pMxDoc As IMxDocument
    Dim pMap As IMap
    Dim pFeatureLayer As IFeatureLayer
    Dim pFeatureClass As IFeatureClass
    Set pMxDoc = Application. Document
    Set pMap = pMxDoc. FocusMap
    Set pFeatureLayer = pMap. Layer (0)
    Set pFeatureClass = pFeatureLayer. FeatureClass
```

第二部分代码将 pFeatureLayer 设为当前地图文档的首层，pFeatureClass 设为该图层的要素类。

```
    'Part 3: Verify and alter the shapefile's spatial reference.
    Dim pGeoDataset As IGeoDataset
    Dim pGeoDatasetEdit As IGeoDatasetSchemaEdit
    Set pGeoDatasetEdit = pFeatureClass
    'Verify if the shapefile's spatial reference can be altered.
    If (pGeoDatasetEdit. CanAlterSpatialReference = True) Then
       'Alter the target layer's spatial reference.
       pGeoDatasetEdit. AlterSpatialReference pGeogCS
    Else
       Exit Sub
    End If
       'Get the spatial reference information and export it to a prj file.
```

```
    Set pGeoDataset = pFeatureClass
    Set pSpatialReference = pGeoDataset.SpatialReference
    pSpatRefFact.ExportESRISpatialReferenceToPRJFile "c:\data\chap7\
idll", pSpatialReference
    MsgBox pSpatialReference.Name
End Sub
```

第三部分代码查询接口得到 IGeoDatasetSchemaEdit，并用 CanAlterSpatialReference 属性去检验 pFeatureClass 的空间参照能否修改。如果可以修改，则用 AlterSpatialReference 方法将其空间参照改为 pGeogCS。如果不能改的话，则直接退出程序。接着，代码利用 IGeoDataset 接口将 pFeatureClass 的空间参照赋值给 pSpatialReference。使用 ISpatialReferenceFactory 的 ExportESRISpatialReferenceToPRJFile 方法将 pSpatialReference 导出至 idll. prj 文件。最后，消息框会显示已更新的空间参照的名称。

专栏 7.1 DefineGCS _ GP

DefineGCS _ GP 运用 Data Management 工具箱的 DefineProjection 工具定义 idll2. shp 的地理坐标系为 NAD27。在 ArcCatalog 中运行宏，使用 metadata 标签页检查结果。

```
Private Sub DefineGCS_GP()
    'Create the Geoprocessing object.
    Dim GP As Object
    Set GP = CreateObject("esriGeoprocessing.GpDispatch.1")
    'DefineProjection <in_dataset> <coordinate_system>
    'Execute the defineprojection tool.
    GP.DefineProjection_management "c:\data\chap7\idll2.shp", esriSR-
GeoCS_NAD1927
End Sub
```

7.4.2 CopySpatialReference

CopySpatialReference 从源图层将空间参照拷贝至目标图层。宏执行的操作与在 ArcToolbox 中用 Project（投影）工具从一个数据集中将空间参照导入至另一个数据集所执行的操作相同。CopySpatialReference 假设源图层的 prj 文件是磁盘上已有的。如果该文件不存在的话，我们可以用类似于 DefineGCS 这样的宏先创建一个 prj 文件。CopySpatialReference 由两个部分组成：第一部分定义了目标图层；第二部分先检验目标图层的空间参照是未知且可替换的，然后从源图层拷贝 prj 文件。

主要接口：IGeoDataset，ISpatialReference，ISpatialReferenceFactory，IGeoDatasetSchemaEdit，IProjectedCoordinateSystem。

主要成员：SpatialReference，CanAlterSpatialReference，CreateESRISpatialReferenceFromPRJFile，AlterSpatialReference。

用法：在当前地图文档添加 emidastrm. shp，emidastrm. shp 是一个没有坐标系的河流的 shapefile。在 ArcMap 的 VB 编辑器导入 CopySpatialReference。运行宏。宏从磁盘上的 emidalat. prj 文件拷贝的信息存放到新创建的 emidastrm. prj 中。Emidalat 是在 NAD1927 _ UTM _ Zone 11N 坐标系下的高程网格投影。其 prj 文件 prj. adf 存放在 emidalat 目录下。宏运行过程中会有两个消息提示：一个是"unknown"，是 emidastrm 最开始的坐标系；另一个是"NAD1927 _ UTM _ Zone 11N"，是 emidastrm 新的空间参照。

```
Private Sub CopySpatialReference ()
  'Part 1: Define the target layer.
  Dim pMxDoc As IMxDocument
  Dim pMap As IMap
  Dim pTargetFL As IFeatureLayer
  Dim pTargetGD As IGeoDataset
  Set pMxDoc = ThisDocument
  Set pMap = pMxDoc. FocusMap
  Set pTargetFL = pMap. Layer (0)
  Set pTargetGD = pTargetFL. FeatureClass
```

第一部分代码将 pTargetFL 设为当前地图文档的首层，pTargetDG 为该图层的要素类。

```
  'Part 2: Copy a prj file on disk to be the target layer's.
  Dim pTargetSR As ISpatialReference
  Dim pGeoDatasetEdit As IGeoDatasetSchemaEdit
  Dim pSpatRefFact As ISpatialReferenceFactory
  Dim pProjCoordSys As IProjectedCoordinateSystem
  Set pTargetSR = pTargetGD. SpatialReference
  MsgBox pTargetSR. Name
  'Verify that the target layer has unknown spatial reference.
  If (pTargetSR. Name = "Unknown") Then
    Set pGeoDatasetEdit = pTargetGD
    'If the spatial reference can be altered, create a prj file for the target
layer.
    If (pGeoDatasetEdit. CanAlterSpatialReference = True) Then
      Set pSpatRefFact = New SpatialReferenceEnvironment
      Set pProjCoordSys = _
pSpatRefFact. CreateESRISpatialReferenceFromPRJFile ("c:\data\chap7\emidalat\
prj. adf")
```

```
    'Alter the target layer's spatial reference.
    pGeoDatasetEdit.AlterSpatialReference pProjCoordSys
    'Get the updated spatial reference and report its name.
    Set pTargetSR = pTargetGD.SpatialReference
    MsgBox pTargetSR.Name
  Else
    Exit Sub
  End If
Else
  Exit Sub
End If
End Sub
```

第二部分代码将 pTargetGD 的空间参照设置为 pTargetSR。如果 pTargetSR 的名称是未知的，则查询接口得到 IGeoDatasetSchemaEdit，检验其空间参照是否可以改变。如果可以改变，则用 ISpatialReferenceFactory 的 CreateESRISpatialReferenceFromPRJFile 方法从源图层的 prj 文件 prj.adf 创建 pProjCoordSys。接着将 pTargetDG 的空间参照改为 pProjCoordSys。完成之后，会弹出消息框报告目标图层新的空间参照的名称。

7.5 地理变换

基准面的改变可能发生于两个地理坐标系之间，或是一个地理坐标系与一个投影坐标系之间，或是两个投影坐标系之间。以上情形中的任一种都需要进行地理变换。本节主要讲述如何在两个地理坐标系之间进行地理变换。其他两种情况我们将看作是重投影，将在 7.6 节中进行介绍。

7.5.1 NAD27to83 _ Map

NAD27to83 _ Map 将当前地图文档的地理坐标系由 NAD27 变换至 NAD83。宏执行的操作等同于对当前地图使用地图属性操作来修改其地理坐标系。由于动态投影包括了基准面的改变，所以 NAD83 在当前地图文档中应用到已存在的图层或新的图层都是一样的。该宏由两个部分组成：第一部分执行了从 NAD27 到 NAD83 的地理变换；第二部分将变换结果应用到当前地图文档的空间参照属性。

主要接口：ISpatialReferenceFactory2，IGridTransformation，IGeographicCoordinateSystem。

主要成员：CreateGeoTransformation，GetSpatialReferences，SpatialReference。

用法：将 idll27.shp 添加至新的地图。地图属性显示当前的坐标系是 GCS _ North _ American _ 1927。在 VB 编辑器中导入 NAD27to83 _ Map。运行宏。地图的当前坐标系此时应已改为 GCS _ North _ American _ 1983。

```
Private Sub Nad27to83 _ Map ()
    'Part 1: Perform a geographic transformation from NAD27 to NAD83.
    Dim pSpatRefFact As ISpatialReferenceFactory2
    Dim pGeotransNAD27toNAD83 As IGridTransformation
    Dim pFromGCS As IGeographicCoordinateSystem
    Dim pToGCS As IGeographicCoordinateSystem
    Set pSpatRefFact = New SpatialReferenceEnvironment
    Set pGeotransNAD27toNAD83 = _
pSpatRefFact.CreateGeoTransformation (esriSRGeoTransformation _ NAD _ 1927 _ TO
_ NAD _ 1983 _ NADCON)
    pGeotransNAD27toNAD83.GetSpatialReferences pFromGCS, pToGCS
    MsgBox "The geographic coordinate system has been changed from " & pFromGCS.
Name & "to " & pToGCS.Name
```

第一部分代码创建 SpatialReferenceEnvironment 类的实例 pSpatRefFact，并用 ISpatialReferenceFactory2 的 CreateGeoTransformation 方法创建 pGeotransNAD27toNAD83，这是一个对 IGridTransformation 的引用。地理变换是基于网格的，它用到了 NADCON 方法。再用 IGridTransformation 的 GetSpatialReferences 方法来验证地理坐标系是否进行了变换。

```
    'Part 2: Set the spatial reference of the active map.
    Dim pMxDoc As IMxDocument
    Dim pMap As IMap
    Set pMxDoc = Application.Document
    Set pMap = pMxDoc.FocusMap
    Set pMap.SpatialReference = pToGCS
End Sub
```

第二部分代码将第一部分代码的地理变换的输出结果 pToGCS 设置为当前地图的空间参照。

7.5.2 NAD27to83 _ Shapefile

NAD27to83 _ Shapefile 将基于 NAD27 的 shapefile 重投影至基于 NAD83 的新的 shapefile。宏执行的操作等同于用 ArcToolbox 的 Project 工具将 shapefile 的坐标系由 NAD27 变换至 NAD83。该宏由六个部分组成：第一部分定义输入的 shapefile 文件；第二部分执行了由 NAD27 至 NAD83 的地理变换；第三部分定义输出的 shapefile 文件；第四部分创建了基于输入字段保存输出结果的字段；第五部分查询几何字段并定义字段的空间参照和空间序号；第六部分将输入投影至输出，并报告处理过程中的错误信息。

由于 NAD27to83 _ Shapefile 重投影创建了新的 shapefile，宏需要使用与坐标系没有直接相关的对象。

FeatureDataConverter 对象实现了 IFeatureDataConverter 和 IFeatureDataConverter2（图 7.7）。这两个接口都提供了方法，用于转换要素类、要素数据集和表。IFeatureDataConverter2 还具有处理数据子集的附加功能。EnumInvalidObject 是由要素数据转换对象创建的，它能够捕捉转换过程中转换失败的对象。由 EnumInvalidObject 创建的 InvalidObjectInfo 提供了转换失败对象的信息。

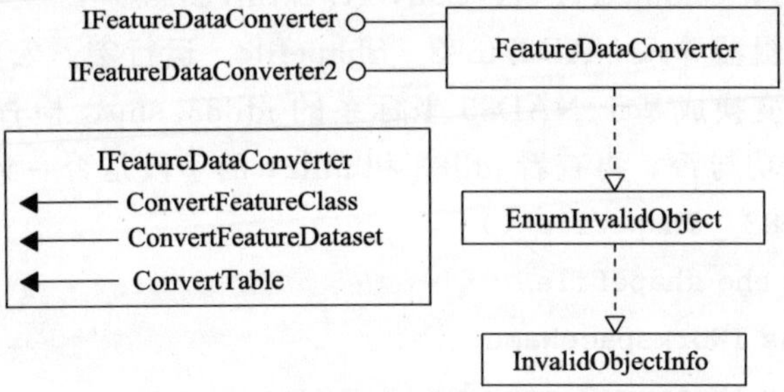

图 7.7 FeatureDataConverter 对象创建 EnumInvalidObject 对象，而 EnumInvalidObject 又创建了 InvalidObjectInfo 对象

FieldChecker 对象实现了 IFieldChecker 接口，该接口的方法可以根据某些字段来创建新的字段集合，并检验这些字段（图 7.8）。字段检查对象为转换过程中引发问题的字段创建了 EnumFieldError 和 FieldError 对象。

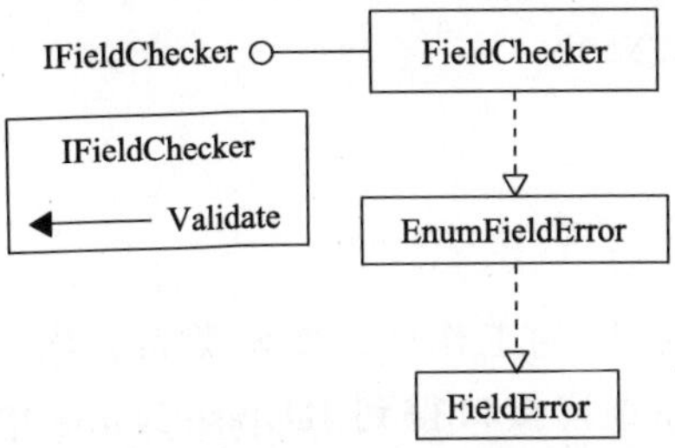

图 7.8 FieldChecker 对象创建 EnumFieldError 对象，而 EnumFieldError 又创建了 FieldError 对象

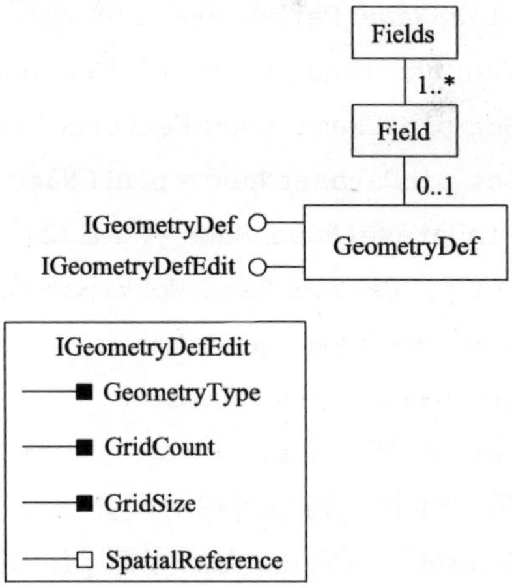

图 7.9 Fields、Field 和 GeometryDef 类之间的关系

从字段获取的 GeometryDef 对象定义了要素类的空间属性（图 7.9）。GeometryDef 对象实现了 IGeometryDef 和 IGeometryDefEdit。IGeometryDef 对空间属性是只读的，而 IGeometryDefEdit 则可以对空间属性进行定义。

主要接口：ISpatialReferenceFactory2，IGridTransformation，IGeographicCoordinateSystem，IWorkspaceName，IFeatureClassName，IDatasetName，IName，IGeoDataset，IFields，IFieldChecker，IField，IGeometryDef，IGeometryDefEdit，IFeatureDataConverter。

主要成员：CreateGeoTransformation，GetSpatialReferences，SpatialReference，WorkspaceFactoryProgID，PathName，Name，WorkspaceName，Fields，Validate，FieldCount，Field ()，GeometryDef，ConvertFeatureClass。

用法：在 VB 编辑器导入 NAD27to83 _ Shapefile。运行宏。宏将基于 NAD27 地理坐标系的 idll27. shp 变换成基于 NAD83 坐标系的 idll83. shp。检查这两个 shapefile 的元数据以确认变换成功与否。再查看 idll83 和 idll27 的字段是否一致。

```
Private Sub NAD27to83 _ Shapefile ()
    'Part 1: Define the shapefile.
    Dim pInWSName As IWorkspaceName
    Dim pInFCName As IFeatureClassName
    Dim pInDatasetName As IDatasetName
    Dim pName As IName
    Dim pInFC As IFeatureClass
    'Set the input shapefile's workspace and path names.
    Set pInWSName = New WorkspaceName
    pInWSName. WorkspaceFactoryProgID = "esriCore. ShapefileWorkspaceFactory. 1"
    pInWSName. PathName = "c: \ data \ chap7"
    'Set the input feature class and dataset names.
    Set pInFCName = New FeatureClassName
    Set pInDatasetName = pInFCName
    pInDatasetName. Name = "idll27"
    Set pInDatasetName. WorkspaceName = pInWSName
    'Set the input geodataset.
    Set pName = pInFCName
    Set pInFC = pName. Open
```

第一部分代码用名称对象定义了输入 shapefile 的工作区、要素类和名称。代码创建 FeatureClassName 类的实例 pInFCName，并查询接口得到 IDatasetName 用来定义其 name 和 workspace。接着代码将 pInFCName 赋给 IName 类的引用 pName，并用 IName 的 Open 方法来打开 pInFC。

```
    'Part 2: Perform a geographic transformation from NAD27 to NAD83.
    Dim pSpatRefFact As ISpatialReferenceFactory2
    Dim pGeotransNAD27toNAD83 As IGridTransformation
    Dim pFromGCS As IGeographicCoordinateSystem
    Dim pToGCS As IGeographicCoordinateSystem
```

```
Set pSpatRefFact = New SpatialReferenceEnvironment
Set pGeotransNAD27toNAD83 = _
pSpatRefFact.CreateGeoTransformation (esriSRGeoTransformation_NAD_1927_TO_NAD_1983_NADCON)
'Verify the From and To geographic coordinate systems.
pGeotransNAD27toNAD83.GetSpatialReferences pFromGCS, pToGCS
MsgBox "The geographic transformation is from " & pFromGCS.Name & " to " & pToGCS.Name
```

第二部分代码执行了由 NAD27 至 NAD83 的地理变换。代码创建 SpatialReferenceEnvironment 类的实例 pSpatRefFact，并且用 ISpatialReferenceFactory2 的 CreateGeoTransformation 方法创建 pGeotransNAD27toNAD83。接着，代码用 IGridTransformation 的 GetSpatialReferences 方法返回输入的地理坐标系 pFromGCS 和输出的地理坐标系 pToGCS。

```
'Part 3: Define the output shapefile.
Dim pOutWSName As IWorkspaceName
Dim pOutFCName As IFeatureClassName
Dim pOutDataSetName As IDatasetName
'Set the output shapefile's workspace and path names.
Set pOutWSName = New WorkspaceName
pOutWSName.WorkspaceFactoryProgID = "esriCore.ShapeFileWorkspaceFactory.1"
pOutWSName.PathName = "c:\data\chap7"
'Set the output feature class and dataset names.
Set pOutFCName = New FeatureClassName
Set pOutDataSetName = pOutFCName
Set pOutDataSetName.WorkspaceName = pOutWSName
pOutDataSetName.Name = "idll83"
```

第三部分代码用与第一部分代码相同的方法定义了输出 shapefile 的工作区、要素类和名称。在这部分中，只用到名称对象。

```
'Part 4: Create the output fields based on the input's fields.
Dim pOutFCFields As IFields
Dim pInFCFields As IFields
Dim pFieldCheck As IFieldChecker
Dim i As Long
Set pInFCFields = pInFC.Fields
Set pFieldCheck = New FieldChecker
pFieldCheck.Validate pInFCFields, Nothing, pOutFCFields
```

第四部分代码先创建 FieldChecker 类的实例 pFieldCheck，并用 IFieldChecker 的 Validate 方法创建由输入字段 pInFCFields 得到的输出字段 pOutFCFields。由于输入和

输出都是 shapefile，所以不需要用 EnumFieldError 和 FieldError 对象执行错误检查。

```
'Part 5: Locate and define the geometry field.
Dim pGeoField As IField
Dim pOutFCGeoDef As IGeometryDef
Dim pOutFCGeoDefEdit As IGeometryDefEdit
'Find the index of the geometry field.
For i = 0 To pOutFCFields.FieldCount - 1
    If pOutFCFields.Field (i) .Type = esriFieldTypeGeometry Then
        Set pGeoField = pOutFCFields.Field (i)
        Exit For
    End If
Next i
'Get the geometry field's geometry definition.
Set pOutFCGeoDef = pGeoField.GeometryDef
'Define the spatial index and spatial reference.
Set pOutFCGeoDefEdit = pOutFCGeoDef
pOutFCGeoDefEdit.GridCount = 1
pOutFCGeoDefEdit.GridSize (0) = 200
Set pOutFCGeoDefEdit.SpatialReference = pToGCS
```

第五部分代码定位并定义了几何字段。代码用 pOutFCFields 循环逐个检查其中的几何字段，并根据序号将其几何字段保存至 pGeoField。接着代码将 pOutFCGeoDef 设置为 pGeoField 的几何定义，查询 IGeometryDefEdit 的接口以设置 GridCount、GridSize 和 SpatialReference 属性。网格的计数和网格的大小构成了输出 shapefile 的空间索引，用于加强显示、空间查询和要素的辨认。在这个例子中，空间索引有一个大小为 200 的网格。输出 shapefile 的空间参照被设为 pToGCS，pToGCS 引用的是 NAD27UTM_11N。

```
'Part 6: Perform data conversion and error checking.
Dim pFDConverter As IFeatureDataConverter
Dim pEnumErrors As IEnumInvalidObject
Dim pErrInfo As InvalidObjectInfo
'Perform feature data conversion.
Set pFDConverter = New FeatureDataConverter
Set pEnumErrors = pFDConverter.ConvertFeatureClass (pInFCName, Nothing, Nothing, pOutFCName, pOutFCGeoDef, pOutFCFields, "", 1000, 0)
'If an error exists, report an error message in the immediate window.
Set pErrInfo = pEnumErrors.Next
If Not pErrInfo Is Nothing Then
    Debug.Print "Conversion completed with errors"
```

```
    Else
        Debug.Print "Conversion completed"
    End If
End Sub
```

第六部分代码执行了数据转换和错误检查。代码先创建 FeatureDataConverter 类的实例 pFDConverter，并用 ConvertFeatureClass 方法将输入的要素类导至输出要素类。该方法用到的对象是在第四部分和第五部分代码中已定义的。另外，这里将时间间隔设置为 1000，它控制了提交数据的间隔时间（这个时间间隔对于将大量的数据导入至 geodatabase 是非常重要的）。最后，代码检查了转换过程中有错误的要素。如果存在有错误的要素，调试窗口中会显示错误消息。如果没有，窗口则会显示消息“Conversion completed”（“转换结束”）。

7.6 投影数据集

和 ArcToolbox 中的 Project（投影）工具的用法相似，用 VBA 代码投影数据集也遵循定义输入的坐标系和输出的坐标系这样的顺序。除此之外，代码还必须能够创建输出数据集，包括从输入数据集那里拷贝字段以及定义几何字段。

7.6.1 ProjectShapefile

ProjectShapefile 将一个 shapefile 从 NAD27 地理坐标系投影至 NAD27UTM _ 11N 投影坐标系。这个模块执行的功能等同于用 ArcToolbox 的 Project 工具来投影 shapefile。该宏由四个部分组成：第一部分定义输入 shapefile 及其空间参照；第二部分创建基于输入字段的输出字段；第三部分查找几何字段并定义这些几何字段的空间参照和空间索引；第四部分将输入内容投影至输出结果，并报告执行中的错误。在编程方面，ProjectShapefile 和 NAD27to83 _ Shapefile 是相似的，只有 ProjectShapefile 使用函数来定义输入工作区和输出数据集的名称对象这一点不同。

主要接口：IWorkspaceName，IFeatureClassName，IDatasetName，IName，IGeoDataset，IGeographicCoordinateSystem，ISpatialReferenceFactory，IFields，IField，IFieldChecker，IGeometryDef，IProjectedCoordinateSystem，IGeometryDefEdit，IFeatureDataConverter。

主要成员：WorkspaceFactoryProgID，PathName，Name，WorkspaceName，CreateGeographicCoordinateSystem，SpatialReference，Fields，Validate，FieldCount，Field ()，GeometryDef，CreateProjectedCoordinateSystem，ConvertFeatureClass。

用法：在 VB 编辑器中导入 ProjectShapefile。运行该模块。程序将基于 NAD27 地理坐标系的 idll27.shp 变换为基于 NAD27UTM _ 11N 投影坐标的 idutm27.shp。检查 shapefile 的元数据以验证程序的执行情况。

```
Private Sub ProjectShapefile ()
    'Part 1: Define the input shapefile.
    Dim pInFCName As IFeatureClassName
    Dim pName As IName
    Dim pSpatRefFact As ISpatialReferenceFactory
    Dim pInFC As IFeatureClass
    'Use the InputName function to find the input shapefile.
    Set pInFCName = InputName ("c:\data\chap7", "idll27")
    Set pName = pInFCName
    Set pInFC = pName.Open
```

第一部分定位输入的 shapefile。代码将输入 shapefile 的工作区和名称传递给 InputName 函数。运行该函数，从该函数得到引用 IFeatureClassName 的 pInFCName。接着，代码打开 pInFCName 获得 pInFC。

```
    'Part 2: Create the output fields based on the input's fields.
    Dim pOutFCFields As IFields
    Dim pInFCFields As IFields
    Dim pFieldCheck As IFieldChecker
    Dim i As Long
    Set pInFCFields = pInFC.Fields
    Set pFieldCheck = New FieldChecker
    pFieldCheck.Validate pInFCFields, Nothing, pOutFCFields
```

第二部分代码创建了 FieldChecker 类的实例 pFieldCheck，并用 Validate 方法由 pInFCFields 创建 pOutFCFields。

```
    'Part 3: Locate and define the geometry field.
    Dim pGeoField As IField
    Dim pOutFCGeoDef As IGeometryDef
    Dim pPCS As IProjectedCoordinateSystem
    Dim pOutFCGeoDefEdit As IGeometryDefEdit
    'Loop through the fields to locate the geometry field.
    For i = 0 To pOutFCFields.FieldCount - 1
        If pOutFCFields.Field (i).Type = esriFieldTypeGeometry Then
            Set pGeoField = pOutFCFields.Field (i)
            Exit For
        End If
    Next i
    'Set the output's coordinate system.
    Set pSpatRefFact = New SpatialReferenceEnvironment
    Set pPCS = pSpatRefFact.CreateProjectedCoordinateSystem (esriSRProjCS _
```

```
NAD1927UTM _ 11N)
    'Get and edit the geometry field's geometry definition.
    Set pOutFCGeoDef = pGeoField.GeometryDef
    Set pOutFCGeoDefEdit = pOutFCGeoDef
    pOutFCGeoDefEdit.GridCount = 1
    pOutFCGeoDefEdit.GridSize (0) = 200
    Set pOutFCGeoDefEdit.SpatialReference = pPCS
```

第三部分代码用循环遍历 pOutFCFields 的每个字段，定位由 pGeoField 引用的几何字段。接着，代码根据 NAD1927UTM _ 11N 创建新的投影坐标系，赋值给 pPCS。接着将 pOutFCGeoDef 设为 pGeoField 的几何定义，查询接口得到 IGeometryDefEdit，编辑其空间索引和空间参照。

```
    'Part 4: Create the output, and report any errors in creating the output.
    Dim pFDConverter As IFeatureDataConverter
    Dim pOutFCName As IFeatureClassName
    Dim pEnumErrors As IEnumInvalidObject
    Dim pErrInfo As IInvalidObjectInfo
    Set pFDConverter = New FeatureDataConverter
    Set pOutFCName = OutputName ("c:\data\chap7", "idutm27")
    Set pEnumErrors = pFDConverter.ConvertFeatureClass (pInFCName, Nothing, Nothing, pOutFCName, _
    pOutFCGeoDef, pOutFCFields, "", 1000, 0)
    'If an error exists, show an error message.
    Set pErrInfo = pEnumErrors.Next
    If Not pErrInfo Is Nothing Then
      Debug.Print "Conversion completed with errors"
    Else
      Debug.Print "Conversion completed"
    End If
    End Sub
```

第四部分代码创建输出的 shapefile 并报告数据转换中的错误。代码首先运行 OutputName 函数来定义输出 shapefile。接着用 IFeatureDataConverter 的 ConvertFeatureClass 方法创建 IFeatureClassName 的引用 pOutFCName。调试窗口会报告转换中错误的对象。

```
Private Function InputName (InWSPath As String, InDataset As String) As IFeatureClassName
    Dim pInWSName As IWorkspaceName
    Dim pInFCName As IFeatureClassName
    Dim pInDatasetName As IDatasetName
```

```
    'Set the input shapefile's workspace and path names.
    Set pInWSName = New WorkspaceName
    pInWSName.WorkspaceFactoryProgID = "esriCore.ShapefileWorkspaceFactory.1"
    pInWSName.PathName = InWSPath
    'Set the input feature class and name.
    Set pInFCName = New FeatureClassName
    Set pInDatasetName = pInFCName
    pInDatasetName.Name = InDataset
    Set pInDatasetName.WorkspaceName = pInWSName
    Set InputName = pInFCName
End Function
```

InputName 函数以字符串的形式接收输入 shapefile 的名称和工作区路径，并返回 pInFCName 给 ProjectShapefile，pInFCName 是 IFeatureClassName 对象的引用。

```
Private Function OutputName (OutWSPath As String, OutDataset As String) As IFeatureClassName
    Dim pOutWSName As IWorkspaceName
    Dim pOutFCName As IFeatureClassName
    Dim pOutDatasetName As IDatasetName
    'Set the output shapefile's workspace and path names.
    Set pOutWSName = New WorkspaceName
    pOutWSName.WorkspaceFactoryProgID = "esriCore.ShapeFileWorkspaceFactory.1"
    pOutWSName.PathName = OutWSPath
    'Set the output feature class and name.
    Set pOutFCName = New FeatureClassName
    Set pOutDatasetName = pOutFCName
    Set pOutDatasetName.WorkspaceName = pOutWSName
    pOutDatasetName.Name = OutDataset
    Set OutputName = pOutFCName
End Function
```

OutputName 函数接收输出 shapefile 的名称和工作区路径，并返回 pOutFCName 给 ProjectShapefile，pOutFCName 是 IFeatureClassName 对象的引用。

专栏 7.2　ProjectShapefile _ GP

ProjectShapefile _ GP 运用 Data Management 工具箱的 Project 工具将 idll27 _ 2.shp 的 NAD27 地理坐标系变换为 NAD27UTM _ 11N 投影坐标系，并将其输出存储为 idutm27 _ 2.shp。在 ArcCatalog 中运行宏，在 metadata 标签页中检查结果。

```
Private Sub ProjectShapefile _ GP ()
    'Create the Geoprocessing object.
    Dim GP As Object
    Set GP = CreateObject ("esriGeoprocessing. GpDispatch. 1")
    'Project <in _ dataset> <out _ dataset> <out _ coordinate _ system>
    ' {transform _ method: transform _ method}
    'Execute the project tool.
    GP. Project _ management "c:\data\chap7\idll27_2. shp", "c:\data\chap7\
idutm27_2. shp",_
    esriSRProjCS _ NAD1927UTM _ 11N
End Sub
```

7.6.2 不同基准面的应用

将基于 NAD27 坐标系的 shapefile 投影至 NAD83UTM _ 11N 坐标系后唯一的变化就是宏 ProjectShapefile 的第四部分的设置输入文件的空间参照的这句代码：

Set pPCS = pSpatRefFact. CreateProjectedCoordinateSystem (esriSRProjCS _ NAD1983UTM _ 11N)

7.6.3 ReprojectShapefile

ReprojectShapefile 将 shapefile 从一个投影坐标系投影至另一个投影坐标系。在这个例子中是将 shapefile 从 NAD27UTM _ 11N 坐标重投影至 IDTM 坐标。该模块执行的操作等同于用 ArcToolbox 的 Project 工具投影 shapefile。

ReprojectShapefile 由五个部分组成。另外，该模块还用一个函数定义了 IDTM。第一部分定义 shapefile 的输入及其空间参照；第二部分定义 shapefile 的输出；第三部分创建基于输入字段的输出字段；第四部分查询几何字段，并定义这些字段的空间参照和空间索引；第五部分将输入投影至输出，并报告处理过程中的错误。ReprojectShapefile 中的许多代码行在前面的示例中都用到过。因此，这里不再详述其代码结构。

主要接口：IWorkspaceName，IFeatureClassName，IDatasetName，IProjectedCoordinateSystem，ISpatialReferenceFactory，IName，IGeoDataset，IFields，IField，IFieldChecker，IGeometryDef，IGeometryDefEdit，IFeatureDataConverter，IProjection，IGeographicCoordinateSystem，IProjectedCoordinateSystemEdit。

主要成员：WorkspaceFactoryProgID，PathName，Name，WorkspaceName，SpatialReference，Fields，Validate，FieldCount，GeometryDef，Field ()，CreateProjectedCoordinateSystem，ConvertFeatureClass，CreateProjection，CreateGeographicCoordinateSystem，CreateParameter。

用法：在 VB 编辑器导入 ReprojectShapefile。宏将基于 NAD27 UTM_11N 投影坐标的 idutm27. shp 投影至基于 IDTM 投影坐标的 idtm. shp（Idutm27. shp 是在 7.6.1 节中已建立的）。查看 shapefile 的元数据以验证程序的运行结果。

```
Private Sub ReprojectShapefile ()
    'Part 1: Define the input shapefile and its spatial reference.
    Dim pInWSName As IWorkspaceName
    Dim pInFCName As IFeatureClassName
    Dim pInDatasetName As IDatasetName
    Dim pInCS As IProjectedCoordinateSystem
    Dim pSpatRefFact As ISpatialReferenceFactory
    Dim pName As IName
    Dim pInFC As IFeatureClass
    Dim pInGeoDataset As IGeoDataset
    'Define the input shapefile's workspace and path.
    Set pInWSName = New WorkspaceName
    pInWSName.WorkspaceFactoryProgID = "esriCore.ShapefileWorkspaceFactory.1"
    pInWSName.PathName = "c:\data\chap7"
    'Define the input feature class.
    Set pInFCName = New FeatureClassName
    Set pInDatasetName = pInFCName
    pInDatasetName.Name = "idutm27"
    Set pInDatasetName.WorkspaceName = pInWSName
    'Define the input shapefile's projected coordinate system.
    Set pSpatRefFact = New SpatialReferenceEnvironment
    Set pInCS = pSpatRefFact.CreateProjectedCoordinateSystem (esriSRProjCS_
NAD1927UTM_11N)
    'Assign the spatial reference to the input shapefile.
    Set pName = pInFCName
    Set pInFC = pName.Open
    Set pInGeoDataset = pInFC
    Set pInCS = pInGeoDataset.SpatialReference
```

第一部分代码将 pInFC 设为输入 shapefile，将 pInCS 设为其空间参照。代码将 pInCS 定义为 NAD27 UTM_11N 投影坐标系。

```
    'Part 2: Define the output shapefile.
    Dim pOutWSName As IWorkspaceName
    Dim pOutFCName As IFeatureClassName
    Dim pOutDatasetName As IDatasetName
    'Set the output shapefile's workspace and path names.
```

```
Set pOutWSName = New WorkspaceName
pOutWSName.WorkspaceFactoryProgID = "esriCore.ShapeFileWorkspaceFactory.1"
pOutWSName.PathName = "c:\data\chap7"
'Set the output feature class and dataset names.
Set pOutFCName = New FeatureClassName
Set pOutDatasetName = pOutFCName
Set pOutDatasetName.WorkspaceName = pOutWSName
pOutDatasetName.Name = "idtm"
```

第二部分代码定义了输出 shapefile 的工作区和名称。

```
'Part 3: Create the output fields based on the input's fields.
Dim pOutFCFields As IFields
Dim pInFCFields As IFields
Dim pFieldCheck As IFieldChecker
Dim i As Long
Set pInFCFields = pInFC.Fields
Set pFieldCheck = New FieldChecker
pFieldCheck.Validate pInFCFields, Nothing, pOutFCFields
```

第三部分代码基于输入 shapefile 的字段创建输出所需的字段。

```
'Part 4: Locate and define the geometry field.
Dim pGeoField As IField
Dim pOutFCGeoDef As IGeometryDef
Dim pPCS As IProjectedCoordinateSystem
Dim pOutFCGeoDefEdit As IGeometryDefEdit
'Loop through the fields to locate the geometry field.
For i = 0 To pOutFCFields.FieldCount - 1
   If pOutFCFields.Field (i) .Type = esriFieldTypeGeometry Then
      Set pGeoField = pOutFCFields.Field (i)
      Exit For
   End If
Next i
'Use the OutCS function to define the output's coordinate system.
Set pPCS = OutCS ()
'Get and edit the geometry field's geometry definition.
Set pOutFCGeoDef = pGeoField.GeometryDef
Set pOutFCGeoDefEdit = pOutFCGeoDef
pOutFCGeoDefEdit.GridCount = 1
pOutFCGeoDefEdit.GridSize (0) = 200
Set pOutFCGeoDefEdit.SpatialReference = pPCS
```

第四部分代码用循环语句遍历输出字段，找出几何字段，并对几何字段进行定义。再调用 OutCS 函数为输出获取投影坐标系。

```
'Part 5: Create the output, and report any errors in creating the output.
Dim pFDConverter As IFeatureDataConverter
Dim pEnumErrors As IEnumInvalidObject
Dim pErrInfo As IInvalidObjectInfo
Set pFDConverter = New FeatureDataConverter
Set pEnumErrors = pFDConverter.ConvertFeatureClass (pInFCName, Nothing, Nothing, pOutFCName, _
pOutFCGeoDef, pOutFCFields, "", 1000, 0)
'If an error exists, show an error message.
'PEnumErrors.Reset
Set pErrInfo = pEnumErrors.Next
If Not pErrInfo Is Nothing Then
  Debug.Print "Conversion completed with errors"
Else
  Debug.Print "Conversion completed"
End If
End Sub
```

第五部分代码创建输出的 shapefile 并报告创建输出过程中产生的错误。

```
Private Function OutCS () As IProjectedCoordinateSystem
    Dim pSpatRefFact As ISpatialReferenceFactory2
    Dim pProjection As IProjection
    Dim pGCS As IGeographicCoordinateSystem
    Dim pUnit As IUnit
    Dim pLinearUnit As ILinearUnit
    Dim aParamArray (5) As IParameter
    Dim pProjCoordSysEdit As IProjectedCoordinateSystemEdit
    Dim pProjCoordSys As IProjectedCoordinateSystem
    'Define the IDTM Coordinate System.
    Set pSpatRefFact = New SpatialReferenceEnvironment
    Set pProjection = pSpatRefFact.CreateProjection (esriSRProjection_TransverseMercator)
    Set pGCS = pSpatRefFact.CreateGeographicCoordinateSystem (esriSRGeoCS_NAD1983)
    Set pUnit = pSpatRefFact.CreateUnit (esriSRUnit_Meter)
    Set pLinearUnit = pUnit
    'Store the 5 known parameters of IDTM in an array.
```

```
    Set aParamArray (0) = pSpatRefFact.CreateParameter (esriSRParameter _ FalseEasting)
    aParamArray (0) .Value = 2500000
    Set aParamArray (1) = pSpatRefFact.CreateParameter (esriSRParameter _ FalseNorthing)
    aParamArray (1) .Value = 1200000
    Set aParamArray (2) = pSpatRefFact.CreateParameter (esriSRParameter _ CentralMeridian)
    aParamArray (2) .Value = -114
    Set aParamArray (3) = pSpatRefFact.CreateParameter (esriSRParameter _ LatitudeOfOrigin)
    aParamArray (3) .Value = 42
    Set aParamArray (4) = pSpatRefFact.CreateParameter (esriSRParameter _ ScaleFactor)
    aParamArray (4) .Value = 0.9996
    'Create IDTM by defining its properties.
    Set pProjCoordSysEdit = New ProjectedCoordinateSystem
    pProjCoordSysEdit.Define "UserDefinedPCS", _
      "UserDefinedAlias", _
      "UsrDefAbbrv", _
      "Custom IDTM", _
      "Suitable for Idaho", _
      pGCS, _
      pLinearUnit, _
      pProjection, _
      aParamArray
    Set OutCS = pProjCoordSysEdit
End Function
```

OutCS 函数创建 ProjectedCoordinateSystem 类的实例 pProjCoordSysEdit，并定义其属性，包括地理坐标系、线性单位及投影所需的五个已知参数。函数将定义好的投影坐标系返回给 ReprojectShapefile。

专栏 7.3 ReprojectShapefile _ GP

ReprojectShapefile _ GP 运用 Data Management 工具箱的 Project 工具将 idutm27 _ 2.shp 从 NAD27 UTM _ 11N 坐标系投影为 NAD83 UTM _ 11N 坐标系，并把结果保存为 idutm83 _ 2.shp。该宏运用 NAD _ 1927 _ TO _ NAD _ 1983 _ NADCON 方法进行地理变换。在 ArcCatalog 中运行宏。

```
Private Sub ReprojectShapefile_GP ()
    'Create the Geoprocessing object.
    Dim GP As Object
    Set GP = CreateObject ("esriGeoprocessing.GpDispatch.1")
    'Project <in_dataset> <out_dataset> <out_coordinate_system>
    ' {transform_method: transform_method}
    'Notice that the transform method is NAD-1927-to-NAD-1983-NADCON.
    'Execute the project tool.
    GP.project_management "c:\data\chap7\idutm27_2.shp","c:\data\chap7\idutm83_2.shp", _
    "Coordinate Systems\Projected Coordinate Systems\Utm\Nad 1983\NAD 1983 UTM Zone 11N.prj",
    "NAD_1927_to_NAD_1983_NADCON"
End Sub
```

第8章 数据显示

不同的空间要素具有不同的位置和属性。数据显示指的是选择符号在空间要素所在的位置来显示其属性数据。制图员可以从两个方面来选择符号：符号类型和可视化变量。符号类型和要素类型相对应，如点符号表示点要素，线符号表示线要素，面符号表示面要素。可视化变量用于区分符号，表现数据的特征。可供选择的可视化变量有色彩（color）、大小（size）、纹理（texture）、形状（shape）和图案（pattern）。

色彩是一种应用广泛但常常被误用的可视化变量。色彩有三个可视的维度：色调、亮度和彩度。色调是区分不同色彩的品质，亮度是色彩的明亮或灰暗程度，而彩度指色彩的饱和度。色彩及其三个可视化维度的使用取决于要显示的数据类型。制图学研究表明，色调相对更适合表示定性数据和分类数据；而亮度和彩度则更适合于表示定量数据。制图学研究也提出了许多色彩方案来表示定量数据。

布局设计（layout design）是地图设计的一部分。一幅地图要求有标题、图例、指北针、比例尺以及其他要素来表达地图信息。布局设计的任务是将上述要素在地图上合理安排，以使地图看起来有平衡感和秩序感。以前，制图员常常使用指甲划痕来尝试布局设置；现在，在计算机显示器上进行这种尝试非常容易。

本章讨论数据的显示，重点是符号、色彩和布局。8.1 节对 ArcGIS 的数据显示选项进行回顾；8.2 节讨论与数据显示各个方面相关的对象；8.3 节介绍显示矢量数据的宏；8.4 节介绍显示栅格数据的宏；8.5 节讨论制作布局页面的宏。所有宏的开始都会列出关键接口和关键成员（属性和方法）以及用法。

8.1 在 ArcGIS 中显示数据

ArcMap 在其 Layer Properties（图层属性）对话框中的 Symbology（符号）标签页下提供了许多数据显示选项。这些选项取决于数据类型。最基本的数据类型是矢量和栅格数据。矢量数据包括点要素、线要素和面要素；而栅格数据包括分类数据和连续数据。

8.1.1 矢量数据的显示

对于矢量数据类而言，显示选项包括 Features（要素）、Categories（类别）、Quantities（数量）、Charts（图表）和 Multiple Attributes（多属性）。Features 选项用一种符号来绘制所有的要素。Categories 选项显示来自一个字段或多个字段的单值图。Quantities 选项提供渐变色阶、渐变符号、比例符号以及点密度符号来显示数据。Charts 选项包括饼状图、条形图以及堆叠图。Multiple Attributes 选项使用多个属性来显示数据。初始，ArcMap 给每种数据显示选项分派一个默认符号：点要素采用点符号；线要素采用线符号；面要素采用面状符号。用户可以在符号类型、符号色彩、符号大小、符号图案以及其他可视化变量等方面更改这些默认符号。

8.1.2 栅格数据的显示

对于栅格数据，显示选项包括 Unique Values（单值图）、Classified（分类图）、Stretched（伸展图）等。Unique Values 选项显示栅格的每个单元值。Classified 选项显示不同类别的单元值。Stretched 选项则将单元值伸展以提高数据显示的对比度。初始，ArcMap 对每个显示选项分配一个缺省的面状（填充）符号。用户可以单独或分组改变这些符号。

8.1.3 渐变色阶工具和分类工具的使用

Color ramp（渐变色阶）工具和 Classifiction（分类）工具是在 Symbology 标签页上的两个数据显示工具。渐变色阶指的是一定范围内的分立色彩或连续色彩。ArcMap 提供了一系列预定义的渐变色阶，用户可以通过其图形显示或描述文字（如黄至深红）进行选择。每一个渐变色阶都有一个属性对话框，便于用户选择其头尾两端的颜色以及算法来产生中间的过渡色彩。分类工具让用户选择分类的数量以及将数据集进行分类的方法。可用的分类方法包括 manual（手工）分类、equal interval（等间距）分类、defined interval（指定间距）分类、quantile（分位）分类、natural breaks（自然断点）分类和 standard deviation（标差）分类。其中，默认的分类方法是 natural breaks 分类，将数据分成统计上的自然组。

8.1.4 布局设计

ArcMap 提供两个选项进行布局设计。第一个选项是使用布局模板。现有的布局模板分为四组：general（通用）模板、industry（工业）模板、USA 模板和 world（世界）模板。每个模板组都有选择列表。例如，美国的布局模板组包括 USA 模板、conterminous（同边界）USA 模板和五个不同地区的模板。第二个选项是打开一个布局页面，每次在上面创建一个地图要素。这些地图要素可以进行图形化操作，改变其大小、位置以及其他特征。

8.2 数据的 ArcObjects 对象

用于显示数据的宏，特别是布局宏，倾向于比其他的宏拥有更多的对象。本节全面介绍数据显示的重要对象。

8.2.1 渲染器对象

ArcObjects 用渲染器（Renderer）这个概念表示数值显示的一系列符号，因此渲染器类似于图例。ArcObjects 有两个一般（抽象）渲染器类：用于矢量数据的 FeatureRenderer 类和用于栅格数据的 RasterRenderer 类。

许多要素渲染器都继承了 FeatureRenderer 类的功能（图 8.1）。在示例宏里面包括其中两个此种类型的渲染器，分别是 UniqueValueRenderre 和 ClassBreaksRenderer。单值渲染器（unique value renderer）对来自单个字段或复合字段的每个单值赋予不同的符号。分类断点渲染器（class breaks renderer）对每组数据值赋予不同的符号。

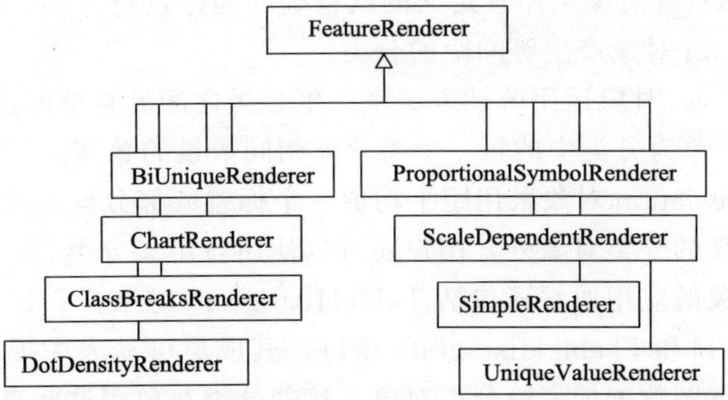

图 8.1 FeatureRenderer 是一个抽象类，具有多种基于要素的渲染器类型，每个都是一个组件类

ArcObjects 将要素型的符号组织到三个通用类中：点要素对应 MarkerSymbol，线要素对应 LineSymbol，面要素对应 FillSymbol（如图 8.2）。这些抽象符号类的每一个都被许多组件类（coclass）所继承。这些组件类中的 SimpleMarkerSymbol、SimpleLineSymbol 和 SimpleFillSymbol 能够独立产生通用的点符号、线符号和面符号。

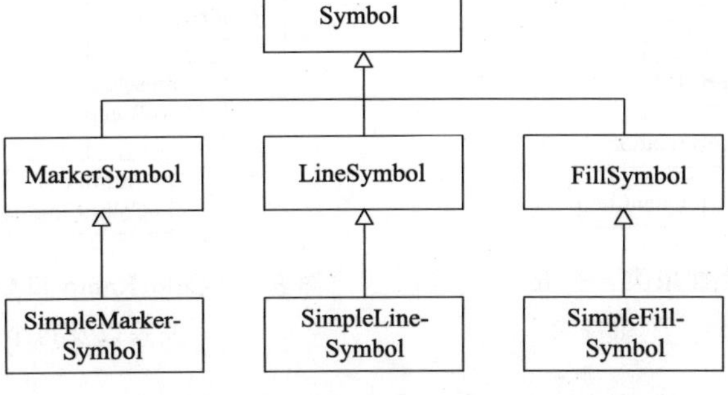

图 8.2 SimpleMarkerSymbol 是 MarkerSymbol 的一种，也是 Symbol 的一种。SimpleMarkerSymbol 是一个组件类，而 MarkerSymbol 和 Symbol 都是抽象类。其他的两个基于要素的符号也是这样

RasterRenderer 抽象类被四个组件类所继承，这四个组件类分别是 RasterUniqueValueRenderer、RasterClassifyColorRampRenderer、RasterStretchColorRampRenderer 和 RasterRGBRenderer。顾名思义，前三个组件类分别用于显示选项中的单值图、分类图和伸展图。而栅格 RGB 渲染器（raster RGB renderer）对象是用于卫星图片那样的多波段数据。显示基于单元的栅格数据的唯一符号选项是填充符号（fill symbol）。

8.2.2 分类对象

显示分类数据的宏需要用到分类对象。ArcObjects 提供了五个预定义的分类对象（图 8.3）。

（1）DefinedInterval 对象采用预定义的或精确的间距进行分类，如 100 或 1000。

（2）EqualInterval 对象产生等间距的分类。

（3）NaturalBreaks 对象运用统计方法来产生分类之间的自然断点。

（4）Quantile 对象为分类中的每一个类分配相同数量的数据。

（5）StandardDeviation 对象采用距平均值一个标差或部分标差的间距来分类。

除了上述预定义的分类对象外，用户还可以使用自定义分类。

预定义分类对象的应用通常还包括 TableHistogram 对象。TableHistogram 对象实现了 IHistogram 接口和 ITableHistogram 接口，其成员可从表中搜集直方图数据，如数值和频数，将直方图数据传递给分类对象。接着分类对象用这些直方图数据来计算分类断点。

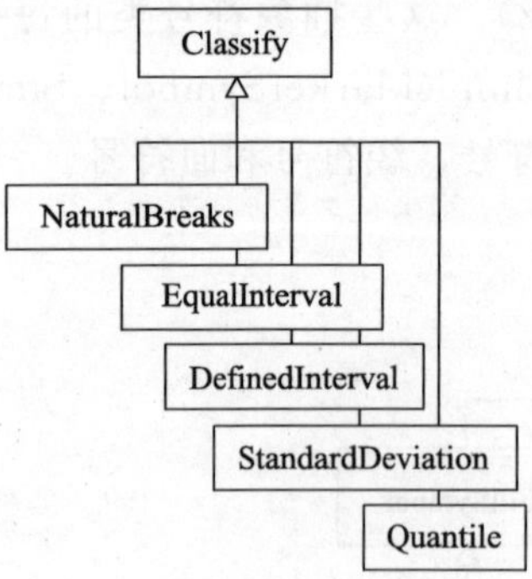

图 8.3　Classify 是一个抽象类，有五种类型，每个类型都是一个组件类

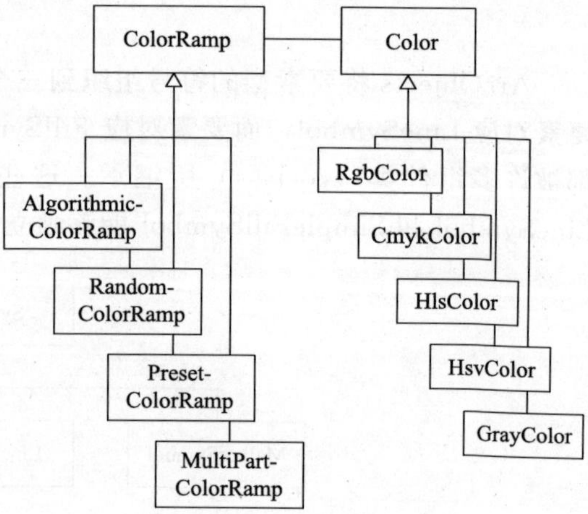

图 8.4　ColorRamp 和 Color 类之间的关系以及每个类的子类型

8.2.3 渐变色阶对象和颜色对象

渐变色阶是色彩的集合。ArcObjects 有四个渐变色阶组件类（图 8.4）。

(1) RandomColorRamp 产生一系列的随机色彩。

(2) AlgorithmicColorRamp 通过确定两端的颜色以及特定算法来产生连续的系列色彩。

(3) PresetColorRamp 是 13 个特定颜色的系列。

(4) MultiPartColorRamp 是渐变色阶的集合。

算法渐变色阶（algorithmic color ramp）中，可以用来产生中间色彩的算法有 esriHSV 算法、esriCIELab 算法和 esriLabLCh 算法。采用 esriCIELab 算法或 esriLabLCh 算法的渐变色阶对象将两端的色彩相互混合，而采用 esriHSV 算法的渐变色阶则包括了附加的色调。

ArcObjects 采用色彩模型（color model）来定义渐变色阶中的颜色（图 8.4）。例如，RGB 色彩模型中的（255，255，0）表示浅黄。ArcObjects 有 CMYK（青色、洋红、黄和黑）模型、HLS（色调、亮度、彩度）模型、HSV（色调、彩度和色值）模型和灰度模型。另外，ArcObjects 还提供 CIELAB（一种设备无关的色彩模型）用于色彩的内部存储。

8.2.4 布 局 对 象

布局包括多个地图元素。在布局页面上，每个地图元素都有自己的显示方式及位置。由于这个论题的复杂性，本节仅讨论后面示例模块中要用到的那些布局对象。

和布局一起工作的基本组件是 PageLayout 组件类。页面布局（page layout）对象实现 IActiveView 接口、IGraphicsContainer 接口和 IPageLayout 接口（图 8.5）。可利用 IActiveView 接口的方法对布局视图进行刷新或部分刷新。IGraphicsContainer 接口拥有在布局上添加、查找元素的方法。IPageLayou 接口拥有用户和布局进行交互的主要成员方法。

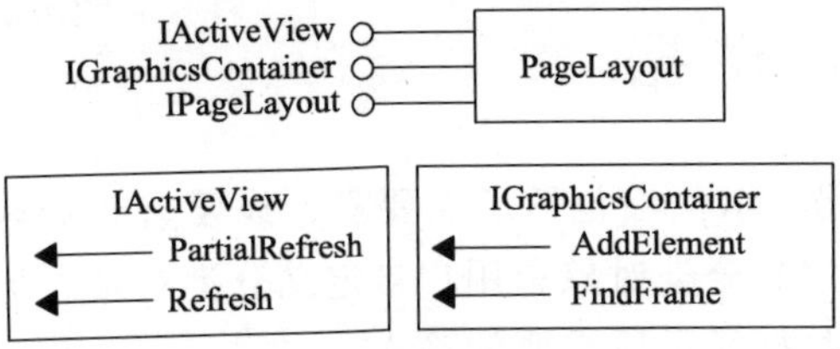

图 8.5 PageLayout 对象支持 IActiveView 接口、IGraphicsContainer 接口和 IPageLayout 接口

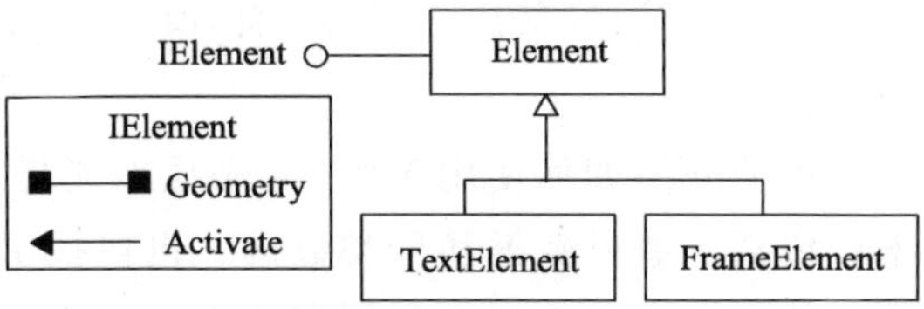

图 8.6 TextElement 和 FrameElement 都是 Element 类

IGraphicsContainer 接口管理布局上两种类型的元素：外框（frame）元素和文本（text）元素（图 8.6）。每个类型的元素都实现 IElement 接口，该接口可以访问元素的形状和屏幕显示。

外框元素是指构成其他要素或对象的边界对象。布局设计中有两个重要的外框要素：MapFrame 和 MapSurroundFrame（图 8.7）。地图外框（map frame）对象实现

IMapFrame 接口，用于访问某个地图对象（如在数据视图中的焦点地图），并且能够创建地图周边要素（map surround）。在 ArcObjects 中，地图周边要素指的是和地图相关联的元素，如图例、指北针或比例尺。地图周边要素外框（map surround frame）对象支持 IMapSurroundFrame 接口，提供对外框内的地图要素的访问。在布局设计中，每一个地图周边要素外框必须和一个地图外框相联系。

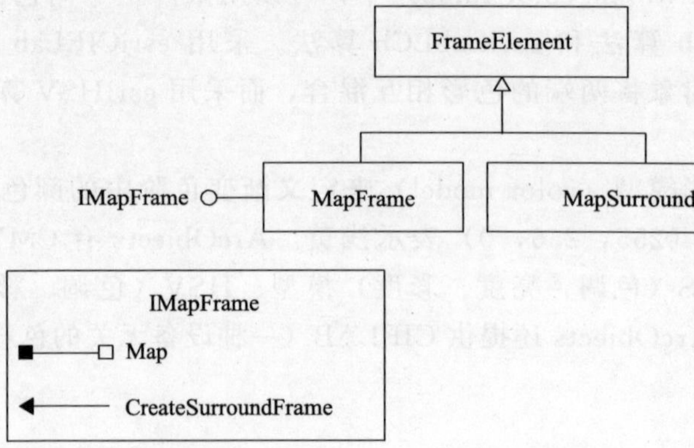

图 8.7　MapFrame 和 MapSurroundFrame 都是 FrameElement 类，地图外框对象能够访问地图，并可以创建地图周边要素对象

文本元素可以表示布局页上的标题或要素注记。TextElement 对象支持 ITextElement 接口，用于访问文本字符串和文本符号。TextSymbol 对象实现 IFormattedTextSymbol 接口和 ITextSymbol 接口。这两个接口可让用户定义文本符号属性，如 color、font、horizontal、alignment、size 以及其他属性。但 IFormattedTextSymbol 接口比 ITextSymbol 接口有更多的选项，特别是在字符间距和显示属性上有更多的选项。StdFont 对象实现 IFontDisp 接口，使能够访问字体方面的属性，如 name、boldness 和 size。

8.3　矢量数据

本节介绍如何使用 VBA 宏来显示矢量数据。示例宏包括了点要素、线要素和面要素；包括了数量数据和分类数据；也包括了预定义分类对象和用户自定义分类对象。另外，其中一个示例宏还利用窗体来向用户收集数据显示所需要的输入。

8.3.1　GraduatedColors

GraduatedColors 宏使用顺序色阶和一个预定义分类对象来显示等值区域地图。等值区域地图是一种依据行政单元进行数据显示的地图。该宏的功能等同于在 ArcMap 中使用 Layer Properties 对话框中的 Symbology/Quantities/ Graduatedcolors 命令。

GraduatedColors 采用一个用户窗体来获得制作等值区域地图所用到的字段、分类方法以及分类数量（图 8.8）。该窗口有两个文本框、一个组合框和两个按钮。

(1) txtField：输入数值字段名的文本框。

(2) cboMethod：有三个预定义分类系统的组合框。

(3) txtNumber：输入分类数量的文本框。

(4) cmdRun：数据显示按钮。

(5) cmdCancel：窗口退出按钮。

同 GraduatedColors 宏的用户窗体有关的是三个子程序和一个函数。

(1) UserForm _ Initialize：通过填写分类方法下拉列表对用户窗口进行初始化。

(2) cmdRun _ Click：运用用户输入来显示数据。

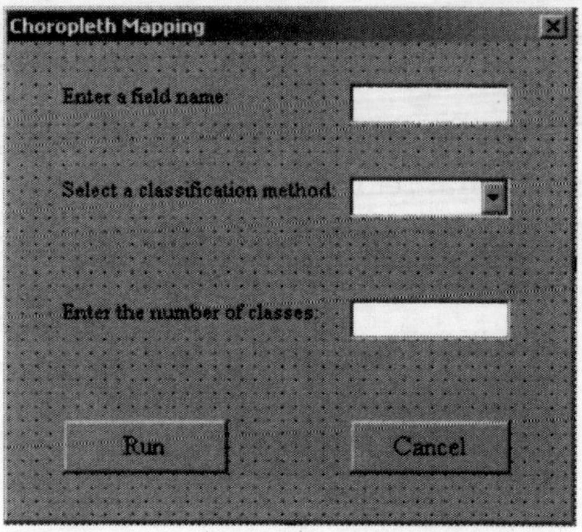

图 8.8　GraduatedColors 宏用窗体来获得一个字段名、一个分类方法以及显示数据的分类数

(3) GetRGBColor：根据输入的 RGB 数值，返回对应颜色。

(4) cmdCancel _ Click：退出用户窗体。

在上述四个过程中，cmdRun _ Click 包含了大部分的代码，需要进行解释；其他三个则很直观。

关键接口：ITable、ITableHistogram、IHistogram、IClassify、IClassBreaksRenderer、IAlgorithmicColorRamp、IEnumColors、IFillSymbol、IGeoFeatureLayer。

关键成员：Field、Table、GetHistogram、SetHistogramData、Classify、ClassBreaks、BreakCount、MinimumBreak、Algorithm、ToColor、FromColor、Size、CreateRamp、Colors、Color、Break ( )、Symbol ( )、Label ( )、Renderer、PartialRefresh、UpdateContents。

用法：向当前地图添加 idcounty. shp。该 shapefile 有一个称为 change 的字段，是爱达荷州各县 1990～2000 年的人口变化值。向 VB 编辑器导入 GraduatedColors. frm。鼠标右击 UserForm1 并选择显示代码。在代码窗口左上角的对象列表中选择 UserForm。点击“Run Sub/UserForm”。输入“change”作为字段名。在方法下拉列表中选择一个分类方法。在分类数量框中输入一个数值。点击“Run”按钮。本模块运用一个“黄至红”色阶来显示人口变化率数据。

```
Private Sub UserForm_Initialize ()
    cboMethod.AddItem "NaturalBreaks"
    cboMethod.AddItem "EqualInterval"
    cboMethod.AddItem "Quantile"
End Sub
```

UserForm _ Initialize 运用 AddItem 方法向方法组合框添加三个分类方法。

```
Private Sub cmdRun_Click ()
    'Part 1: Define the feature layer and derive its histogram data.
    Dim pMxDoc As IMxDocument
```

```
Dim pMap As IMap
Dim pLayer As IFeatureLayer
Dim pTable As ITable
Dim pTableHistogram As ITableHistogram
Dim pHistogram As IHistogram
Dim DataValues As Variant
Dim DataFrequencies As Variant
Set pMxDoc = ThisDocument
Set pMap = pMxDoc.FocusMap
Set pLayer = pMap.Layer (0)
Set pTable = pLayer
'Define the table histogram.
Set pTableHistogram = New TableHistogram
pTableHistogram.Field = txtField.Value
Set pTableHistogram.Table = pTable
'Derive the data values and frequencies from the histogram.
Set pHistogram = pTableHistogram
pHistogram.GetHistogram DataValues, DataFrequencies
```

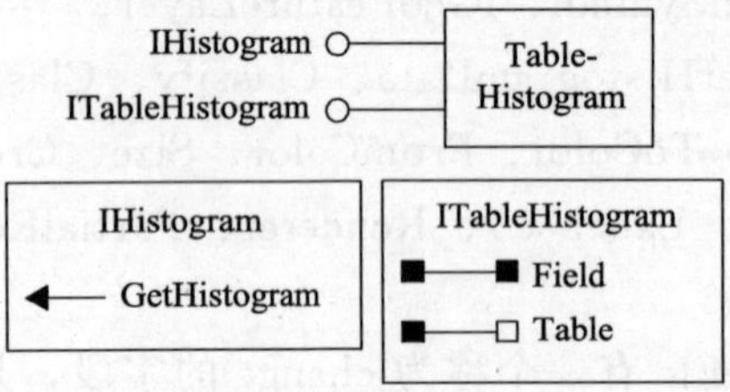

图 8.9　TableHistogram 对象支持 IHistogram 接口和 ITableHistogram 接口。ITableHistogram 接口有识别表和字段的属性。IHistogram 接口具有获得直方图数据的方法

cmdRun_Click 的第一部分从要素图层获取直方图数据以备进行分类。代码首先令 pLayer 为当前地图的顶层，而 pTable 作为 ITable 的引用，也同样赋为 pLayer。接着，作为 TableHistogram 类的一个实现，代码创建了一个 pTableHistogram 对象，其 Table 属性设置为 pTable，其 Field 定义为 txtField.Value，即从用户窗口的字段名输入框获得的字符串（图 8.9）。接着代码查询接口得到 IHistogram，利用 GetHistogram 方法从 pTableHistogram 获得直方图数据。直方图数据的 DataValues 包含了数值数组，而 DataFrequencies 包含了相应的频数数组。

```
'Part 2: Create a class breaks renderer.
Dim pClassify As IClassify
Dim Classes () As Double
Dim pClassBreaksRenderer As IClassBreaksRenderer
'Set up the classification method.
Select Case cboMethod.ListIndex
  Case 0
    Set pClassify = New NaturalBreaks
```

```
    Case 1
        Set pClassify = New EqualInterval
    Case 2
        Set pClassify = New Quantile
End Select
'Prepare a classify object.
pClassify. SetHistogramData DataValues, DataFrequencies
pClassify. Classify Val (txtNumber. Value)
'Create an array of class breaks.
Classes = pClassify. ClassBreaks
'Prepare a class breaks renderer.
Set pClassBreaksRenderer = New ClassBreaksRenderer
With pClassBreaksRenderer
    . Field = txtField. Value
    . BreakCount = Val (txtNumber. Value)
    . MinimumBreak = Classes (0)
End With
```

cmdRun _ Click 的第二部分执行三个任务：利用选定的分类方法以及上面的直方图数据来创建一个分类对象，由分类对象得到各分类断点，然后将分类断点和一个分类断点渲染器关联起来。对于第一个任务，代码创建了 pClassify 对象，根据用户的选择，该对象可能是 NaturalBreaks、EqualInterval 或 Quantile 三者之一的实例。接着，代码利用 IClassify 接口的方法来设置第一部分的直方图数据并利用用户输入的分类数值（即 txtNumber. Value）对直方图数据进行分类（图 8.10）。对于第二个任务，代码将分类断点存放在数组变量 Classes 中。该数组默认从 0 开始标号。对于第三个任务，代码创建了 ClassBreaksRenderer 类的一个实例 pClassBreaksRenderer，并在一个 With 模块中定义其字段属性、断点数量属性和最小断点属性（图 8.11）。其中，第一个分类断

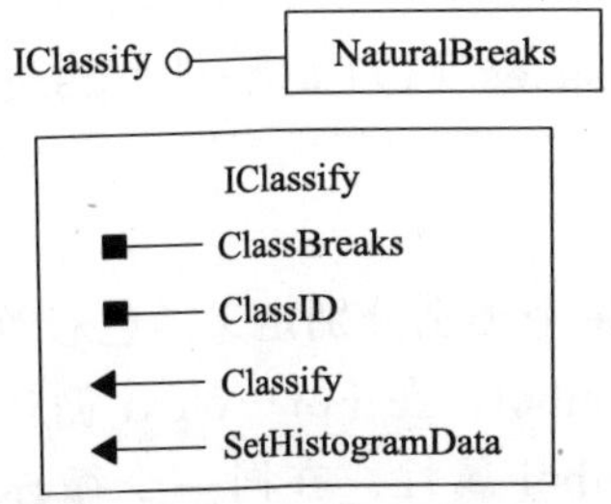

图 8.10 IClassify 接口的属性和方法。所有预定义分类的类，包括 NaturalBreaks，都实现 IClassify 接口

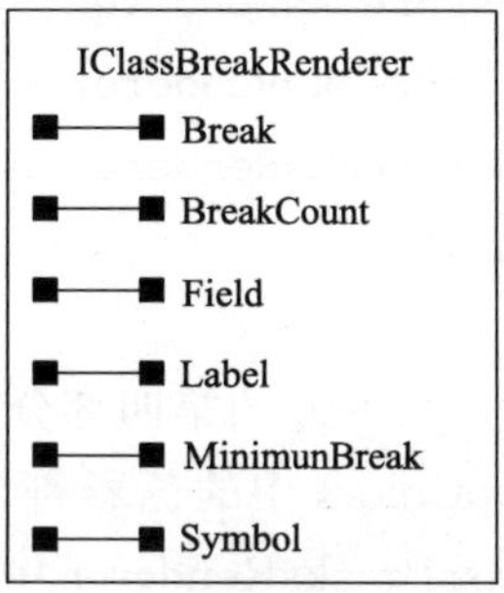

图 8.11 定义色阶符号的 IClassBreaksRendere 接口的属性

点是数据集中的最小数值，而其后的断点决定于类别的上界。于是，分类断点的数量等于类别数加 1。

```
'Part 3: Create a color ramp.
Dim pAlgoRamp As IAlgorithmicColorRamp
Dim pColors As IEnumColors
'Prepare a color ramp.
Set pAlgoRamp = New AlgorithmicColorRamp
With pAlgoRamp
    .Algorithm = esriCIELabAlgorithm
    .ToColor = GetRGBColor (255, 0, 0)
    .FromColor = GetRGBColor (255, 255, 0)
    .Size = Val (txtNumber.Value)
    .CreateRamp (True)
End With
'Store the colors.
Set pColors = pAlgoRamp.Colors
```

cmdRun _ Click 的第三部分建立一个色阶。代码建立了 AlgorithmicColorRamp 类的实例 pAlgoRamp 对象，定义了它的算法属性、两端颜色属性和大小属性。该色阶两端颜色分别为黄色和红色。代码运用 GetRGBColor 函数来定义两端的颜色，并利用 esriCIELab 算法产生中间颜色。创建后，各颜色存放在由 pColors 引用的色彩系列中。

```
'Part 4: Assign a color symbol, break, and label to each of the classes.
Dim pFillSymbol As IFillSymbol
Dim I As Integer
For I = 0 To pClassBreaksRenderer.BreakCount - 1
  Set pFillSymbol = New SimpleFillSymbol
  pFillSymbol.Color = pColors.Next
  pClassBreaksRenderer.Symbol (I) = pFillSymbol
  pClassBreaksRenderer.Break (I) = Classes (I + 1)
  pClassBreaksRenderer.Label (I) = CSng (Classes (I)) & " - " & CSng (Clas-
ses (I + 1))
Next I
```

cmdRun _ Click 的第四部分为分类断点渲染器的每个类别分别定义了色彩符号、断点和标注。pColors 中的色彩符号初始赋值给 pFillSymbol，在 For…Next 循环中依次赋值给 pClassBreaksRenderer 中的每一个类别的 symbol 属性。在同一个循环中还对 pClassBreaksRenderer 的另两个属性进行赋值。Break (I) 属性代表每个类别的上界，被赋予数值 Breaks (I+1)。Label (I) 属性被赋予值 CSng (Classes (I)) & "-" & CSng (Classes (I + 1))。CSng (转换为单精度变量) 函数将数值型数据的小数部分舍去。

```
    'Part 5: Draw the graduated color map.
    Dim pGeoFeatureLayer As IGeoFeatureLayer
    'Assign the renderer to the feature layer.
    Set pGeoFeatureLayer = pLayer
    Set pGeoFeatureLayer.Renderer = pClassBreaksRenderer
    'Refresh the map and its table of contents.
    pMxDoc.ActiveView.PartialRefresh esriViewGeography, pLayer, Nothing
    pMxDoc.UpdateContents
End Sub
```

cmdRun _ Click 的第五部分将查询获得 IGeoFeatureLayer 接口，设定 pClassBreaksRenderer 为渲染器。IGeoFeatureLayer 接口控制着要素图层的显示。接着，代码刷新视图，更新文档目录表。

```
Private Function GetRGBColor (R As Long, G As Long, B As Long)
    Dim pColor As IRgbColor
    Set pColor = New RgbColor
    pColor.Red = R
    pColor.Green = G
    pColor.Blue = B
    GetRGBColor = pColor
End Function
```

GetRGBColor 利用从第三部分的 cmdRun _ Click 输入的 R、G、B 数值创建由 pColor 引用的新的 RGB 颜色。接着，GetRGBColor 将 pColor 返回给 cmdRun _ Click.。

```
Private Sub cmdCancel _ Click ()
    End
End Sub
```

cmdCancel _ Click 退出用户窗体。

8.3.2 GraduatedSymbols

GraduatedSymbols 宏运用大小不同的圆来显示字段不同数值范围的数据。字段数值的分类采用用户自定义方式，而不是预定义方式。该宏的功能等同于在 ArcMap 中通过 Layer Properties 对话框使用 Symbology/Quantities/Graduated symbols 命令。

GraduatedSymbols 宏有三个部分：第一部分创建分类断点渲染器；第二部分准备好符号、断点，以及渲染器里每个类别的标注；第三部分把渲染器赋给要素图层并刷新视图。

关键接口：IClassBreaksRenderer，ISimpleMarkerSymbol，IGeoFeatureLayer。

关键成员：Field，BreakCount，Color，Outline，OutlineColor，Size，Style，Symbol ()，

Break ()，Label ()，Renderer，PartialRefresh，UpdateContents。

用法：向当前地图添加 idlcity. shp，该 shapefile 包含了俄亥俄州 10 个最大的城市。向 VB 编辑器导入 GraduatedSymbols。运行宏。该宏产生一张地图，用大小渐变的圆显示城市，并显示城市名。

```
Private Sub GraduatedSymbols ()
    'Part 1: Create a class break renderer.
    Dim pClassBreaksRenderer As IClassBreaksRenderer
    Set pClassBreaksRenderer = New ClassBreaksRenderer
    With pClassBreaksRenderer
        .Field = "Population"
        .BreakCount = 3
    End With
```

GraduatedSymbols 的第一部分创建了 ClassBreaksRenderer 类的实例 pClassBreaksRenderer，并定义它的字段属性和断点数量属性。

```
    'Part 2: Set the symbol, break, and label for each class.
    Dim pMarkerSymbol As ISimpleMarkerSymbol
    'Set the first class's symbol, break, and label.
    Set pMarkerSymbol = New SimpleMarkerSymbol
    With pMarkerSymbol
      .Color = GetRGBColor (255, 255, 0)
      .Outline = True
      .OutlineColor = GetRGBColor (0, 0, 0)
      .Size = 12
      .Style = esriSMSCircle
    End With
    pClassBreaksRenderer.Symbol (0) = pMarkerSymbol
    pClassBreaksRenderer.Break (0) = 20000
    pClassBreaksRenderer.Label (0) = "14300 - 20000"
    'Set the second class's symbol, break, and label.
    Set pMarkerSymbol = New SimpleMarkerSymbol
    With pMarkerSymbol
      .Color = GetRGBColor (255, 125, 0)
      .Outline = True
      .OutlineColor = GetRGBColor (0, 0, 0)
      .Size = 18
      .Style = esriSMSCircle
    End With
    pClassBreaksRenderer.Symbol (1) = pMarkerSymbol
```

```
pClassBreaksRenderer.Break (1)  = 30000
pClassBreaksRenderer.Label (1)  = "20001 - 30000"
'Set the third class's symbol, break, and label.
Set pMarkerSymbol = New SimpleMarkerSymbol
With pMarkerSymbol
    .Color = GetRGBColor (255, 0, 0)
    .Outline = True
    .OutlineColor = GetRGBColor (0, 0, 0)
    .Size = 24
    .Style = esriSMSCircle
End With
pClassBreaksRenderer.Symbol (2)  = pMarkerSymbol
pClassBreaksRenderer.Break (2)  = 125660
pClassBreaksRenderer.Label (2)  = "30001 - 125660"
```

第二部分设置渲染器中每个类别的符号、断点和标注。代码创建了 SimpleMarkerSymbol 类的实例 pMarkerSymbol，定义下列五个符号属性：Color 是符号颜色；Outline 指出是否绘制外框；OutlineColor 是符号边界的颜色；Size 是点要素符号的大小；Style 是符号类型（如圆、长方形或菱形）。GetRGBColor 函数为符号和符号边界提供颜色值。接着代码将 pMarkerSymbol 赋值为第一个类别的符号，并定义其上界和标注。同样的过程也应用于其他两个类别。

```
    'Part 3: Draw the feature layer and refresh the table of contents.
    Dim pMxDoc As IMxDocument
    Dim pMap As IMap
    Dim pLayer As ILayer
    Dim pGeoFeatureLayer As IGeoFeatureLayer
    Set pMxDoc = ThisDocument
    Set pMap = pMxDoc.FocusMap
    Set pLayer = pMap.Layer (0)
    'Set the renderer and annotation for drawing.
    Set pGeoFeatureLayer = pLayer
    Set pGeoFeatureLayer.Renderer = pClassBreaksRenderer
    pGeoFeatureLayer.DisplayField = "City_Name"
    pGeoFeatureLayer.DisplayAnnotation = True
    pMxDoc.ActiveView.PartialRefresh esriViewGeography, pLayer, Nothing
    pMxDoc.UpdateContents
End Sub
```

第三部分查询接口得到 IGeoFeatureLayer，对渲染器赋值并将字段 City_Name 显示为注记。代码接着刷新地图并更新目录表。

8.3.3 UniqueSymbols

UniqueSymbols 宏运用一系列符号来显示字段的每个单值。这些单值代表着分类数据，如道路类型。本宏的功能等同于 ArcMap 中的 Layer Properties 对话框里的 Symbology / Categories / Unique values 命令。

UniqueSymbols 有两个部分：第一部分创建一个单值渲染器，并按指定的字段给渲染器分配一系列符号；第二部分将渲染器赋值给要素图层并刷新视图。

关键接口：IUniqueValueRenderer，ILineSymbol，IGeoFeatureLayer。

关键成员：FieldCount，Field ()，Color，Width，AddValue，Renderer，PartialRefresh，UpdateContents。

用法：向当前地图添加 idroads. shp。在 VB 编辑器导入 UniqueSymbols。该宏产生一个地图，用不同的线符号来显示美国的州际和州内公路。

```
Private Sub UniqueSymbols ()
 'Part 1: Prepare a unique value renderer.
  Dim pUniqueValueRenderer As IUniqueValueRenderer
  Dim pSym1 As ILineSymbol
  Dim pSym2 As ILineSymbol
  Dim pSym3 As ILineSymbol
  'Define the renderer.
  Set pUniqueValueRenderer = New UniqueValueRenderer
  pUniqueValueRenderer. FieldCount = 1
  pUniqueValueRenderer. Field (0)  = "Route _ Desc"
  'Add the first symbol to the renderer.
  Set pSym1 = New SimpleLineSymbol
  pSym1. Color = GetRGBColor (255, 0, 0)
  pSym1. Width = 3
  pUniqueValueRenderer. AddValue "Interstate", "", pSym1
  'Add the second symbol to the renderer.
  Set pSym2 = New SimpleLineSymbol
  pSym2. Color = GetRGBColor (255, 100, 0)
  pSym2. Width = 2
  pUniqueValueRenderer. AddValue "U. S. ", "", pSym2
  'Add the third symbol to the renderer.
  Set pSym3 = New SimpleLineSymbol
  pSym3. Color = GetRGBColor (255, 150, 0)
  pSym3. Width = 1
  pUniqueValueRenderer. AddValue "State", "", pSym3
```

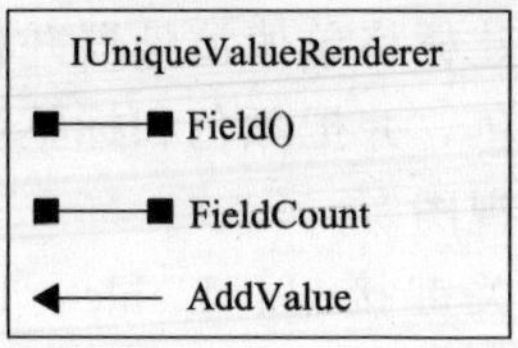

图 8.12　IUniqueValueRenderer 接口用于定义单值符号的成员

第一部分创建一个带有三个符号的单值渲染器。代码创建了 UniqueValueRenderer 类的实例 pUniqueValueRenderer，定义其 FieldCount 为 1，指定其字段属性为 Route_Desc（图 8.12）。这些属性的设置是必需的，因为单值渲染器可以应用于两个或更多的字段。接着，代码创建了 SimpleLineSymbol 类的实例 pSym1，定义其颜色属性和宽度属性。颜色值由 GetRGBColor 函数产生，宽度值由点数表示。接着，代码运用 IUniqueValueRenderer 接口的 AddValue 方法为渲染器添加单值（如"州际的"）和对应的符号（如 pSym1）。同样的过程也应用于第二和第三个单值。

```
'Part 2: Assign the renderer to the feature layer and refresh the map and its table of contents.
    Dim pMxDoc As IMxDocument
    Dim pMap As IMap
    Dim pLayer As IFeatureLayer
    Dim pGeoFeatureLayer As IGeoFeatureLayer
    Set pMxDoc = ThisDocument
    Set pMap = pMxDoc.FocusMap
    Set pLayer = pMap.Layer (0)
    Set pGeoFeatureLayer = pLayer
    Set pGeoFeatureLayer.Renderer = pUniqueValueRenderer
    pMxDoc.ActiveView.PartialRefresh esriViewGeography, pLayer, Nothing
    pMxDoc.UpdateContents
End Sub
```

第二部分将 pLayer 设置为当前地图的顶层。接着代码查询接口得到 IGeoFeatureLayer，给渲染器赋值。最后，代码刷新视图并更新内容列表。

8.4　栅格数据

矢量数据可以表示为点、线、面（填充）符号。和矢量数据不同，栅格数据只能由填充符号表示。不过，栅格数据可以是分类数据或数值数据。因此，显示栅格数据的填充符号可以是单值符号或渐变色阶符号。

8.4.1　RasterUniqueSymbols

RasterUniqueSymbols 宏为每个单元指定一个符号来绘制栅格图层。该宏的功能等同于在 ArcMap 的 Layer Properties 对话框里使用 Symbology/Unique Values 命令。

RasterUniqueSymbols 宏有四个部分：第一部分定义要绘制的栅格数据集；第二部

分创建栅格单值渲染器并将渲染器和栅格数据集联系起来；第三部分用一个随机色阶生成颜色，并把颜色和标签赋值给每个单值；第四部分将渲染器引用到栅格图层上，然后刷新视图。

关键接口：ITable，IRasterBand，IRasterBandCollection，IRasterUniqueValueRenderer，IRasterRenderer，IRandomColorRamp，ISimpleFillSymbol。

关键成员：Raster，Item ()，AttributeTable，RowCount，FindField，Size，CreateRamp，GetRow，Value，Update，Renderer，Refresh，UpdateContents。

用法：hucgd 是包含了爱达荷州主要流域的栅格，将其添加到当前地图。将 RasterUniqueSymbols 导入 VB 编辑器。运行宏。该宏用单独的符号分别显示了 hucgd 中的每个流域。这些单独符号和 ArcMap 初始化形成的符号是不同的。

```
Private Sub RasterUniqueSymbols ()
    'Part 1: Define the raster dataset to draw.
    Dim pMxDoc As IMxDocument
    Dim pMap As IMap
    Dim pRLayer As IRasterLayer
    Dim pRaster As IRaster
    Dim pTable As ITable
    Dim pBand As IRasterBand
    Dim pBandCol As IRasterBandCollection
    Dim TableExist As Boolean
    Dim NumOfValues As Integer
    Dim FieldIndex As Integer
    Dim FieldName As String
    Set pMxDoc = ThisDocument
    Set pMap = pMxDoc.FocusMap
    Set pRLayer = pMap.Layer (0)
    'Work with the first band of the raster.
    Set pRaster = pRLayer.Raster
    Set pBandCol = pRaster
    Set pBand = pBandCol.Item (0)
    'Make sure the band has an attribute table. If not, exit sub.
    pBand.HasTable TableExist
    If Not TableExist Then Exit Sub
    Set pTable = pBand.AttributeTable
    'Get the row count.
    NumOfValues = pTable.RowCount (Nothing)
    'Find the field Value.
    FieldName = "Value"
```

```
FieldIndex = pTable.FindField (FieldName)
```

第一部分定义栅格数据集以及用于绘制的字段。代码设置 pRaster 为当前地图顶层的栅格（raster）。接着，代码访问 IRasterBandCollection 接口，设置 pBand 为 pRaster 中的第一个波段。如果 pBand 有表，则代码将属性表赋值给 pTable。如果没有表，则结束子程序。代码利用 pTable 作为源，把行数赋值给 NumOfValues 变量，把 Value 字段的下标赋值给 FieldIndex 变量。

```
'Part 2: Define a raster unique value renderer.
Dim pUVRen As IRasterUniqueValueRenderer
Dim pRasRen As IRasterRenderer
Set pUVRen = New RasterUniqueValueRenderer
Set pRasRen = pUVRen
Set pRasRen.Raster = pRaster
pRasRen.Update
```

第二部分定义渲染器以显示 pRaster。代码创建了 RasterUniqueValueRenderer 类的实例 pUVRen。栅格单值渲染器对象支持 IRasterRenderer 接口和 IRasterUniqueValueRenderer 接口（图 8.13）。接着，代码查询接口得到 IRasterRenderer，定义 pRaster 为栅格并更新渲染器。栅格渲染器如果有改动，必须进行更新。

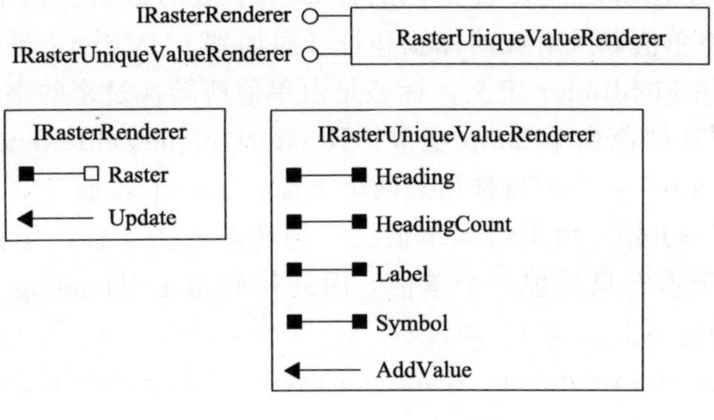

图 8.13 RasterUniqueValueRenderer 对象支持 IRasterRenderer 接口和 IRasterUniqueValueRenderer 接口。接口能够访问用于数据显示的单值符号和栅格

```
'Part 3: Assign symbol and label to each unique value in the renderer.
Dim pRamp As IRandomColorRamp
Dim I As Long
Dim pRow As IRow
Dim UniqValue As Variant
Dim pFSymbol As ISimpleFillSymbol
'Create a random color ramp.
Set pRamp = New RandomColorRamp
With pRamp
```

```
        .Size = NumOfValues
        .CreateRamp (True)
    End With
    'Add unique values, labels, and symbols to the renderer.
    For I = 0 To NumOfValues - 1
        Set pRow = pTable.GetRow (I)
        'Add a unique value.
        UniqValue = pRow.Value (FieldIndex)
        pUVRen.AddValue 0, I, UniqValue
        'Add corresponding label.
        pUVRen.Label (0, I) = CStr (UniqValue)
        'Add corresponding symbol.
        Set pFSymbol = New SimpleFillSymbol
        pFSymbol.Color = pRamp.Color (I)
        pUVRen.Symbol (0, I) = pFSymbol
    Next I
```

第三部分在渲染器中组织符号和标签。首先，代码创建了 RandomColorRamp 类的实例 pRamp，在创建色阶之前设置颜色的数目和单值的数目。然后，代码利用一个 For…Next 循环，将单值以及对应的标签和符号添加到 pUVRen。单值是由 I 所定义的每行的值，其列则由 FieldIndex 定义。标签是由单值所转换过来的字符串。符号是一个简单的填充符号，其颜色由 pRamp 生成。IRasterUniqueValueRenderer 接口的 AddValue、Label 和 Symbol 三个成员都用到两个下标：第一个表示 iHeading；第二个表示 IClass。头下标（Heading）用于组织单值。可创建新的头下标，例如，将两个或多个单值组合起来。由于本宏只处理一个单值，因此代码指定 iHeading 为 0（即首个且唯一的头下标），而指定 IClass 为 I（即行数）。

```
    'Part 4: Update the renderer, draw the layer, and refresh the view.
    pRasRen.Update
    Set pRLayer.Renderer = pUVRen
    pMxDoc.ActiveView.Refresh
    pMxDoc.UpdateContents
End Sub
```

第四部分更新 pRasRen，然后将其赋值给 pRLayer 的渲染器。最后，代码刷新视图并更新目录表。

8.4.2　RasterClassifyColorRamp

RasterClassifyColorRamp 宏用分类对象、栅格分类渲染器、用户自定义色阶来显示栅格图层。该宏的功能等同于 ArcMap 的图层属性对话框中的“Symbology / Classified”命令。RasterClassifyColorRamp 宏有三个部分：第一部分从栅格导出直方图数据用于显示；第二部分准备好栅格渲染器；第三部分定义渲染器的属性并利用渲染器来绘制栅格图层。

关键接口：IRaster，ITable，IRasterBandCollection，IRasterBand，ITableHistogram，IHistogram，IClassify，IRasterClassifyColorRampRenderer，IRasterClassifyUIProperties，IRasterRenderer，IAlgorithmicColorRamp，IEnumColors，IFillSymbol。

关键成员：Raster，Item（），AttributeTable，Field，Table，GetHistogram，SetHitogramData，Classify，ClassBreaks，ClassID，ClassCount，ClassField，ClassificationMethod，Update，Algorithm，FromColor，ToColor，Size，CreateRamp，Color，Symbol（），Break（），Label（），Refresh，UpdateContents。

用法：intemida 是一个整型高程栅格，将其添加到当前地图。向 VB 编辑器导入 RasterClassifyColorRamp。运行宏。该宏用 10 个等间距分类和一个从红到蓝的色阶来显示 intemida。

```
Private Sub RasterClassifyColorRamp ()
    'Part 1: Prepare the raster dataset for display.
    Dim pMxDoc As IMxDocument
    Dim pMap As IMap
    Dim pRLayer As IRasterLayer
    Dim pRaster As IRaster
    Dim pTable As ITable
    Dim pBandCol As IRasterBandCollection
    Dim pRasBand As IRasterBand
    Dim TestTable As Boolean
    Dim pTableHist As ITableHistogram
    Dim pHist As IHistogram
    Dim vValues As Variant
    Dim vFrequencies As Variant
    'Define the raster dataset and verify it has a table.
    Set pMxDoc = ThisDocument
    Set pMap = pMxDoc. FocusMap
    Set pRLayer = pMap. Layer (0)
    Set pRaster = pRLayer. Raster
    Set pBandCol = pRaster
    Set pRasBand = pBandCol. Item (0)
    pRasBand. HasTable TestTable
    If TestTable = False Then Exit Sub
    Set pTable = pRasBand. AttributeTable
```

```
'Derive the histogram data from the table.
Set pTableHist = New TableHistogram
pTableHist.Field = "Value"
Set pTableHist.Table = pTable
Set pHist = pTableHist
pHist.GetHistogram vValues, vFrequencies
```

第一部分确认栅格具有表，并从表导出直方图数据。首先，代码定义了以下对象：pRaster 是当前地图的第一个图层的栅格；pBandCol 和 pRaster 一样；pRasBand 是波段集合中的第一个波段。接着，代码确认 pRasBand 拥有表，并设置 pTable 为 pRasBand 的属性表。第一部分的剩余部分从 pTable 导出直方图数据。代码创建了 TableHistogram 类的实例 pTableHist，定义其字段属性和表属性。然后，代码查询获得 IHistogram 接口，利用 GetHistogram 方法从 pTable 计算出数值及频数。

```
'Part 2：Prepare the raster renderer.
Dim pClassify As IClassify
Dim ClassBreak As Variant
Dim pUID As UID
Dim pClassRen As IRasterClassifyColorRampRenderer
Dim pClassProp As IRasterClassifyUIProperties
Dim pRasRen As IRasterRenderer
'Prepare an equal interval classification object with 10 classes.
Set pClassify = New EqualInterval
pClassify.SetHistogramData vValues, vFrequencies
pClassify.Classify 10
'Store the class breaks.
ClassBreak = pClassify.ClassBreaks
'Obtain the classification UID.
Set pUID = pClassify.ClassID
'Prepare a raster classify renderer.
Set pClassRen = New RasterClassifyColorRampRenderer
pClassRen.ClassCount = 10
pClassRen.ClassField = "Value"
'Define the classification method.
Set pClassProp = pClassRen
Set pClassProp.ClassificationMethod = pUID
'Define the raster and update the renderer.
Set pRasRen = pClassRen
Set pRasRen.Raster = pRaster
pRasRen.Update
```

第二部分准备好分类对象以及栅格渲染器，这需要多个步骤：第一，代码创建了 EqualInterval 类的实例 pClassify。第二，代码利用 IClassify 接口的成员来获得分类用的直方图数据，分成10类，将分类断点存放到由 ClassBreak 所引用的数组，并获得分类 UID。第三，代码创建了 RasterClassifyColorRampRenderer 类的实例 pClassRen，定义其分类数量（class count）属性和分类字段（class field）属性。第四，代码查询获得 IRasterClassifyUIProperties 接口，指定 pUID 为分类方法。最后，代码查询获得 IRasterRenderer 接口，定义栅格并更新栅格。图 8.14 显示了栅格分类色阶渲染器对象所支持的接口。

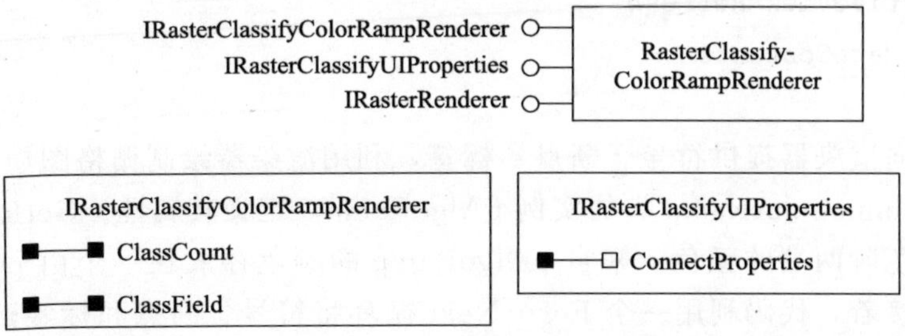

图 8.14 RasterClassifyColorRampRenderer 对象支持 IRasterClassifyColorRampRenderer 接口、IRasterClassifyUIProperties 接口和 IRasterRenderer 接口。前两个接口可以定义栅格数据的分类，而第三个接口将栅格和其渲染器连接起来。

```
'Part 3: Define the properties of the renderer, and use the renderer to draw the map.
Dim pAlgoRamp As IAlgorithmicColorRamp
Dim pColors As IEnumColors
Dim pFillSymbol As IFillSymbol
Dim I As Integer
'Prepare a color ramp.
Set pAlgoRamp = New AlgorithmicColorRamp
With pAlgoRamp
    .Algorithm = esriHSVAlgorithm
    .FromColor = GetRGBColor (255, 0, 0)
    .ToColor = GetRGBColor (0, 0, 255)
    .Size = 10
    .CreateRamp (True)
End With
Set pColors = pAlgoRamp.Colors
'Define the symbol, break, and label for each class.
For I = 0 To pClassRen.ClassCount - 1
    Set pFillSymbol = New SimpleFillSymbol
```

```
        pFillSymbol.Color = pColors.Next
        pClassRen.Symbol (I) = pFillSymbol
        pClassRen.Break (I) = ClassBreak (I)
        pClassRen.Label (I) = ClassBreak (I) & " - " & ClassBreak (I + 1)
    Next I
    'Assign the raster renderer to the layer and refresh the map.
    pRasRen.Update
    Set pRLayer.Renderer = pRasRen
    pMxDoc.ActiveView.Refresh
    pMxDoc.UpdateContents
End Sub
```

第三部分向渲染器提供符号、断点、标签，利用渲染器绘制栅格图层。首先，代码创建了 AlgorithmicColorRamp 类的实例 pAlgoRamp，定义其属性。GetRGBColor 函数再次用于定义色阶两端的颜色。来自 pAlgoRamp 的颜色存放在一个由 pColors 所引用的枚举器中。接着，代码利用一个 For…Next 循环将符号、断点和标签赋值给 pClassRen 中的每个分类。最后，代码将 pClassRen 带来的变动用于更新 pRasRen，并利用 pRasRen 作为渲染器绘制栅格图层。

8.4.3 RasterUserDefinedColorRamp

RasterUserDefinedColorRamp 宏利用用户自定义的分类断点以及色阶来显示分类栅格图层。该宏的功能等同于 ArcMap 的图层属性对话框中的“Symbology / Classified”命令。该宏有三个部分：第一部分定义栅格并准备栅格渲染器；第二部分创建色阶，然后为渲染器的每个分类指定标签、断点和符号；第三部分将渲染器赋给栅格并刷新地图。

关键接口：IRaster，IRasterClassifyColorRampRenderer，IRasterRenderer，IAlgorithmicColorRamp，IFillSymbol。

关键成员：Raster，ClassCount，Update，Algorithm，FromColor，ToColor，Size，CreateRamp，Break ( )，label ( )，Color，Symbol ( )，Renderer，Refresh，UpdateContents。

用法：emidalat 是一个高程栅格，将其添加到当前地图。在 VB 编辑器中导入 RasterUserDefinedColorRamp。运行宏。该宏用色阶的符号绘制三个分类。

```
Private Sub RasterUserDefinedColorRamp ()
    'Part 1: Define the raster dataset and a raster renderer.
    Dim pMxDoc As IMxDocument
    Dim pMap As IMap
    Dim pRLayer As IRasterLayer
    Dim pRaster As IRaster
```

```
Dim pClassRen As IRasterClassifyColorRampRenderer
Dim pRasRen As IRasterRenderer
'Define the raster dataset.
Set pMxDoc = ThisDocument
Set pMap = pMxDoc.FocusMap
Set pRLayer = pMap.Layer (0)
Set pRaster = pRLayer.Raster
'Define a raster classify color ramp renderer.
Set pClassRen = New RasterClassifyColorRampRenderer
pClassRen.ClassCount = 3
Set pRasRen = pClassRen
Set pRasRen.Raster = pRaster
pRasRen.Update
```

第一部分定义栅格和栅格渲染器。代码设置 pRaster 为要绘制的图层的栅格。接着，代码创建了 RasterClassifyColorRampRenderer 类的实例 pClassRen，指定分类数为 3。接着，代码查询获得 IRasterRenderer 接口，定义栅格并更新渲染器。

```
'Part 2: Specify the properties for the renderer.
Dim pRamp As IAlgorithmicColorRamp
Dim pFSymbol As IFillSymbol
'Create a color ramp.
Set pRamp = New AlgorithmicColorRamp
With pRamp
    .Algorithm = esriCIELabAlgorithm
    .FromColor = GetRGBColor (0, 255, 255)
    .ToColor = GetRGBColor (0, 0, 255)
    .Size = 3
    .CreateRamp True
End With
'Specify the label, break, and symbol for each class in the renderer.
Set pFSymbol = New SimpleFillSymbol
pFSymbol.Color = pRamp.Color (0)
pClassRen.Symbol (0) = pFSymbol
pClassRen.Break (0) = 855
pClassRen.Label (0) = "855 - 1000"
pFSymbol.Color = pRamp.Color (1)
pClassRen.Symbol (1) = pFSymbol
pClassRen.Break (1) = 1000
pClassRen.Label (1) = "1000 - 1200"
```

```
    pFSymbol.Color = pRamp.Color (2)
    pClassRen.Symbol (2) = pFSymbol
    pClassRen.Break (2) = 1200
    pClassRen.Label (2) = "1200 - 1350"
```

第二部分指定渲染器的属性。首先，代码创建了 AlgorithmicColorRamp 类的实例 pRamp，并定义其属性。接着，代码利用来自 pRamp 的各个颜色以及硬编码的分类断点和标签来定义 pClassRen 中的每个分类的属性。

```
    'Part 3: Assign the renderer to the layer and refresh the map.
    pRasRen.Update
    Set pRLayer.Renderer = pRasRen
    pMxDoc.ActiveView.Refresh
    pMxDoc.UpdateContents
End Sub
```

在第二部分设置了渲染器后，第三部分将 pRasRen 赋值给栅格图层并使之更新，刷新地图，然后更新文件的目录表。

8.5　制作页面布局

页面布局可能包含一个或多个地图以及许多地图元素。制作页面布局的模块一般比其他类型的应用包含更多的对象和代码。

8.5.1　Layout

Layout 模块建立一个专题图布局，显示 1990～2000 年爱达荷州各县的人口变化率。该布局包括地图、标题、副标题、图例、指北针和比例尺。该模块具有和布局视图（Layout View）中的 Insert 菜单一样的功能，用于向布局添加不同的地图元素。Layout 有五个子程序：Start 是启动子程序，该子程序调用其他子程序；AddTitle 用于添加标题和副标题；AddLegend 添加图例；AddNorthArrow 添加指北针；AddScaleBar 添加比例尺。

关键接口：IGraphicsContainer，IMapFrame，IElement，IActiveView，IPageLayout，ITextElement，IFormattedTextSymbol，IFontDisp，IPoint，IEnvelope，IMapSurroundFrame，IMapSurround，IMarkerNorthArrow，ICharacterMarkerSymbol。

关键成员：PageLayout，FindFrame，Text，Name，Size，Bold，Font，Case，HorizontalAlignment，Symbol，Geometry，AddElement，Value，PutCoords，CreateSurroundFrame，Activate，MarkerSymbol，CharacterIndex。

用法：将 idcounty.lyr 添加到一个新地图中。确保在地图文档中没有其他地图。图层文件显示 1990～2000 年爱达荷州各县的人口变化率。在 ArcMap 的目录表中双击并删除 idcounty（图层名）和 Change（字段名）（图层名和字段名对浏览产生误导）。从数据视图切换到布局视图。用地图框的柄重新调节地图的大小使其充满整个页面。在VB编辑器里导入Layout，运行模块。模块向布局添加标题、副标题、图例、指北针和比例尺。由于地图及地图元素都是图形，因此可以根据需要在页面布局上缩小、拉大或者移动。

```
Public Sub Start ()
    'Set the variables and run the subs.
    Dim pMxDoc As IMxDocument
    Dim pPageLayout As IPageLayout
    Dim pGraphicsContainer As IGraphicsContainer
    Dim pActiveView As IActiveView
    Dim pMapFrame As IMapFrame
    Dim pElement As IElement
    'Set the layout view.
    Set pMxDoc = Application. Document
    Set pPageLayout = pMxDoc. PageLayout
    Set pGraphicsContainer = pPageLayout
    Set pActiveView = pPageLayout
    'Set the map frame.
    Set pMapFrame = pGraphicsContainer. FindFrame (pMxDoc. FocusMap)
    Set pElement = pMapFrame
    'Call subs to add map elements.
    Call AddTitleSubtitle
    Call AddLegend (pElement)
    Call AddNorthArrow (pElement)
    Call AddScalebar (pElement)
    'Refresh the layout.
    pActiveView. PartialRefresh esriViewGraphics, Nothing, Nothing
End Sub
```

Start定义页面布局并运行其他子程序，向布局添加标题、子标题、图例、指北针和比例尺。代码将pPageLayout设置为地图文件的页面布局，并将pGraphicsContainer和pActiveView均设置为pPageLayout。接着，Start将pMapFrame设置为地图文件的焦点地图的外框。IMapFrame提供了在该框中访问地图的方法以及创建相关图例、指北针和比例尺等地图周边要素的方法。因此，设置成为pMapFrame的pElement，必须作为一个参数传递给其他子程序以便在布局中添加图例、指北针和比例尺。在布局上的所有地图元素添加完毕后，代码刷新布局视图。

```
Private Sub AddTitleSubtitle ()
    'Part 1: Set the page layout.
    Dim pMxDoc As IMxDocument
```

```
Dim pPageLayout As IPageLayout
Dim pGraphicsContainer As IGraphicsContainer
Set pMxDoc = Application.Document
Set pPageLayout = pMxDoc.PageLayout
Set pGraphicsContainer = pPageLayout
```

AddTitleSubtitle 的第一部分定义了页面布局。

```
'Part 2: Add the title.
Dim pTextElement As ITextElement
Dim pTextSymbol As IFormattedTextSymbol
Dim pTextFont As IFontDisp
Dim pElement As IElement
Dim pPoint As IPoint
'Define the text font.
Set pTextFont = New StdFont
With pTextFont
    .Name = "Times New Roman"
    .Size = 24
    .Bold = True
End With
'Define the text symbol.
Set pTextSymbol = New TextSymbol
With pTextSymbol
    .Font = pTextFont
    .Case = esriTCAllCaps
    .HorizontalAlignment = esriTHACenter
End With
'Define the title as a text element.
Set pTextElement = New TextElement
pTextElement.Text = "Idaho 1990 - 2000"
pTextElement.Symbol = pTextSymbol
'Define the position to plot the title.
Set pElement = pTextElement
Set pPoint = New Point
pPoint.X = 5#
pPoint.Y = 10#
pElement.Geometry = pPoint
'Add the title to the graphics container.
pGraphicsContainer.AddElement pTextElement, 0
```

AddTitleSubtitle 的第二部分向布局添加一个标题。该代码完成两个任务：第一个任务，将标题定义为一个文本元素并确定标题在布局上的位置。文本元素的定义，包括文本符号的定义，其中有文本字体的定义（图 8.15）。因此代码首先创建了 StdFont 类的实例 pTextFont，并在一个 With 块中定义其名称（name）属性、大小（size）属性和加粗（boldness）属性。接着，代码创建了一个 TextSymbol 类的实例 pTextSymbol，并定义其字体（font）属性、大小写（case）属性和水平对齐（horizontal）属性。定义标题任务的最后一步是创建 TextElement 类的实例 pTextElement，并定义其文本（text）属性和符号（symbol）属性。第二个任务，代码创建了 Point 类的实例 pPoint，并定义了该点的 *X* 属性和 *Y* 属性。*X* 和 *Y* 的单位是英寸①，以页面布局的左下脚为原点。接着代码查询获得 IElement 接口，将 pTextElement 的几何属性赋值给 pPoint。由于文本符号的水平对齐方式为中心对齐（即 esriTHACenter），因此 pPoint 在标题的中心点上。定义完成后，代码用 IGraphicsContainer 接口的 AddElement 方法，把 pTextElement 添加到图形容器上。

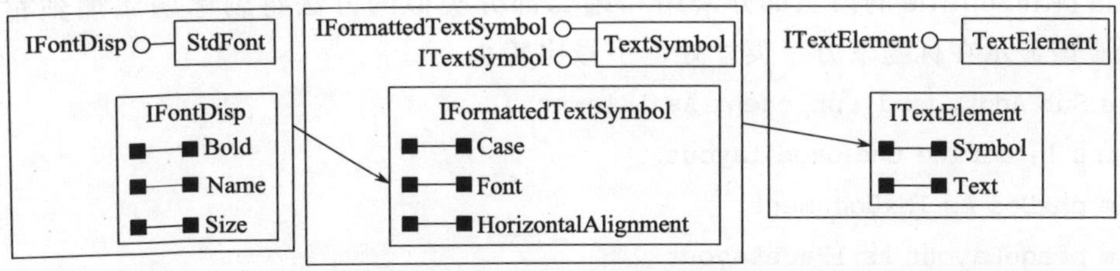

图 8.15 向布局添加标题、子标题的文字对象以及文字对象的属性
（IFontDisp 接口定义文字符号的字体，IFormattedTextSymbol 接口定义文字元素的符号）

```
'Part 3: Add the subtitle.
'Define the text font.
Set pTextFont = New StdFont
With pTextFont
    .Name = "Times New Roman"
    .Size = 14
End With
'Define the text symbol.
Set pTextSymbol = New TextSymbol
With pTextSymbol
    .Font = pTextFont
    .Case = esriTCAllCaps
    .HorizontalAlignment = esriTHACenter
End With
```

① 1 英寸（in）=0.0254（m）

```
    'Define the subtitle as a text element.
    Set pTextElement = New TextElement
    pTextElement.Text = "Rate of Population Change by County"
    pTextElement.Symbol = pTextSymbol
    'Define the position to plot the subtitle.
    Set pElement = pTextElement
    Set pPoint = New Point
    pPoint.X = 5#
    pPoint.Y = 9.5
    pElement.Geometry = pPoint
    'Add the subtitle to the graphic container.
    pGraphicsContainer.AddElement pTextElement, 0
End Sub
```

AddTitleSubtitle 的第三部分采用和第二部分类似的方法将副标题添加到布局上。副标题应该显示在标题下方半英寸处，字号比较小。

```
Private Sub AddLegend (pElement As IElement)
    'Part 1: Define the page layout.
    Dim pMxDoc As IMxDocument
    Dim pPageLayout As IPageLayout
    Dim pGraphicsContainer As IGraphicsContainer
    Dim pActiveView As IActiveView
    Set pMxDoc = Application.Document
    Set pPageLayout = pMxDoc.PageLayout
    Set pGraphicsContainer = pPageLayout
    Set pActiveView = pPageLayout
```

AddLegend 的第一部分定义页面布局。

```
    'Part 2: Create a legend map surround frame.
    Dim pMapFrame As IMapFrame
    Dim pID As New UID
    Dim pMapSurroundFrame As IMapSurroundFrame
    Dim pMapSurround As IMapSurround
    'Get the map frame.
    Set pMapFrame = pElement
    'Create a legend map surround frame.
    pID.Value = "esriCore.Legend"
    Set pMapSurroundFrame = pMapFrame.CreateSurroundFrame (pID, pMapSurround)
```

AddLegend 的第二部分为图例创建了一个地图周边要素框。代码首先将 pMapFrame 设置为 pElement，pElement 是从 Layout 传递过来的参数。接着代码设置新的唯一识别码（UID）对象 pID 的数值为 esriCore. Legend。接着代码利用 IMapFrame 接口的 CreateSurroundFrame 方法，在框中创建一个图例，该图例由 pMapSurround 所引用，而框则由 pMapSurroundFrame 所引用。

```
    'Part 3: Create the legend and add the legend to the graphics container.
    Dim pFrameElement As IElement
    Dim pEnvelope As IEnvelope
    'Define the geometry of the legend.
    Set pEnvelope = New Envelope
    pEnvelope. PutCoords 5.5, 7, 6.5, 8.4
    Set pFrameElement = pMapSurroundFrame
    pFrameElement. Geometry = pEnvelope
    'Activate the screeen display of the legend.
    pFrameElement. Activate pActiveView. ScreenDisplay
    'Add the legend to the graphics container.
    pGraphicsContainer. AddElement pFrameElement, 0
End Sub
```

AddLegend 的第三部分在布局上创建一个图例。代码首先创建了 Envelope 类的实例 pEnvelope，利用 PutCoords 方法定义了 Envelope 的 xmin 属性、ymin 属性、xmax 属性和 ymax 属性。Envelope 对象代表一个矩形图形，在本例子中，该矩形控制着图例的大小和位置。接着，代码查询获得了 IElement 接口，将 MapSurroundFrame 的几何属性赋值给 pEnvelope。最后，代码激活图例框的屏幕显示，并将图例框添加到图形容器中。

```
Private Sub AddNorthArrow (pElement As IElement)
    'Part 1: Define the page layout.
    Dim pMxDoc As IMxDocument
    Dim pPageLayout As IPageLayout
    Dim pGraphicsContainer As IGraphicsContainer
    Dim pActiveView As IActiveView
    Set pMxDoc = Application. Document
    Set pPageLayout = pMxDoc. PageLayout
    Set pGraphicsContainer = pPageLayout
    Set pActiveView = pPageLayout
```

AddNorthArrow 的第一部分定义页面布局。

```
    'Part 2: Create a north arrow map surround frame.
    Dim pMapFrame As IMapFrame
    Dim pID As New UID
    Dim pMapSurroundFrame As IMapSurroundFrame
    Dim pFrameElement As IElement
```

```
Dim pMapSurround As IMapSurround
Dim pMarkerNorthArrow As IMarkerNorthArrow
Dim pCharacterMarkerSymbol As ICharacterMarkerSymbol
'Get the map frame.
Set pMapFrame = pElement
'Create a north arrow map surround frame.
pID. Value = "esriCore. MarkerNorthArrow"
'Choose a north arrow design other than the default.
Set pMarkerNorthArrow = New MarkerNorthArrow
Set pCharacterMarkerSymbol = pMarkerNorthArrow. MarkerSymbol
pCharacterMarkerSymbol. CharacterIndex = 176
pMarkerNorthArrow. MarkerSymbol = pCharacterMarkerSymbol
Set pMapSurround = pMarkerNorthArrow
Set pMapSurroundFrame = pMapFrame. CreateSurroundFrame (pID, pMapSurround)
```

AddNorthArrow 的第二部分为指北针创建了一个地图周边要素框。代码首先将 pMapFrame 设置为 pElement。pElement 是从 Layout 传递来的参数。接着代码设置 pID 的值为 esriCore. MarkerNorthArrow。ArcObjects 提供了各种各样的指北针对象。默认的选项是一个非常有想象力的指北针。但用户可以用附加的代码行来指定简单一点的指北针。代码创建了 MarkerNorthArrow 类的实例 pMarkerNorthArrow，并初始化设置 pCharacterMarkerSymbol 为其 MarkerSymbol。接着，代码指定 pCharacterMarkerSymbol 采用排位第 176 的字符，并将符号赋值为 pMarkerNorthArrow 的标志符号(marker symbol)。在本例中，指北针是一个比默认值要简单的符号，是排位第 176 的字符型标志符号。最后，代码用选定的符号创建了一个地图周边要素框（要查看指北针的其他字符型标志符号，可在 ArcMap 的布局视图里做以下操作：在 insert 菜单中选择指北针，点击指北针选择对话框里的属性项，接着点击对话框中的字符下拉箭头。字符型符号的排序值就会显示在 ToolTip 信息框里）。

```
'Part 3: Create the north arrow and add it to the graphics container.
Dim pEnvelope As IEnvelope
'Create a envelope for the north arrow.
Set pEnvelope = New Envelope
pEnvelope. PutCoords 5. 7, 6. 2, 5. 9, 6. 4
Set pFrameElement = pMapSurroundFrame
pFrameElement. Geometry = pEnvelope
pFrameElement. Activate pActiveView. ScreenDisplay
'Add the north arrow to the graphics container.
pGraphicsContainer. AddElement pFrameElement, 0
End Sub
```

AddNorthArrow 的第三部分创建一个新的封套（envelope），并将地图周边要素框的几何属性赋予该封套。接着，代码激活该外框元素的屏幕显示并将元素添加到图形容器中。

```
Private Sub AddScalebar (pElement As IElement)
    'Part 1: Define the page layout.
    Dim pMxDoc As IMxDocument
    Dim pPageLayout As IPageLayout
    Dim pGraphicsContainer As IGraphicsContainer
    Dim pActiveView As IActiveView
    Set pMxDoc = Application. Document
    Set pPageLayout = pMxDoc. PageLayout
    Set pGraphicsContainer = pPageLayout
    Set pActiveView = pPageLayout
```

AddScaleBar 的第一部分定义页面布局

```
    'Part 2: Create a scalebar map surround frame.
    Dim pMapFrame As IMapFrame
    Dim pID As New UID
    Dim pMapSurroundFrame As IMapSurroundFrame
    Dim pFrameElement As IElement
    Dim pMapSurround As IMapSurround
    Dim pScaleMarks As IScaleMarks
    'Get the map frame.
    Set pMapFrame = pElement
    'Create a scale bar map surround frame.
    pID. Value = "esriCore. Scalebar"
    Set pMapSurround = New AlternatingScaleBar
    Set pScaleMarks = pMapSurround
    pScaleMarks. MarkFrequency = esriScaleBarMajorDivisions
    Set pMapSurroundFrame = pMapFrame. CreateSurroundFrame (pID, pMapSurround)
```

AddScaleBar 的第二部分创建一个比例尺地图周边要素框。代码首先将 pMapFrame 设置为 pElement，pElement 是从 Layout 传来的参数。接着，代码定义 pID 的值为 esriCore. Scalebar。代码进一步创建 AlternatingScaleBar 类的实例 pMapSurround，利用该比例尺选项创建一个地图周边要素框。AlternatingScaleBar 对象使用两个符号，如黑和白来创建比例尺。IScaleMarks 接口的 MarkFrequency 属性设置为 esriScaleBarMajorDivisions，即仅在主要分割点处做标注。

```
    'Part 3: Create the scalebar and add it to the graphics container.
    Dim pEnvelope As IEnvelope
    'Create an envelope for the scale bar.
```

```
    Set pEnvelope = New Envelope
    pEnvelope.PutCoords 5.2, 5.4, 7.2, 6#
    Set pFrameElement = pMapSurroundFrame
    pFrameElement.Geometry = pEnvelope
    pFrameElement.Activate pActiveView.ScreenDisplay
    'Add the scale bar to the graphics container.
    pGraphicsContainer.AddElement pFrameElement, 0
End Sub
```

AddScalebar 的第三部分创建一个新的封套并将比例尺的几何属性赋给封套。然后，代码激活框元素的屏幕显示，并将要素添加到图形容器中。

第9章 数据探查

数据探查（data exploration）指的是以数据为中心的查询和分析工作。对于某些GIS用户而言，数据探查是构思研究问题和假设的起点；对于另一些人来说，可通过数据探查来考察数据的一般趋势，仔细察看数据子集，也可以集中研究数据集之间的可能关系。

在ArcGIS中，数据探查可以基于属性查询或者空间查询。属性查询运用SQL语句及属性数据从一个表中选择记录。属性查询可以在要素类或属性表上进行。空间查询运用游标、图形对象（graphic object）或者某种空间关系来选择要素。利用游标和图形对象（如一个圆）来选择要素非常直观。而利用空间关系来选择要素，则要求查询语句能够将选择要素和被选要素在空间上链接起来。通常的空间关系有包含（containment）、相交（intersect）和邻接（proximity）。属性查询或空间查询的返回结果是一个数据子集，该子集在表格或要素层上可分别或同时高亮显示。

数据子集在选定时如果包含属性条件和空间条件，则数据探查工作可以同时用到属性查询和空间查询。本章的一个示例宏用于选择距离州际公路一定距离之内（空间条件）以及水温超过一定温度（属性条件）的温泉（井）。因此，该宏必须同时进行属性查询和空间查询。

GIS中的数据探查可能还包括描述性统计，例如，对数值型数据求最小值、最大值、极差、平均值、标准差。利用表格的所有记录或数据子集，可以对其某个字段计算描述性统计值。

本章讲述数据探查。9.1节对ArcGIS的数据探查选项进行回顾；9.2节讨论对数据探查很重要的对象；9.3节讨论属性查询的宏和GP宏；9.4节讨论空间查询的宏和GP宏；9.5节讨论属性查询和空间查询相结合的宏；9.6节讨论计算描述性统计值及其报告的宏和GP宏。所有的宏的开始都列出了关键接口、关键成员（即属性和方法）和用法。

9.1 ArcGIS中的数据探查

ArcMap进行属性查询的命令是“Select by Attributes”。SQL是进行查询的语言。SQL语句的基本语法为：

```
select <attribute list>
from <table>
where <condition>
```

关键词select从数据库中选择字段，关键词from从数据库中选择表，关键词where指定数据查询的条件。SQL集成在ArcMap界面中：当前活动表就是被选择的表，字段可以通过一个下拉列表进行选择；用户仅需要在“Select by Attributes”对话框中输入 where 子句（即查询表达式）即可。

空间查询方面，ArcMap 有“Select Features”、“Select by Graphics”和“Select by Location”等命令。这三个命令分别对应于用游标选择、用图形选择以及用空间关系选择。“Select by Location”是唯一需要用对话框的命令。该对话框要求用户指定一个或多个图层，从中选择要素；并指定一个图层，其中的要素用于选择。对话框提供了 11 种空间关系以把被选要素和选择要素联系起来。这些关系分别是完全被包含（are completely within）、完全包含（completely contain）、中心被包含（have their center in）、包含（contain）、被包含（are contained by）、相交（intersect）、被边界所穿越（are crossed by the outline of）、在一定距离内（are within a distance of）、具有共同边（share a line segment with）、边界接触（touch the boundary of）、相互一致（are identical to）。包含、相交以及邻接等空间概念是这些关系的基础。

“Select by Attributes”和“Select by Location”命令提供了四种选择方法，分别为创建新选择集（create a new selection）、添加到当前选择集（add to current selection）、从当前选择集删除（remove from current selection）以及从当前选择集中选择（select from current selection）。因此，当选择了一个要素子集后，我们还可以向其添加要素、删除要素以及从中选择要素，或者，我们也可以选择一个新的子集。

在 ArcMap 中有两种方法可以计算字段的描述性统计值。要素属性表的每个字段有一个快捷菜单，其中有“Statistics”命令。选上该命令时，显示对全部记录或被选记录的统计值。“Statistics”命令在“Selection”菜单中也有效。该命令针对被选要素计算统计值。

9.2　数据探查的 ArcObjects

在 ArcObjects 中，用于数据查询的最基本组件是 QueryFilter 和 SpatialFilter（图 9.1）。查询筛选器（Query Filter）对象能够运用其属性中的 WhereClause 条件表达式从要素层、要素类或表中提取数据子集。

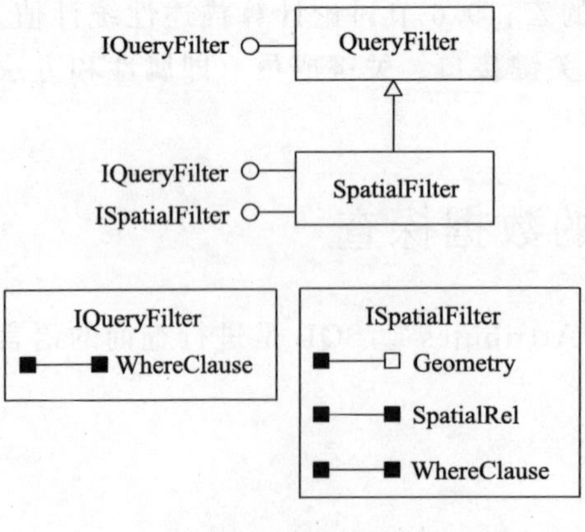

图 9.1　SpatialFilter 是 QueryFilter 的一种。空间筛选器对象除了从 QueryFilter 继承的 WhereClause 属性外，还有自己的属性

SpatialFilter 类是 QueryFilter 类的一种。这意味着在进行数据查询时，空间筛选器（spatial filter）对象能够同时包括空间条件和属性条件。空间筛选器对象具有两个重要的属性：Geometry 和 SpatialRel。Geometry 属性定义用于筛选结果的几何形状。该几何形状可以是要素图层上的一个被选多边形，也可以是由用户绘制的长方形外框，或者是公路路段的一个缓冲区。SpatialRel 属性定义用于选择的空间关系。ArcObjects 有 10 个预先

定义的空间关系（图 9.2）。

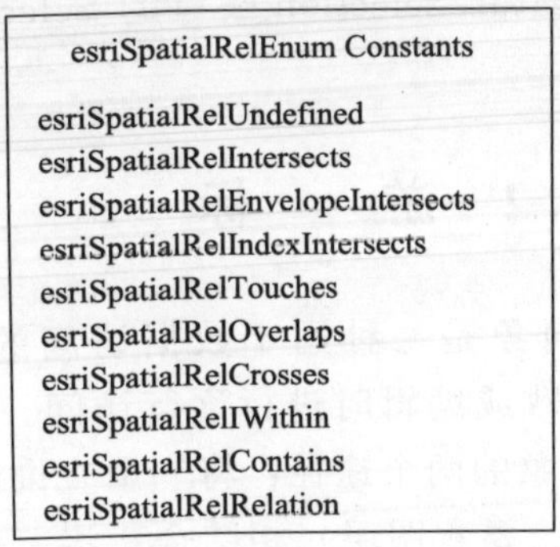

图 9.2 ArcObjects 中预定义的空间关系

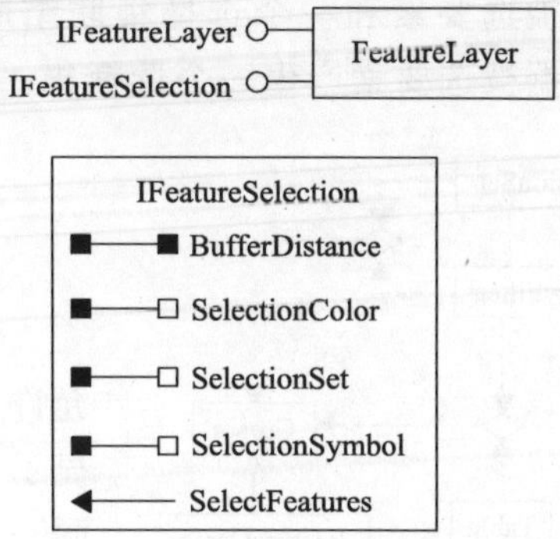

图 9.3 IFeatuerSelection 接口的属性和方法

9.2.1 使用查询筛选器

查询筛选器对象可以用于要素图层或者要素类。当查询筛选器对象用于要素图层时，产生用于观察的被选要素集。FeatureLayer 对象实现 IFeatureSelection 接口，IFeatureSelection 接口的 SelectFeatures 方法可利用查询筛选器来选择要素（图 9.3）。IFeatureSelection 接口还具有设置颜色和符号的功能，用于显示被选要素。

当应用于要素类时，查询筛选器产生一个数据子集以进行数据运算和表达。如图 9.4 所示，SelectionSet 对象可以由一个表对象和一个查询筛选器对象来创建。选择集对象支持 ISelectonSet 接口，该接口提供方法来管理选择集，如固化选择集与和其他选择集进行组合。TableWindow 对象实现 ITableWindow 接口，该接口提供若干成员，用于数据表达以及高亮显示被选数据子集（图 9.5）。

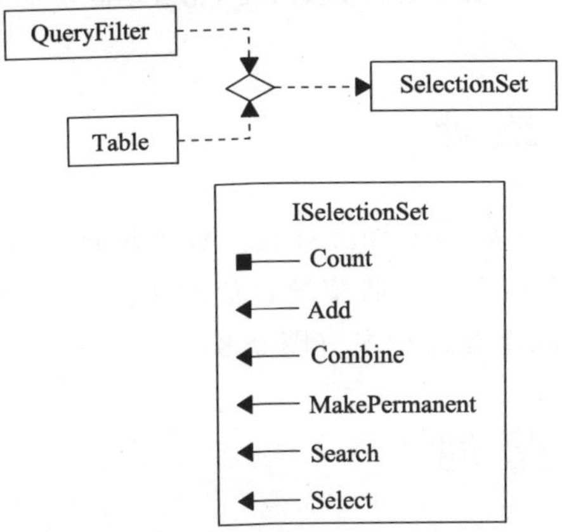

图 9.4 QueryFilter 对象和 Table 对象可以共同创建 SelectionSet 对象。ISelectionSet 接口具有管理选择集的成员

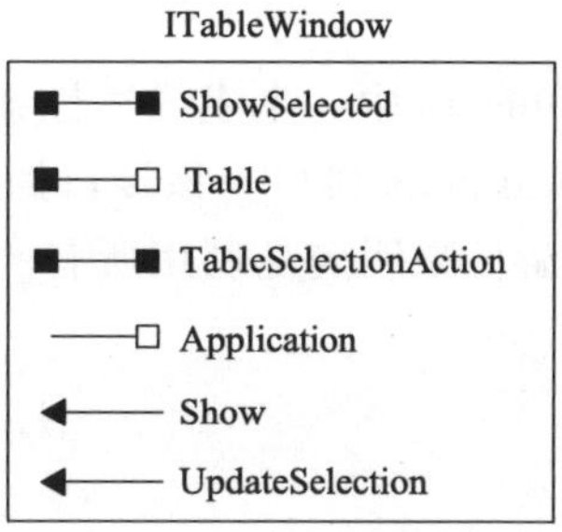

图 9.5 ITableWindow 接口的成员可建立用于视图的表

由于被选要素和选择集的关系类似于要素图层同其要素类之间的关系，因此有多种途径将被选要素和一个选择集联结起来。例如，IFeatureSelection 接口的 SelectionSet 方法根据被选要素产生一个选择集。

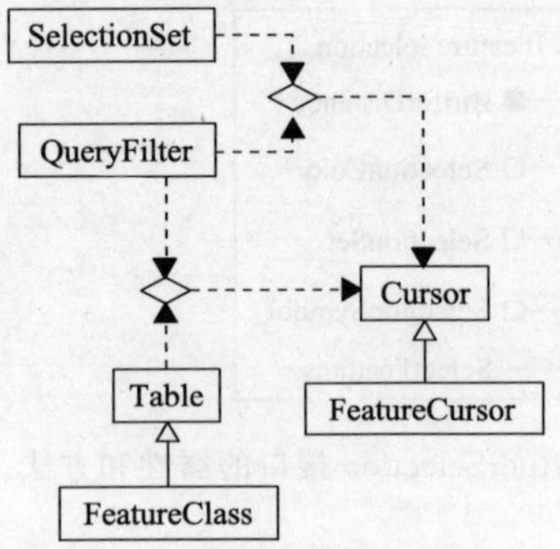

图 9.6　图显示了创建游标对象的两种途径

9.2.2　游　　标

游标（cursor）对象是一种用于数据访问的对象，允许程序员在诸如计数或编辑时进行逐行访问。图 9.6 显示了创建 cursor 对象的两个途径：将一个查询筛选器同一个表（或要素类、要素图层）相结合；将一个查询筛选器同一个选择集相结合。

从一个要素类或一个要素图层所创建的游标对象称为要素游标（feature cursor）。要素游标对象支持 IFeatureCursor 接口（图 9.7）。IFeatureCursor 接口的两个重要方法是 NextFeature 和 UpdateFeature。NextFeature 方法使游标向前移动一个位置并返回该位置的要素，因此该方法对于建立循环来逐个访问游标上的要素非常有用。UpdateFeature 方法可以更新当前游标位置所对应的要素。

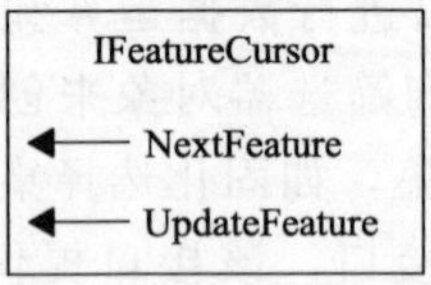

图 9.7　IFeatureCursor 接口的方法

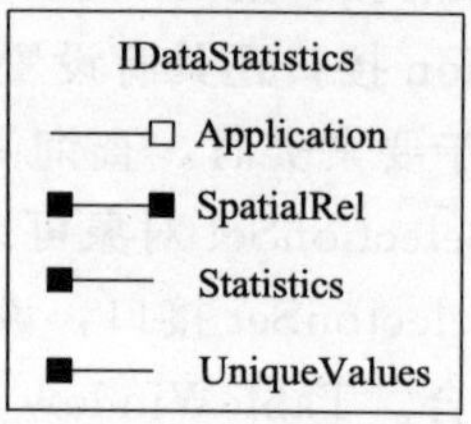

图 9.8　IDataStatistics 接口的属性可以用于访问字段的统计值或单值

9.2.3　数 据 统 计

ArcObjects 中，生成描述性统计值的基本组件是 DataStatistics。数据统计对象实现 IDataStatistics 接口，该接口拥有属性以让用户指定用于收集统计值的字段，用户还可以设置游标来明确是利用所有的记录，还是仅利用被选记录（图 9.8）。

9.3　属 性 查 询

本节包括三个示例宏，用于从要素图层和表中进行属性查询。

9.3.1　SelectFeatures

SelectFeatures 宏从一个要素图层选择符合查询表达式的要素并高亮显示被选要素。该宏的功能与 ArcMap 的“Select by Attributes”命令的功能相同。SelectFeatures 有两个部分：第一部分定义要素层；第二部分准备一个新的查询筛选器，用该查询筛选器来选择要素并高亮显示被选要素。

关键接口：IActiveView，IFeatureLayer，IFeatureSelection，IQueryFilter。

关键成员：WhereClause，SelectFeatures，PartialRefresh。

用法：将 idcities. shp 添加到当前地图并设置为最顶层。向 ArcMap 的 VB 编辑器导入 SelectFeatures。运行该宏。那些人口大于 10 000 的城市将被选中并高亮显示。

```
Private Sub SelectFeatures ()
    'Part 1: Define the feature layer.
    Dim pDoc As IMxDocument
    Dim pMap As IMap
    Dim pActiveView As IActiveView
    Dim pFeatureLayer As IFeatureLayer
    Set pDoc = ThisDocument
    Set pMap = pDoc. FocusMap
    Set pActiveView = pMap
    Set pFeatureLayer = pMap. Layer (0)
```

第一部分将 pFeatureLayer 设置为当前地图的顶层。

```
    'Part 2: Select features.
    Dim pQueryFilter As IQueryFilter
    Dim pFeatureSelection As IFeatureSelection
    'Prepare a query filter.
    Set pQueryFilter = New QueryFilter
    pQueryFilter. WhereClause = "Population > 10000"
    'Refresh the old selection if any to erase it.
    pActiveView. PartialRefresh esriViewGeoSelection, Nothing, Nothing
    'Select features.
    Set pFeatureSelection = pFeatureLayer
    pFeatureSelection. SelectFeatures pQueryFilter, esriSelectionResultNew, False
    'Refresh again to draw the new selection.
    pActiveView. PartialRefresh esriViewGeoSelection, Nothing, Nothing
End Sub
```

第二部分首先创建 QueryFilter 类的一个实例 pQueryFilter，并定义其 WhereClause 属性。接着代码刷新当前视图以删除先前的任何选择集。然后，代码通过查询得到 IFeatureSelection 接口并利用 SelectFeatures 方法来创建要素的新选择集。最后，代码刷新当前视图并绘制新选择集。esriViewGeoSelection 选项限定刷新只对被选要素有效。

专栏 9.1 SelectFeatures _ GP

SelectFeatures _ GP 利用 Data Management 工具箱的 SelectLayerByAttribute 工具从 idcities. shp 中选择那些人口大于 10 000 的城市。把 idcities. shp 作为第一层添加到当前地图中。运行宏。被选上的城市以高亮显示。

```
Private Sub SelectFeatures _ GP ()
   'Run this macro in ArcMap with idcities. shp as the top layer in the active map.
   'Create the Geoprocessing object.
   Dim GP As Object
   Set GP = CreateObject ("esriGeoprocessing. GpDispatch. 1")
   'SelectLayerByAttribute <in _ layer _ or _ view> {NEW _ SELECTION | ADD -
TO _ SELECTION | CLEAR _ SELECTION} ' {where _ clause}
   'Execute the selectlayerbyattribute tool.
   GP. SelectLayerByAttribute "idcities", "NEW _ SELECTION", "POPULATION >
10000"
End Sub
```

9.3.2 SelectRecords

SelectRecords 宏通过 shapefile 的属性表来选择记录，在表窗体中显示被选记录，并在要素图层中高亮显示被选要素。SelectRecords 有四个部分：第一部分定义要素类；第二部分准备一个查询筛选器用于选择符合查询表达式的记录；第三部分准备一个表窗体，显示该表，高亮显示被选记录；第四部分根据要素类来显示一个新的要素层并高亮显示被选记录。

关键接口：IWorkspaceName，IDatasetName，IName，ITable，IQueryFilter，IScratchWorkspaceFactory，ISelectionSet，ITableWindow，IFeatureLayer，IFeatureSelection，IActiveView。

关键成员：WorkspaceFactoryProgID，PathName，WorkspaceName，Name，Open，WhereClause，Select，Table，TableSelectionAction，UpdateSelection，Application，Show，FeatureClass，PartialRefresh，SelectionSet。

用法：在 ArcMap 的 VB 编辑器中导入 SelectRecords，运行宏。该宏打开 idcounty 表的属性，高亮显示被选记录，将 idcounty 添加到当前地图并高亮显示被选记录对应的要素。

```
Private Sub SelectRecords ()
'Part 1: Define the table.
```

```
Dim pWSName As IWorkspaceName
Dim pDatasetName As IDatasetName
Dim pName As IName
Dim pTable As ITable
'Get the dbf file.
Set pWSName = New WorkspaceName
pWSName.WorkspaceFactoryProgID = "esriCore.ShapefileWorkspaceFactory.1"
pWSName.PathName = "c:\data\chap9"
Set pDatasetName = New TableName
pDatasetName.Name = "idcounty.dbf"
Set pDatasetName.WorkspaceName = pWSName
Set pName = pDatasetName
'Open the dbf table.
Set pTable = pName.Open
```

第一部分创建了 TableName 类的一个实例 pDatasetName，定义其工作空间和名称。接着代码通过查询得到 IName 接口并利用 Open 方法打开 pTable，pTable 是实际表的一个引用。

```
'Part 2: Perform selection.
Dim pQFilter As IQueryFilter
Dim pScratchWS As IWorkspace
Dim pScratchWSFactory As IScratchWorkspaceFactory
Dim pSelectionSet As ISelectionSet
'Prepare a query filter.
Set pQFilter = New QueryFilter
pQFilter.WhereClause = "Change > 30"
'Select records and save the selection in a scratch workspace.
Set pScratchWSFactory = New ScratchWorkspaceFactory
Set pScratchWS = pScratchWSFactory.DefaultScratchWorkspace
Set pSelectionSet = pTable.Select (pQFilter, esriSelectionTypeHybrid, esriSelectionOptionNormal, pScratchWS)
```

第二部分创建了 QueryFilter 类的实例 pQFilter，并定义其 WhereClause 属性。接着，代码创建一个由 pScratchWS 引用的草图工作空间（scratch workspace)。接着代码利用 ITable 接口的 Select 方法创建了一个由 pSelectionSet 所引用的选择集。Select 方法要求有两个对象限定词 pQFilter 和 pScratchWS，以及两个预定义的选择选项。

```
'Part 3: Show the selection in a table window.
Dim pTableWindow As ITableWindow
'Create a table window and specify its properties and methods.
Set pTableWindow = New TableWindow
```

```
    With pTableWindow
        Set .Table = pTable
        .TableSelectionAction = esriSelectFeatures
        .ShowSelected = False
        Set .Application = Application
        .Show True
        .UpdateSelection pSelectionSet
    End With
```

第三部分创建了 TableWindow 类的实例 pTableWindow，并定义其各个显示属性如下：Table 定义为 pTable，TableSelectionAction 定义为 esriSelectFeatures，ShowSelected 定义为 False，Application 定义为 Application，Show 定义为 True，UpdateSelection 定义为 pSelectionSet。ShowSelected 为 False 意味着显示所有的记录。相反，如果 ShowSelected 为 True，则仅显示被选记录。将 Application 属性定义为 Application 是很重要的，因为那意味着将 pTableWindow 引用为应用程序本身（即 ArcMap)。如果该属性没有设置，则宏将崩溃。

```
    'Part 4: Show selected features in the feature layer.
    Dim pMxDoc As IMxDocument
    Dim pMap As IMap
    Dim pFeatureLayer As IFeatureLayer
    Dim pFeatSelection As IFeatureSelection
    Dim pActiveView As IActiveView
    Set pMxDoc = ThisDocument
    Set pMap = pMxDoc.FocusMap
    'Use the dBASE table to create a new feature layer.
    Set pFeatureLayer = New FeatureLayer
    Set pFeatureLayer.FeatureClass = pTable
    pFeatureLayer.Name = "idcounty"
    'Add the new layer to the active map.
    pMap.AddLayer pFeatureLayer
    'Refresh the view to draw selected features.
    Set pActiveView = pMap
    Set pFeatSelection = pFeatureLayer
    Set pFeatSelection.SelectionSet = pSelectionSet
    pActiveView.PartialRefresh esriViewGeoSelection, Nothing, Nothing
End Sub
```

第四部分创建了 FeatureLayer 类的实例 pFeatureLayer，将 pTable 设置为其要素类，并设置其名称为 idcounty。接着，代码将 pFeatureLayer 添加到当前地图。最后，代码刷新视图以绘制 pSelectionSet 里的被选要素。

9.4 空间查询

进行空间查询的 VBA 宏需要用到空间筛选器对象。而空间筛选器对象需要一个查询对象和一个空间关系。其中，查询对象的 geometry 属性将被用于选择要素；空间关系用于选择目标图层中的要素。由于一个空间筛选器对象可以同时包含空间限定条件和属性限定条件，因此，对于用户应用来说，空间筛选器对象比查询筛选器对象的功能更强。

9.4.1 SpatialQuery

SpatialQuery 宏利用事先选好的县的形状以及空间包含关系来选择落在该县的城市。该宏的功能与 ArcMap 中的“Select By Location”命令相同，选择 city 图层的某些要素，这些要素被 county 图层的被选要素完全包含。

SpatialQuery 宏有三个部分：第一部分定义了选择图层（即 county 图层）的被选要素，第二部分设置一个空间筛选器，第三部分对要素进行选择并利用一个游标来对被选要素（即被选城市）进行计数。

关键接口：IFeatureSelection，ISelectionSet，IFeatureCursor，IFeature，ISpatialFilter，IFeatureClass。

关键成员：SelectionSet，Search，NextFeature，Geometry，Shape，SpatialRel，FeatureClass。

用法：将 idcounty. shp 和 idcities. shp 添加到当前地图。Idcities 必须在 idcounty 之上。运用 Select Features 工具选择一个县。将 SpatialQuery 导入到 ArcMap 的 VB 编辑器。运行宏。一个消息框报告了被选城市的数量。

```
Private Sub SpatialQuery ()
    'Part 1: Define the selected feature on the layer for selection.
    Dim pMxDoc As IMxDocument
    Dim pCountyLayer As IFeatureSelection
    Dim pCountySelection As ISelectionSet
    Dim pCountyCursor As IFeatureCursor
    Dim pCounty As IFeature
    Set pMxDoc = ThisDocument
    Set pCountyLayer = pMxDoc.FocusMap.Layer (1)
    Set pCountySelection = pCountyLayer.SelectionSet
    'Create a cursor from the selected feature in Layer (1) .
    pCountySelection.Search Nothing, True, pCountyCursor
    'Return the selected feature from the cursor.
    Set pCounty = pCountyCursor.NextFeature
```

```
'Exit the sub if no feature has been selected.
If pCounty Is Nothing Then
    MsgBox "Please select a county"
    Exit Sub
End If
```

第一部分在选择图层上定位确认被选要素。代码将 pCountyLayer 设置为当前地图的第二个图层，而 pCountySelection 设置为图层的选择集。接着，代码利用 ISelectionSet 接口的 Search 方法创建了由 pCountyCursor 所引用的要素游标。由于该宏设计需要一个被选县，所以要素游标必须包含一个县。IFeatureCursor 接口的 NextFeature 方法返回该县并将其赋给 pCounty。如果 pCountyCursor 没有包含被选要素，则宏中止执行。

```
'Part 2: Prepare a spatial filter.
Dim pSpatialFilter As ISpatialFilter
Set pSpatialFilter = New SpatialFilter
Set pSpatialFilter. Geometry = pCounty. Shape
pSpatialFilter. SpatialRel = esriSpatialRelContains
```

第二部分创建了 SpatialFilter 类的实例 pSpatialFilter，定义其查询几何形状（query geometry）和空间关系（spatial relationship）。在这个例子中，查询几何形状是 pCounty 的形状，空间关系是 esriSpatialRelContains，即保证查询几何形状包含了目标几何形状（即城市）。

```
'Part 3: Select features and report number of selected features.
Dim pCityLayer As IFeatureLayer
Dim pCityFClass As IFeatureClass
Dim pCityCursor As IFeatureCursor
Dim pCity As IFeature
Dim intCount As Integer
Set pCityLayer = pMxDoc. FocusMap. Layer (0)
'Select features from Layer (0) and save them to a cursor.
Set pCityFClass = pCityLayer. FeatureClass
Set pCityCursor = pCityFClass. Search (pSpatialFilter, False)
'Loop through the cursor and count number of selected features.
Set pCity = pCityCursor. NextFeature
Do Until pCity Is Nothing
   intCount = intCount + 1
   Set pCity = pCityCursor. NextFeature
Loop
MsgBox "This county has " & intCount & " cities"
End Sub
```

第三部分将 pCityLayer 设置为当前图层的最顶层，并设置 pCityFClass 为相应的要素类。接着，代码利用 IFeatureClass 接口上的 Search 方法，创建了由 pCityCursor 所引用的要素游标（另一个方法是利用 IFeatureLayer 接口的 Search 方法来创建游标）。接着，代码用一个 Do…Loop 循环来逐个访问 pCityCursor 中的每一个要素并用 intCount 变量来计数。最后，代码在一个消息框中报告 intCount 的值。

专栏 9.2 SpatialQueryByName _ GP

SpatialQueryByName _ GP 根据用户给定的名称，例如，Ada，利用 SelectLayerByAttribute 工具选择一个县，然后利用 SelectLayerByLocation 工具选择位于该县内的城市。在 ArcMap 中添加 idcities. shp 和 idcounty. shp。宏选择并高亮显示县和城市。

```
Private Sub SpatialQueryByName _ GP ()
    'Run this macro in ArcMap with idcounty. shp and idcities. shp in the
active map.
    'idcities must be on top of idcounty.
    'Create the Geoprocessing object
    Dim GP As Object
    Set GP = CreateObject ("esriGeoprocessing. GpDispatch. 1")
    'SelectLayerByAttribute <in _ layer _ or _ view> {NEW _ SELECTION | ADD _
TO _ SELECTION | CLEAR _ SELECTION} {where _ clause}
    'Execute the selectlayerbyattribute tool.
    Dim name As String
    name = InputBox ("Enter the name of a county")
    GP. SelectLayerByAttribute "idcounty", "NEW _ SELECTION", "CO _ NAME = '" & name
& "'"
    'SelectLayerByLocation <in _ layer> {INTERSECT | WITHIN _ A _ DISTANCE
| COMPLETELY _ CONTAINS |
    'COMPLETELY _ WITHIN | HAVE _ THEIR _ CENTER _ IN | SHARE _ A _ LINE _ SEG-
MENT _ WITH |
    'BOUNDARY _ TOUCHES | ARE _ IDENTICAL _ TO | CROSSED _ BY _ THE _ OUTLINE _ OF |
    'CONTAINS | CONTAINED _ BY} {select _ features} {search _ distance} {NEW _
SELECTION |
    'ADD _ TO _ SELECTION | REMOVE _ FROM _ SELECTION | SUBSET _ SELECTION |
SWITCH _ SELECTION}
    'Execute the selectlayerbylocation tool.
    GP. SelectLayerByLocation "idcities", "COMPLETELY _ WITHIN", "idcounty"
End Sub
```

9.4.2 SpatialQueryByName

SpatialQueryByName 宏没有利用预先选择的县，而是利用一个输出框来从用户获得县的名称，然后选择并高亮显示该县，进而选择那些被该县包含的城市。SpatialQuery 和 SpatialQueryByName 的唯一区别在第一部分，而第二、第三部分完全相同，因此不再列举（在附带 CD 中的 SpatialQueryByName. txt 中包括了三个部分）。

要使用 SpatialQueryByName 宏，首先将 idcounty. shp 和 idcities. shp 添加到当前地图，Idcities 必须在 idcounty 之上。将 SpatialQueryByName 宏导入 ArcMap 的 VB 编辑器。运行宏。输入县的名称，例如，Ada（注意，这里县名是区分大小写的），弹出一个消息框以报告被 Ada 县包含的被选城市的数量。

```
Private Sub SpatialQueryByName ()
    'Part 1: Define the selected feature on the layer for selection.
    Dim pMxDoc As IMxDocument
    Dim pActiveview As IActiveview
    Dim pCountyLayer As IFeatureLayer
    Dim pFeatureSelection As IFeatureSelection
    Dim name As String
    Dim pQueryFilter As IQueryFilter
    Dim pCountySelection As ISelectionSet
    Dim pCountyCursor As IFeatureCursor
    Dim pCounty As IFeature
    Set pMxDoc = ThisDocument
    Set pActiveview = pMxDoc. FocusMap
    Set pCountyLayer = pMxDoc. FocusMap. Layer (1)
    'Get a county name from the user.
    name = InputBox ("Enter a county name: ", "")
    'Prepare a new query filter.
    Set pQueryFilter = New QueryFilter
    pQueryFilter. WhereClause = "CO _ NAME = '" & name & "'"
    'Refresh or erase any previous selection.
    pActiveview. PartialRefresh esriviewGeoSelection, Nothing, Nothing
    'Select features.
    Set pFeatureSelection = pCountyLayer
    'Refresh again to draw the new selection.
      pFeatureSelection. SelectFeatures pQueryFilter, esriSelectionResultNew,
False
    pActiveview. PartialRefresh esriviewGeoSelection, Nothing, Nothing
```

```
'Create a selection set from the selected feature.
Set pCountySelection = pFeatureSelection. SelectionSet
'Create a cursor from the selection set.
pCountySelection. Search Nothing, True, pCountyCursor
'Return the selected feature.
Set pCounty = pCountyCursor. NextFeature
```

第一部分利用一个输入框从用户获得县的名称，并将其赋给字符串型变量 name。接着，代码通过查询得到 IFeatureSelection 接口，运用 SelectFeatures 方法来选择县。接着，代码高亮显示地图上的被选县。第一部分的剩余语句负责在选择城市之前对被选县进行处理。代码将 pCountySelection 设置为 pFeatureSelection 的选择集。接着，代码创建了一个要素游标，并利用 NextFeature 方法来返回被选县。

9.4.3 MultipleSpatialQueries

MultipleSpatialQueries 宏选择落在两个或多个县中的城市。代码逐个访问县并将被选城市添加到已有游标中。该宏有三个部分：第一部分定义选择图层（即 county 图层）及其上面的被选要素；第二部分逐个访问被选县，利用空间筛选器选择落在该县的城市，并将被选城市添加到一个游标中；第三部分绘制所有的被选要素，包括县和城市，并报告被选城市的数量。

关键接口：IFeatureSelection，ISelectionSet，IFeatureCursor，IFeature，ISpatialFilter，IFeatureSelection，IActiveView。

关键成员：SelectionSet，Search，Geometry，SpatialRel，SelectFeatures，NextFeature。

用法：将 idcounty. shp 和 idcities. shp 添加到当前地图。Idcities 必须在 idcounty 之上。用“Select Features”工具选择两个以上的县。将宏导入到 ArcMap 的 VB 编辑器中。运行宏。该宏绘制所有的被选县和被选城市，弹出一个消息框报告被选城市的数量。

```
Private Sub MultipleSpatiaQueries ()
    'Part 1: Define the selected counties.
    Dim pMxDoc As IMxDocument
    Dim pCountyLayer As IFeatureSelection
    Dim pCountySelection As ISelectionSet
    Dim pCountyCursor As IFeatureCursor
    Dim pCounty As IFeature
    Set pMxDoc = ThisDocument
    Set pCountyLayer = pMxDoc. FocusMap. Layer (1)
    Set pCountySelection = pCountyLayer. SelectionSet
    'Create a cursor from the selected counties.
    pCountySelection. Search Nothing, True, pCountyCursor
```

第一部分定义 pCountyLayer 为当前地图的第二图层，创建 pCountyCursor 作为包含 pCountyLayer 里的选择集的要素游标。

```
'Part 2: Loop through each selected county to select cities.
Dim intCount As Integer
Dim pCityLayer As IFeatureLayer
Dim pSpatialFilter As ISpatialFilter
Dim pCitySelection As IFeatureSelection
intCount = 0
Set pCityLayer = pMxDoc.FocusMap.Layer (0)
Set pCitySelection = pCityLayer
'Step through each county to select cities.
Set pCounty = pCountyCursor.NextFeature
Do Until pCounty Is Nothing
    'Prepare a spatial filter.
    Set pSpatialFilter = New SpatialFilter
    Set pSpatialFilter.Geometry = pCounty.Shape
    pSpatialFilter.SpatialRel = esriSpatialRelContains
    'Select cities and add them to those already selected.
    pCitySelection.SelectFeatures pSpatialFilter, esriSelectionResultAdd, False
    Set pCounty = pCountyCursor.NextFeature
Loop
```

第二部分设置 pCityLayer 为当前地图的最顶图层。接着，代码运用一个 Do…Loop 循环来逐个访问 pCountyCursor 里的被选要素。在循环中，代码准备了一个空间筛选器并定义其几何形状属性和空间关系属性。接着，代码运用 IFeatureSelection 接口的 SelectFeatures 方法来选择落在县中的城市。选择方法采用参数 esriSelectionResultAdd，即将新选要素添加到被选要素中。

```
'Part 3: Draw all selected features and report number of selected cities.
Dim pActiveView As IActiveView
Dim pSelCity As ISelectionSet
Dim pCityCursor As IFeatureCursor
Dim pCity As IFeature
Set pActiveView = pMxDoc.FocusMap
'Refresh selected features.
pActiveView.PartialRefresh esriviewGeoSelection, Nothing, Nothing
'Prepare a cursor for selected cities.
Set pSelCity = pCitySelection.SelectionSet
pSelCity.Search Nothing, True, pCityCursor
'Count number of cities in the cursor.
```

```
    Set pCity = pCityCursor.NextFeature
    Do Until pCity Is Nothing
      intCount = intCount + 1
      Set pCity = pCityCursor.NextFeature
    Loop
    MsgBox "These counties have " & intCount & " cities. "
End Sub
```

第三部分用 IActiveView 接口的 PartialRefresh 方法绘制所有的被选要素。接着，代码创建了 pCitySelection 选择集的一个游标，并对被选城市进行计数。

9.4.4 SelectByShape

SelectByShape 宏将用户绘制的矩形元素作为查询的几何形状，对符合属性查询表达式的城市进行选择。该宏的功能如同 ArcMap 中“Select Features”工具加“Select by Attributes”工具结合来选择要素。SelectByShape 宏具有三个部分：第一部分利用用户绘制的范围来准备一个矩形要素；第二部分准备一个填充符号，让矩形的外框以红色显示；第三部分准备一个空间筛选器，选择落在矩形中的城市并计算被选城市的数量。

关键接口：IGraphicsContainer，IEnvelope，IRubberBand，IElement，IFillShapeElement，IFillSymbol，IColor，ILineSymbol，ISpatialFilter，IFeatureCursor，IFeature。

关键成员：TrackNew，Geometry，Symbol，Color，Outline，Transparency，Width，AddElement，WhereClause，SpatialRel，Search，NextFeature。

用法：将 idcities.shp 添加到当前地图。按照以下步骤将 SelectByShape 宏挂接到一个工具上，以便用户能够用该工具绘制一个矩形并运行宏。

(1) 在 ArcMap 中双击工具条右侧的空白部分，打开“Customize”对话框。

(2) 在“Customize”对话框中点击“New”，在“New Toolbar”对话框中的下拉菜单中选择“Untitled”来存放。点击“OK”。“Custom Toolbar 1”被作为新的工具条添加到 ArcMap。

(3) 点击“Commands”标签。在类别列表中选择“UIControls”。点击“New UIControl”以打开其对话框。勾选“UIToolControl”选项后点“Create”。将“Project UIToolControl1”从命令列表拖放到新工具条上。

(4) 如果需要，右击“UIToolControl1”并选择“Change Button Image”就可以改变工具的图标。再次右击“UIToolControl1”并选择“View Source”以打开 VB 编辑器。确保代码窗的左上角的对象列表中显示的是“UIToolControl1”，并且右上角的过程列表显示的是“MouseDown”而不是默认的“Select”。拷贝粘贴 SelectByShape 宏到代码窗口中，然后关闭 VB 编辑器。

(5) 点击“UIToolControl1”并在 idcities 上绘制一个矩形，该矩形将以红色外框显示，并且弹出一个消息框报告有多少个城市符合选择准则。

(6) 该矩形是一个图形元素，可以通过“Select Elements”工具选上它后删除。

```
Private Sub UIToolControl1 _ MouseDown (ByVal button As Long, ByVal shift As
Long, ByVal x As Long,  _ByVal y As Long)
    'Part 1: Get a rectangle element drawn by the user.
    Dim pEnv As IEnvelope
    Dim pRubberEnv As IRubberBand
    Dim pMxDoc As IMxDocument
    Dim pElem As IElement
    'Create a new rubber envelope.
    Set pRubberEnv = New RubberEnvelope
    'Return a new envelope from the tracker object.
    Set pMxDoc = ThisDocument
    Set pEnv = pRubberEnv.TrackNew (pMxDoc.ActiveView.ScreenDisplay, Nothing)
    'Create a new envelope element.
    Set pElem = New RectangleElement
    pElem.Geometry = pEnv
```

第一部分基于用户绘制的范围形成一个矩形元素，代码首先创建了 RubberEnvelope 类的实例 pRubberEnv，该类实现 IRubberBand 接口（图 9.9）。接着，代码运用 IRubberBand 接口的 TrackNew 方法来追踪（橡皮筋）屏幕上的形状，并将形状赋给 pEnv 所引用的 IEnvelope 对象。进而，代码创建了 RectangleElement 类的实例 pElem，将 pEnv 赋值给它的 geometry 属性（图 9.10）。

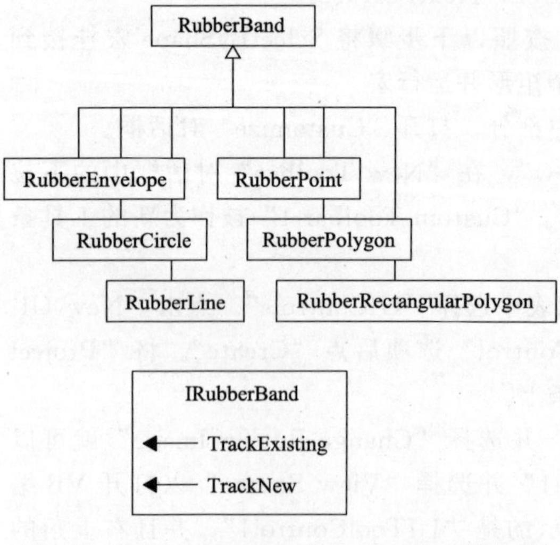

图 9.9　RubberEnvelope 是 RubberBand 的六种类型之一。橡皮封套对象共享 IRubberBand 接口的方法

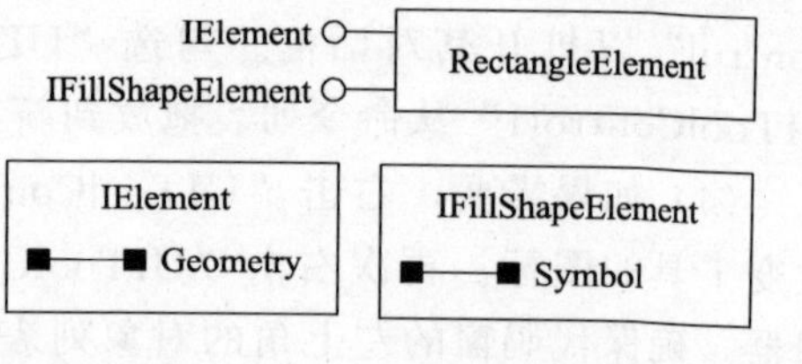

图 9.10　RectangleElement 对象支持 IElement 接口和 IFillShapeElement 接口。接口用于访问对象的 Geometry 属性和 Symbol 属性

```
'Part 2: Add the rectangle with a red outline to view.
Dim pFillShapeElement As IFillShapeElement
Dim pFillSymbol As IFillSymbol
Dim pColor As IColor
Dim pLineSymbol As ILineSymbol
Dim pGContainer As IGraphicsContainer
Set pFillShapeElement = pElem
'Set the fill symbol.
Set pFillSymbol = pFillShapeElement. Symbol
Set pColor = pFillSymbol. Color
pColor. Transparency = 0
pFillSymbol. Color = pColor
'Set the outline symbol.
Set pLineSymbol = pFillSymbol. Outline
pColor. Transparency = 255
pColor. RGB = RGB (255, 0, 0)
pLineSymbol. Width = 0. 1
pFillSymbol. Outline = pLineSymbol
'Assign the symbol to the rectangle.
pFillShapeElement. Symbol = pFillSymbol
'Add the rectangle to the graphics container, and refresh the display.
Set pGContainer = pMxDoc. ActiveView
pGContainer. AddElement pElem, 0
pMxDoc. ActiveView. Refresh
```

第二部分将矩形绘制成红色边框。首先，代码通过查询得到 IFillShapeElement 接口以便为 pElem 定义一个填充符号（图 9.10）。该符号包含填充色彩和外框符号。在本例中，填充色彩的 transparency 属性值为 0，即透明显示。外框符号是细线符号，实心红色。pColor 的 RGB 属性定义了外框符号的颜色，由 VB 的 RGB 函数计算产生。pLineSymbol 的 Width 属性定义了外框符号的宽度。填充符号定义后，代码将 pElem 的符号赋值为 pFillSymbol。最后，代码将 pElem 添加到图形容器中（即文件的当前视图），并刷新视图。

```
'Part 3: Use the rectangle to search features in the top layer.
Dim pSpatialFilter As ISpatialFilter
Dim pCityLayer As IFeatureLayer
Dim pCityCursor As IFeatureCursor
Dim pCity As IFeature
Dim intCount As Integer
'Prepare a spatial filter.
```

```
    Set pSpatialFilter = New SpatialFilter
    pSpatialFilter.WhereClause = "Population > 5000"
    Set pSpatialFilter.Geometry = pEnv
    pSpatialFilter.SpatialRel = esriSpatialRelContains
    'Create a cursor by searching the top layer's feature class.
    Set pCityLayer = pMxDoc.FocusMap.Layer (0)
    Set pCityCursor = pCityLayer.Search (pSpatialFilter, False)
    'Count number of features in the cursor.
    Set pCity = pCityCursor.NextFeature
    Do Until pCity Is Nothing
      intCount = intCount + 1
      Set pCity = pCityCursor.NextFeature
    Loop
MsgBox "There are " & intCount & " cities over 5000 within the rectangular area."
End Sub
```

第三部分创建了 SpatialFilter 类的实例 pSpatialFilter，定义其 WhereClause 属性、geometry 属性以及 spatial relationship 属性。接着，代码将 pCityLayer 设置为当前地图的顶层，利用 IFeatureLayer 接口的 Search 方法创建要素游标。最后，代码逐一访问游标中的各个要素，在消息框中报告被选城市的数量。

9.5 空间查询和属性查询的结合

由于空间筛选器对象可以同时利用空间限定条件和属性限定条件，增加额外的章节来讨论空间查询和属性查询的结合似乎显得多余。不过，在很多情况下，宏需要多次进行属性查询和空间查询，或者同时使用。本章建立的是更有挑战性的任务，而不仅仅是一个简单的宏。

9.5.1 BufferSelect 宏

BufferSelect 宏选择水温超过 60℃并且距离爱达荷州州际公路 8000m 以内的温泉（井）。该宏有三个部分：第一部分定义一个公路图层，根据属性选择州际公路并存储在要素游标中；第二部分循环逐一访问游标中的各条州际公路，创建 8000m 的缓冲区并用一个空间筛选器来选择温泉（井）；第三部分绘制所有的被选要素并报告被选温泉（井）的数量。

BufferSelect 宏利用 ITopologicalOperator 接口创建围绕州际公路的缓冲区。ITopologicalOperator 接口由点、线或多边形对象来实现，具有缓冲、切割、相交和合并等方法来创建新的几何形状（图 9.11）。

关键接口：IFeatureSelection，IQueryFilter，ISelectionSet，IFeatureCursor，ISpatial-

Filter，IElement，IFeature，ITopologicalOperator，IActiveView。

关键成员：WhereClause，SelectFeatures，BufferDistance，SelectionSet，Search，NextFeature，Shape，Buffer，Geometry，SpatialRel，PartialRefresh。

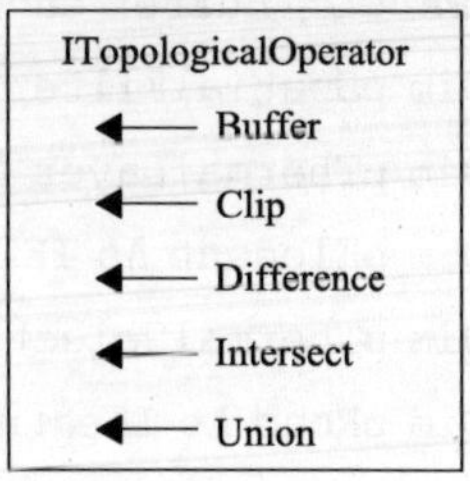

图 9.11　ITopologicalOperator 接口的方法

用法：将 idroads. shp 和 thermal. shp 添加到当前地图。Idroads 必须在 thermal 的上面。将 BufferSelect 导入 ArcMap 的 VB 编辑器中。运行宏。一个消息框报告了符合选择准则的温泉（井）的数量。州际公路和被选温泉（井）都以高亮显示。

```
Private Sub BufferSelect ()
    'Part 1: Create a cursor of interstates.
    Dim pMxDoc As IMxDocument
    Dim pMap As IMap
    Dim pRoadLayer As IFeatureLayer
    Dim pFeatSelection As IFeatureSelection
    Dim pQueryFilter As IQueryFilter
    Dim pRoadSelSet As ISelectionSet
    Dim pRoadCursor As IFeatureCursor
    Set pMxDoc = ThisDocument
    Set pMap = pMxDoc. FocusMap
    Set pRoadLayer = pMap. Layer (0)
    Set pFeatSelection = pRoadLayer
    'Select interstates.
    Set pQueryFilter = New QueryFilter
    pQueryFilter. WhereClause = "Route _ Desc = 'Interstate'"
    pFeatSelection. SelectFeatures pQueryFilter, esriSelectionResultNew, False
    'Display an 8000 - meter buffer around the interstates.
    pFeatSelection. BufferDistance = 8000
    'Create a feature cursor of selected interstates.
    Set pRoadSelSet = pFeatSelection. SelectionSet
    pRoadSelSet. Search Nothing, False, pRoadCursor
```

第一部分将 pRoadLayer 定义为当前地图的顶层。为了选择州际公路，代码创建了一个查询筛选器对象，通过查询得到 IFeatureSelection 接口并利用 SelectFeatures 方法创建一个由 pFeatSelection 引用的要素选择集。pFeatSelection 的 BufferDistance 属性被设置以显示 8000m 的缓冲距离。接着，代码将 pFeatSelection 选择集赋值给 pRoadSelSet，创建一个由 pRoadCursor 所引用的要素游标。因为游标的创建没有用到查询筛选器，因此所有的被选州际公路都包含在游标内。

```
'Part 2: Buffer each interstate segment, and select thermals.
Dim pSpatialFilter As ISpatialFilter
Dim pThermalLayer As IFeatureLayer
Dim pElement As IElement
Dim pThermalSelection As IFeatureSelection
Dim pRoad As IFeature
Dim pTopoOperator As ITopologicalOperator
'Prepare a spatial filter.
Set pSpatialFilter = New SpatialFilter
pSpatialFilter.WhereClause = "temp > 60"
pSpatialFilter.SpatialRel = esriSpatialRelContains
'Define the thermal layer whose features will be selected.
Set pThermalLayer = pMxDoc.FocusMap.Layer (1)
Set pThermalSelection = pThermalLayer
'Step through each interstate segment and select thermals.
Set pRoad = pRoadCursor.NextFeature
Do Until pRoad Is Nothing
    'Create an 8000 - meter buffer from the road.
    Set pTopoOperator = pRoad.Shape
    Set pElement = New PolygonElement
    pElement.Geometry = pTopoOperator.Buffer (8000)
    'Define the geometry of the spatial filter.
    Set pSpatialFilter.Geometry = pElement.Geometry
    'Select thermals and add them to the selection set.
    pThermalSelection. SelectFeatures pSpatialFilter, esriSelectionResultAdd,
False
    Set pRoad = pRoadCursor.NextFeature
Loop
```

第二部分选择位于州际公路 8000m 内并且水温高于 60℃的温泉（井）。代码首先创建一个由 pSpatialFilter 引用的空间筛选器对象并定义其属性限定条件和空间关系。接着，代码将 pThermalLayer 设置为当前地图的第二个图层，查询得到 IFeatureSelection 接口。接着，代码利用 Do…Loop 循环来逐一访问每条州际公路。在循环中完成两个任务；首先，代码利用 ITopologicalOperator 接口的 Buffer 方法为每条州际公路创建一个 8000m 缓冲多边形，然后将缓冲多边形赋值给 pSpatialFilter 的几何属性；其次，代码利用 IFeatureSelection 接口的 SelectFeatures 方法创建一个要素选择集。确定选择方法的参数是 esriSelectionResultAdd，即将选择上的温泉（井）添加到当前选择集中。Do…Loop 循环持续到所有的州际公路都被访问过。

```
'Part 3: Draw all selected features, and report number of thermals selected.
```

```
    Dim pActiveView As IActiveView
    Dim pThermalSelSet As ISelectionSet
    Set pActiveView = pMxDoc. FocusMap
    pActiveView. PartialRefresh esriViewGeoSelection, Nothing, Nothing
    Set pThermalSelSet = pThermalSelection. SelectionSet
    MsgBox "There are " & pThermalSelSet. Count & " thermals selected"
End Sub
```

第三部分绘制所有的被选公路和温泉（井）。最后，用一个消息框报告符合选择准则的温泉（井）的数量。

9.5.2 IntersectSelect

IntersectSelect 宏选择爱达荷州里有州际公路通过并且 1990～2000 年人口增长超过 15%的县。和 BufferSelect 宏类似，IntersectSelect 宏同时进行属性查询和空间查询。一个主要区别是 IntersectSelect 宏在选择县的时候采用相交关系。

IntersectSelect 宏有三个部分：第一部分从道路图层选择州际公路，为被选要素创建一个要素游标；第二部分利用空间筛选器对象选择那些和州际公路相交并且人口增长率高的县；第三部分显示被选要素并报告被选县的数量。

关键接口：IFeatureSelection，IQueryFilter，ISelectionSet，IFeatureCursor，ISpatialFilter，IElement，IFeature，IActiveView。

关键成员：WhereClause，SelectFeatures，SelectionSet，Search，NextFeature，Shape，Geometry，SpatialRel，PartialRefresh。

用法：将 idroads. shp 和 idcounty. shp 添加到当前地图。Idroads 必须在 idcounty 的上面（如果有必要，请清除 idroads 的被选要素）。将 IntersectSelect 导入到 ArcMap 的 VB 编辑器。运行宏，消息框报告符合选择准则的那些县的数量。州际公路和被选县都在地图上高亮显示。

```
Private Sub IntersectSelect ()
    'Part 1: Create a cursor of interstates.
    Dim pMxDoc As IMxDocument
    Dim pMap As IMap
    Dim pRoadLayer As IFeatureLayer
    Dim pFeatSelection As IFeatureSelection
    Dim pQueryFilter As IQueryFilter
    Dim pRoadSelSet As ISelectionSet
    Dim pRoadCursor As IFeatureCursor
    Set pMxDoc = ThisDocument
    Set pMap = pMxDoc. FocusMap
    Set pRoadLayer = pMap. Layer (0)
```

```
Set pFeatSelection = pRoadLayer
'Select interstates.
Set pQueryFilter = New QueryFilter
pQueryFilter. WhereClause = "Route _ Desc = 'Interstate'"
pFeatSelection. SelectFeatures pQueryFilter, esriSelectionResultNew, False
'Create a feature cursor of selected interstates.
Set pRoadSelSet = pFeatSelection. SelectionSet
pRoadSelSet. Search Nothing, False, pRoadCursor
```

第一部分运用一个查询筛选器从道路图层选择州际公路，并由被选州际公路创建一个要素游标。

```
'Part 2: Select high - growth counties that intersect an interstate.
Dim pCountyLayer As IFeatureLayer
Dim pElement As IElement
Dim pCountySelection As IFeatureSelection
Dim pRoad As IFeature
Dim pSpatialFilter As ISpatialFilter
Set pCountyLayer = pMxDoc. FocusMap. Layer (1)
Set pCountySelection = pCountyLayer
'Prepare a spatial filter.
Set pSpatialFilter = New SpatialFilter
pSpatialFilter. WhereClause = "change > 15"
'Step through each interstate and select counties.
Set pRoad = pRoadCursor. NextFeature
Do Until pRoad Is Nothing
  'Define the geometry of the spatial filter.
  Set pSpatialFilter. Geometry = pRoad. Shape
  'Select counties and add them to the selection set.
  pCountySelection. SelectFeatures pSpatialFilter, esriSelectionResultAdd,
False
  Set pRoad = pRoadCursor. NextFeature
Loop
```

第二部分首先创建一个空间筛选器对象，定义其属性限制条件和空间关系。接着，代码在 Loop 循环中逐一访问每个州际公路。在循环中，代码将州际公路的形状定义为查询几何图形，选择和州际公路相交的县。随着循环的继续，将被选县添加到选择集中。

```
'Part 3: Draw all selected features and report number of counties selected.
Dim pActiveView As IActiveView
Dim pCountySelSet As ISelectionSet
Set pActiveView = pMxDoc. FocusMap
```

```
    'Draw all selected features.
    pActiveView.PartialRefresh esriViewGeoSelection, Nothing, Nothing
    Set pCountySelSet = pCountySelection.SelectionSet
    MsgBox "There are " & pCountySelSet.Count & " counties selected"
End Sub
```

第三部分绘制全部被选州际公路和县。接着用一个消息框来报告已选县的数量。

9.6 计算描述性统计值

本节讨论如何在 ArcObjects 里通过编程计算要素图层中指定字段的描述性统计值。这些统计值可以是针对所有记录的，也可以是记录的一个子集。

9.6.1 DataStatistics

DataStatistics 宏根据指定字段对要素图层的所有记录计算并报告描述性指标。该宏的功能和 ArcMap 的字段快捷菜单中选用“Statistics”命令相同。DataStatistics 宏有三个部分：第一部分定义要素图层并由图层创建游标；第二部分创建一个数据统计对象，利用该对象来计算字段的描述性统计值；第三部分在一个消息框显示统计值。

关键接口：ICursor，IDataStatistics，IStatisticsResults。

关键成员：Search，Field，Cursor，Statistics，Maximum，Minimum，Mean。

用法：将 idcounty.shp 添加到当前地图。将 DataStatistics 导入 VB 编辑器。运行宏。该宏用一个消息框显示“change”字段的最大值、最小值和平均值。

```
Private Sub DataStatistics ()
    'Part 1: Define the feature layer and cursor.
    Dim pMxDoc As IMxDocument
    Dim pFLayer As IFeatureLayer
    Dim pCursor As ICursor
    Set pMxDoc = ThisDocument
    Set pFLayer = pMxDoc.FocusMap.Layer (0)
    Set pCursor = pFLayer.Search (Nothing, False)
```

第一部分将 pFLayer 设置为当前地图的最顶图层，创建包含 pFLayer 里的所有要素的 pCursor。

```
    'Part 2: Derive statistics on the field change.
    Dim pData As IDataStatistics
    Dim pStatResults As IStatisticsResults
    Dim pChangeMax As Double
    Dim pChangeMin As Double
    Dim pChangeMean As Double
```

```
'Create a data statistics object.
Set pData = New DataStatistics
pData.Field = "change"
Set pData.Cursor = pCursor
Set pStatResults = pData.Statistics
'Get the maximum, minimum, and mean values.
pChangeMax = pStatResults.Maximum
pChangeMin = pStatResults.Minimum
pChangeMean = pStatResults.Mean
```

第二部分创建了 DataStatistics 类的实例 pData，定义对象的以下属性：Field 属性设置为“change”；Cursor 属性设置为 pCursor；Statistics 属性设置为 pStatResults。接着，代码利用 IStatisticsResults 接口的成员将最大值、最小值和平均值保存到合适的变量中。

```
'Part 3: Display the statistics in a message box.
Dim sMsg As String
sMsg = "Statistics of the field change are: " & vbCrLf
sMsg = sMsg & "===================" & vbCrLf
sMsg = sMsg & "Maximum: " & pChangeMax & vbCrLf
sMsg = sMsg & "Minimum: " & pChangeMin & vbCrLf
sMsg = sMsg & "Mean: " & pChangeMean & vbCrLf
sMsg = sMsg & "==================="
MsgBox sMsg
End Sub
```

第三部分用一个消息框来显示第二部分计算到的统计值。常量 vbCrLf 表示换行。

专栏 9.3　DataStatistics_GP

DataStatistics_GP 利用 Analysis 工具箱的 Statistics 工具来计算 idcounty.shp 图层的“Change”字段的最小值、最大值和平均值，并将这些统计值存放到一个 dbf 文件中。在 ArcCatalog 中运行宏，并打开 dbf 文件查看结果。

```
Private Sub DataStatistics_GP()
    'Create the Geoprocessing object.
    Dim GP As Object
    Set GP = CreateObject("esriGeoprocessing.GpDispatch.1")
    'Statistics <in_table> <out_table> <field {Statistic Type};
    field {Statistic Type} …> {case_field}
    'Define the third parameter for the command.
```

```
    Dim Parameter3 As String
    Parameter3 = "CHANGE MIN; CHANGE MAX; CHANGE MEAN; CHANGE STD"
    'Execute the statistics tool.
    GP.Statistics "c:\data\chap9\idcounty.shp","c:\data\chap9\stats.dbf",
Parameter3
End Sub
```

9.6.2 DataSubsetStatistics

DataSubsetStatistics 宏针对被选记录集计算统计值。该宏的功能与 ArcMap 中对被选记录的一个字段运用“Statistics”命令相同。DataSubsetStatistics 宏有三个部分：第一部分定义要素图层并由图层创建游标；第二部分创建数据统计对象并利用该对象计算字段的描述性统计值；第三部分在一个消息框中显示这些统计值。

关键接口：IQueryFilter，ICursor，IDataStatistics，IStatisticsResults。

关键成员：WhereClause，Search，Field，Cursor，Statistics，Maximum，Minimum，Mean。

用法：将 idcounty.shp 添加到当前地图。将 DataSubsetStatistics 导入 VB 编辑器。运行宏。该宏用一个消息框对那些“change”值大于 20 的县显示字段“change”的最大值、最小值和平均值。

```
Private Sub DataSubsetStatistics ()
    'Part 1: Get a handle on the feature layer and cursor.
    Dim pMxDoc As IMxDocument
    Dim pFLayer As IFeatureLayer
    Dim pQueryFilter As IQueryFilter
    Dim pCursor As ICursor
    Set pMxDoc = ThisDocument
    Set pFLayer = pMxDoc.FocusMap.Layer (0)
    Set pQueryFilter = New QueryFilter
    pQueryFilter.WhereClause = "change > 20"
    Set pCursor = pFLayer.Search (pQueryFilter, False)
```

第一部分创建一个查询筛选器对象并定义其 WhereClause 属性。接着，代码创建一个游标，仅包含那些“change”值大于 20 的县。

```
    'Part 2: Derive statistics on the field change.
    Dim pData As IDataStatistics
    Dim pStatResults As IStatisticsResults
    Dim pChangeMax As Double
    Dim pChangeMin As Double
```

```
Dim pChangeMean As Double
'Define an IDataStatistics object.
Set pData = New DataStatistics
pData. Field = "change"
Set pData. Cursor = pCursor
Set pStatResults = pData. Statistics
'Get the maximum, minimum, and mean values.
pChangeMax = pStatResults. Maximum
pChangeMin = pStatResults. Minimum
pChangeMean = pStatResults. Mean
```

第二部分创建一个数据统计对象，并计算其最大值、最小值和平均值。

```
'Part 3: Display the statistics in a message box.
Dim sMsg As String
sMsg = "Statistics of the field change are: " & vbCrLf
sMsg = sMsg & "====================" & vbCrLf
sMsg = sMsg & "Maximum: " & pChangeMax & vbCrLf
sMsg = sMsg & "Minimum: " & pChangeMin & vbCrLf
sMsg = sMsg & "Mean: " & pChangeMean & vbCrLf
sMsg = sMsg & "===================="
MsgBox sMsg
End Sub
```

第三部分在消息框中报告统计值。

第 10 章　矢量数据操作

矢量数据分析是基于点、线和多边形等几何对象的。矢量操作一般针对空间要素的形状进行，部分操作也包括要素的属性。四种常见的矢量数据分析是缓冲区分析、叠置分析、空间关联和要素运算。

缓冲区分析为输入图层的每个空间要素在给定距离下产生一个缓冲区。假设输入图层有 20 个线段，则首先创建 20 个缓冲区，通常还要删除这些缓冲区之间的重叠部分。缓冲区分析的一个重要要求是输入图层必须有空间参考信息，以便计算距离。

叠置分析将两个图层的图形和属性结合起来创建新的输出。两个图层中，一个叫输入图层，另一个叫叠置图层。输出中，每个要素都包含有上述两种图层的属性组合，以将相邻的要素区分开。两种常用的叠置方法是联合和相交。联合操作保留两个图层的所有要素，而相交操作只保留两个图层中要素重叠部分的要素。

空间关联分析利用诸如最近邻、包含或相交等空间关系将两个图层的要素连接起来。如果运用的是最近邻，则两个图层的要素之间的距离量算会包括在输出中。

要素运算指的是单个图层内或多个图层间要素的多种运算方法。要素运算并不会将两图层的形状或属性组合起来生成输出。常见的运算包括剪切（clip）、融合（dissolve）和合并（merge）。

本章讨论矢量数据的操作。10.1 节回顾 ArcGIS 中的矢量数据分析；10.2 节讨论与矢量数据分析相关的对象；10.3 节是进行缓冲区分析的宏和 GP 宏；10.4 节讨论叠置分析的宏与 GP 宏；10.5 节是空间关联操作的宏；10.6 节是要素运算操作的宏和 GP 宏。所有的宏的开始都列出了关键接口、关键成员（即属性和方法）和用法。

10.1　ArcGIS 中的矢量数据分析

ArcGIS 通过 ArcToolbox 提供基于要素的分析工具。分析工具包括 Extract 工具集中的 clip、select 和 split，Overlay 工具集中的 erase、identity、intersect、symmetrical difference、union 和 update，Proximity 工具集中的 buffer、near 和 point distance。Data Management 工具箱中，append 和 merge 工具放在 General 工具集下；dissolve 和 eliminate 工具放在 Generalization 工具集下。

ArcMap 的空间关联是基于不同要素的空间关系，将两个要素属性表的属性关联起来。空间关系可能是邻接（proximity）关系，即将一个图层要素的属性同其在另一个图层的最接近的要素的属性关联起来。空间关系也可能是包含关系，即将一个图层要素的属性以及另一个图层中包含了该要素的那些要素的属性关联起来。空间连接的结果可能包括距离的度量或加总统计。

10.2　用于矢量数据分析的 ArcObjects

用于矢量数据分析的基本组件是 FeatureCursorBuffer、BasicGeoprocessor 和 SpatialJoin。要素游标缓冲区（feature cursor buffer）对象支持 IFeatureCursorBuffer 接口，该接口拥有不同的方法和属性来进行缓冲区操作（图 10.1）。例如，Dissolve 属性决定了相互重叠的缓冲区对象是否需要融合，RingDistance 属性用于设置缓冲环的个数，ValueDistance 属性用于指定缓冲距离常数。IFeatureCursorBuffer2 接口拥有附加的属性，用于指定数据框架、源数据、目标数据和缓冲区的空间参考系。要素游标缓冲区对象还实现 IBufferProcessingParameter 接口，用于访问各个成员以获得缓冲区操作中的参数。

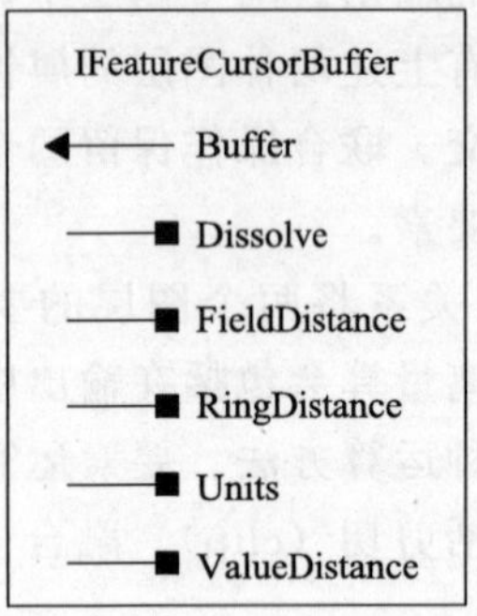

图 10.1　IFeatureCursorBuffer 的属性可以定义缓冲分析的参数

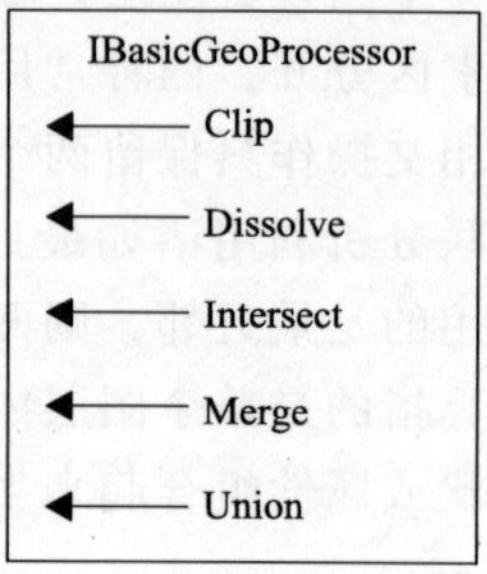

图 10.2　IBasicGeoProcessor 接口的方法

基本的地理操作（geoprocessor）对象实现 IBasicGeoprocessor 接口，该接口提供相交、联合、剪切、融合、合并等各种方法（图 10.2）。除了合并以外，所有方法都可以使用已选要素作为输入。

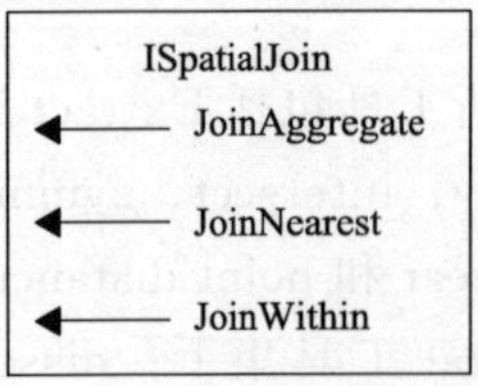

图 10.3　ISpatialJoin 接口的方法

空间连接对象支持 ISpatialJoin 接口，该接口提供方法，基于要素间空间关系来连接要素属性（图 10.3）。JoinAggregate 方法运用加总统计来连接要素。JoinNearest 方法利用最近关系来连接要素。JoinWithin 方法利用包含关系来连接要素。

由于矢量数据分析要处理点、线和多边形等离散要素，在某些应用中，这些离散要素的属性和方法可能很重要。例如，叠置操作时，输出的 shapefile 中的多边形面积和周长就需要更新。另一个例子是多边形要素类 centroid 的计算。图 10.4 对矢量数据分析中重要的属性和方法进行了总结，包括 IPoint、ICurve 和 IArea。

当开发用于矢量数据分析的 VBA 宏时，我们必须仔细区分矢量数据分析和空间数据查询（见第 9 章）。矢量数据分析产生输出图层，而空间查询产生符合选择条件的数

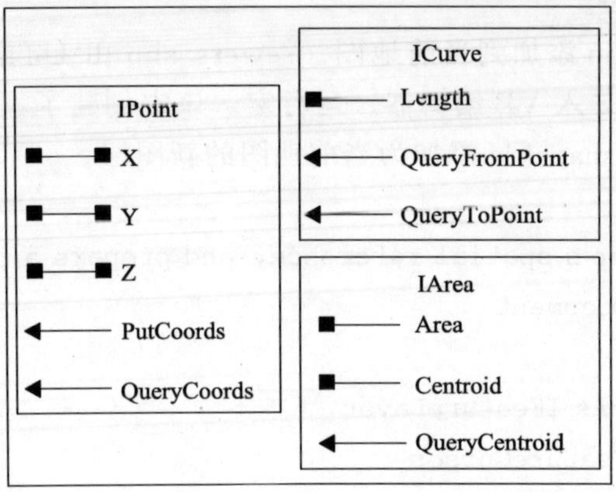

图 10.4　IPoint、ICurve 和 IArea 等接口的成员对矢量数据分析很重要

据子集。不过，矢量数据分析的术语也出现在空间数据查询中。在空间关系中，可以用于查询的是 esriSpatialRelIntersects 和 esriSpatialRelEnvelopeIntersects 等参数。而且，实际上，为了创建空间查询的几何图形，ITopologicalOperator 接口也提供缓冲区、剪切、相交、联合等方法。因此，明确缓冲区、相交、合并等的应用上下文环境非常重要。

10.3　缓冲区分析

编写缓冲区分析的 VBA 宏时，需要注意两个重要问题：第一，由于缓冲区分析的距离单位可能和输入图层的距离单位相同，也可能不同，因此宏必须指定输入图层以及输出图层的空间参考系；第二，由于缓冲区分析是对每个点、线或多边形进行操作的，所以宏必须建立一个要素游标以逐个访问要素计算缓冲区。

10.3.1　Buffer

Buffer 宏为线型的 shapefile 创建围绕要素的缓冲区。该宏的功能和 ArcMap 的缓冲区向导的功能相同。Buffer 宏有四个部分：第一部分为输入数据集创建一个包含所有要素的游标，并获取当前地图的空间参考系；第二部分定义输出的工作空间和数据集名称；第三部分执行缓冲区分析；第四部分由输出创建一个要素图层，并将图层添加到当前地图。

关键接口：IFeatureClass，IFeatureCursor，ISpatialReference，IFeatureCursorBuffer2，IWorkspaceName，IDatasetName，IFeatureClassName，IName。

关键成员：FeatureClass，Search，SpatialReference，FeatureCursor，Dissolve，ValueDistance，BufferSpatialReference，DataFrameSpatialReference，SourceSpatialReference，TargetSpatialReference，WorkspaceFactoryProgID，PathName，Name，

WorkspaceName，Buffer。

用法：将 sewers. shp 添加到当前地图。sewers. shp 由 UTM 坐标测度，具有空间参考信息。将 Buffer 宏导入 VB 编辑器。运行宏。该宏创建了一个名为 Buffer _ Result 的新 shapefile，并将该 shapefile 添加为当前地图的新图层。

```
Private Sub Buffer ()
    'Part 1: Get the map's spatial reference, and prepare a feature cursor.
    Dim pMxDoc As IMxDocument
    Dim pMap As IMap
    Dim pFeatureLayer As IFeatureLayer
    Dim pFCursor As IFeatureCursor
    Dim pSpatialReference As ISpatialReference
    Set pMxDoc = ThisDocument
    Set pMap = pMxDoc. FocusMap
    'Set the spatial reference.
    Set pSpatialReference = pMap. SpatialReference
    'Prepare a feature cursor of all features in the top layer.
    Set pFeatureLayer = pMap. Layer (0)
    Set pFCursor = pFeatureLayer. Search (Nothing, False)
```

第一部分将 pSpatialReference 设置为当前地图的空间参考系，接着，代码利用 IFeatureLayer 接口的 Search 方法创建了由 pFCursor 所引用的要素游标。由于 Search 方法不使用查询筛选对象，因此 pFCursor 包含要素图层的所有要素。

```
    'Part 2: Define the output.
    Dim pBufWSName As IWorkspaceName
    Dim pBufDatasetName As IDatasetName
    Dim pBufFCName As IFeatureClassName
    'Define the output's workspace and name.
    Set pBufFCName = New FeatureClassName
    Set pBufDatasetName = pBufFCName
    Set pBufWSName = New WorkspaceName
    pBufWSName. WorkspaceFactoryProgID = "esriCore. ShapeFileWorkspaceFactory. 1"
    pBufWSName. PathName = "c: \ data \ chap10"
    Set pBufDatasetName. WorkspaceName = pBufWSName
pBufDatasetName. Name = "Buffer _ result"
```

第二部分创建了 FeatureClassName 类的一个实例 pBufFCName。接着代码查询获得 IDatasetName 接口以定义 pBufFCName 的工作空间和名称。

```
    'Part 3: Perform buffering.
    Dim pFeatureCursorBuffer2 As IFeatureCursorBuffer2
    'Define a feature cursor buffer object.
```

```
Set pFeatureCursorBuffer2 = New FeatureCursorBuffer
With pFeatureCursorBuffer2
    Set .FeatureCursor = pFCursor
    .Dissolve = True
    .ValueDistance = 300
    Set .BufferSpatialReference = pSpatialReference
    Set .DataFrameSpatialReference = pSpatialReference
    Set .SourceSpatialReference = pSpatialReference
    Set .TargetSpatialReference = pSpatialReference
End With
'Use the buffer method.
pFeatureCursorBuffer2.buffer pBufFCName
```

第三部分创建了 FeatureCursorBuffer 类的实例 pFeatureCursorBuffer2，并在一个 With 块中定义其属性。代码指定 pFCursor 为要素游标，属性 dissolve 为 True 以融合重叠的部分，缓冲距离常数设定为 300（m），缓冲分析、数据框架、源数据集和目标数据集的空间参考系设为 pSpatialReference。接着代码利用 IFeatureCursorBuffer2 接口的 Buffer 方法以对 pFCursor 中的要素进行缓冲区分析，并用 pBufFCName 创建输出。

```
'Part 4: Create the output layer and add it to the active map.
Dim pName As IName
Dim pBufFC As IFeatureClass
Dim pBufFL As IFeatureLayer
Set pName = pBufFCName
Set pBufFC = pName.Open
Set pBufFL = New FeatureLayer
Set pBufFL.FeatureClass = pBufFC
pBufFL.Name = "Buffer_Result"
pMap.AddLayer pBufFL
End Sub
```

第四部分查询获得了 IName 接口并利用 Open 方法来打开一个由 pBufFC 引用的要素类对象。代码接着从 pBufFC 创建了一个要素图层并将其添加到当前地图。

专栏 10.1　Buffer_GP

Buffer_GP 利用 Analysis 工具箱的 Buffer 工具对 sewers.shp 进行缓冲区分析，缓冲距离是 300m。该宏同时指定缓冲区进行融合。在 ArcCatalog 里运行宏并在 Catalog 目录树里检查输出的 shapefile（Buffer_result2.shp）。

```
Private Sub Buffer_GP()
    'Create the Geoprocessing object.
```

```
    Dim GP As Object
    Set GP = CreateObject ("esriGeoprocessing. GpDispatch. 1")
    'Buffer <in _ features> <out _ feature _ class> <buffer _ distance _ or
_ field> {FULL | LEFT | RIGHT} {ROUND |
    FLAT} {NONE | ALL | LIST} {dissolve _ field; dissolve _ field...}
    'Execute the buffer tool.
    GP. Buffer _ analysis "c: \ data \ chap10 \ sewers. shp", "c: \ data \ chap10
\ Buffer _ result2. shp", "300", "", "", "ALL"
End Sub
```

10.3.2 Buffer 宏的选项

在前面的小节中，Buffer 宏利用一个常量距离对线要素产生缓冲区。通过要素游标缓冲区对象的属性，可以设置更多的缓冲操作选项。下面通过分析宏的语句来总结这些选项。

(1) 要将常量缓冲距离更改为可变缓冲距离，可将语句 .ValueDistance＝300 修改为 .FieldDistance＝“DistanceField”，其中，DistanceField 是定义缓冲距离的字段。

(2) 要创建多环缓冲，可将语句 .ValueDistance＝300 改为 .RingDistance (3) ＝100，其中 3 表示环的数量，而 100 表示每个环的缓冲距离是 100m。

(3) 要创建非融合的或离散的缓冲区，将 .Dissolve＝True 语句改为 .Dissolve＝False。

(4) 要采用和地图单位（如米）不同的缓冲区单位（如英尺），则添加语句 Units (esriMeters) ＝esriFeet，作为 pFeatureCursorBuffer2 的附加属性。

10.4 叠置分析

要进行叠置分析，VBA 宏必须区分输入图层和叠置图层。IBasicGeoprocessor 接口所提供的方法包括相交、联合和剪切。三种方法有完全相同的语法。因此，以下用于相交操作的宏也可以用于联合操作和剪切操作，仅需要修改 IBasicGeoprocessor 接口的方法。

10.4.1 Intersect

Intersect 宏运用相交方法来创建一个叠置输出图层。该宏的功能与 ArcMap 的“GeoProcessing / Intersect”操作一致。宏具有四个部分：第一部分定义了相交操作的数据集；第二部分定义了输出，包括其工作空间和名称；第三部分设置了一个基本的地理操作器对象并运行相交方法；第四部分创建一个用于输出的要素图层并将该图层添加到当前地图。

关键接口：IFeatureClass，IWorkspaceName，IFeatureClassName，IDatasetName，IBasicGeoProcessor。

关键成员：FeatureClass，WorkspaceFactoryProgID，PathName，Name，WorkspaceName，Intersect。

用法：将 landsoil. shp 和 sewerbuf. shp 添加到当前地图。Landsoil 将被作为输入图层；sewerbuf 被作为叠置图层。在列表中，Landsoil 必须在 sewerbuf 的上方。将 Intersect 导入 VB 编辑器。运行宏。该宏创建了 Intersect _ result. shp，并将其作为一个要素图层添加到当前地图中。

```
Private Sub Intersect ()
'Part 1: Define the datasets for intersect.
Dim pMxDoc As IMxDocument
Dim pMap As IMap
Dim pInputLayer As IFeatureLayer
Dim pOverlayLayer As IFeatureLayer
Dim pInputFC As IFeatureClass
Dim pOverlayFC As IFeatureClass
Set pMxDoc = ThisDocument
Set pMap = pMxDoc. FocusMap
'Define the input feature class.
Set pInputLayer = pMap. Layer (0)
Set pInputFC = pInputLayer. FeatureClass
'Define the overlay table.
Set pOverlayLayer = pMap. Layer (1)
Set pOverlayFC = pOverlayLayer. FeatureClass
```

第一部分设置当前地图中的最顶层输入图层，第二层为叠置图层。接着代码设 pInputFC 为输入图层的要素类，pOverlayFC 为叠置图层的要素类。

```
'Part 2: Define the output dataset.
Dim pNewWSName As IWorkspaceName
Dim pFeatClassName As IFeatureClassName
Dim pDatasetName As IDatasetName
Set pFeatClassName = New FeatureClassName
Set pDatasetName = pFeatClassName
Set pNewWSName = New WorkspaceName
pNewWSName. WorkspaceFactoryProgID = "esriCore. ShapeFileWorkspaceFactory"
pNewWSName. PathName = "c: \ data \ chap10"
Set pDatasetName. WorkspaceName = pNewWSName
pDatasetName. name = "Intersect _ result"
```

第二部分创建 FeatureClassName 类的实例 pFCName。接着代码查询获得 IDatasetName 接口以定义 pFCName 的工作空间和名称。

```
    'Part 3: Perform intersect.
    Dim pBGP As IBasicGeoprocessor
    Dim tol As Double
    Dim pOutputFC As IFeatureClass
    'Define a basic geoprocessor object.
    Set pBGP = New BasicGeoprocessor
    'Use the default tolerance.
    tol = 0#
    'Run intersect.
    Set pOutputFC = pBGP.Intersect (pInputTable, False, pOverlayTable, False,
tol, pFeatClassName)
```

第三部分创建了 BasicGeoprocessor 类的实例 pBGP，并利用 IBasicGeoprocessor 接口的 Intersect 方法创建了由 pOutputFC 引用的输出。Intersect 方法运用四个对象限定词和两个参数。四个对象限定词是预先定义的；两个参数则确定在叠置操作中是否仅使用 pInputFC 或 pOverlayFC 的数据集，或者两者都使用。如果它们都被设置为 false，则使叠置操作忽略任何已选数据集。

```
    'Part 4: Create the output layer and add it to the active map.
    Dim pOutputFeatLayer As IFeatureLayer
    Set pOutputFeatLayer = New FeatureLayer
    Set pOutputFeatLayer.FeatureClass = pOutputFC
    pOutputFeatLayer.name = pOutputFeatClass.AliasName
    pMap.AddLayer pOutputFeatLayer
End Sub
```

第四部分从 pOutputFC 创建一个要素图层，并将该图层添加到当前地图。

专栏 10.2　Intersect _ GP

Intersect _ GP 利用 Analysis 工具箱的 Intersect 工具进行 sewerbuf.shp 和 soils.shp 的叠置分析。在 ArcCatalog 中运行宏，在 Catalog 目录树中查看输出的 shapefile (sewerbuf _ soil.shp)。

```
Private Sub intersect _ GP ()
    'Create the Geoprocessing object and define its workspace.
    Dim GP As Object
    Set GP = CreateObject ("esriGeoprocessing.GpDispatch.1")
    Dim filepath As String
```

```
    filepath = "c:\data\chap10"
    GP.Workspace = filepath
    'Intersect <features {Ranks}; features {Ranks} ...> <out_feature_
class>
    '{ALL | NO_FID | ONLY_FID} {cluster_tolerance} {INPUT | LINE | POINT}
    'Define parameter 1 and parameter 2 for the command.
    Dim parameter1 As String
    parameter1 = "sewerbuf.shp; soils.shp"
    Dim parameter2 As String
    parameter2 = "sewerbuf_soils.shp"
    'Execute the intersect tool.
    GP.Intersect_analysis parameter1, parameter2
End Sub
```

10.4.2　Shapefile 的面积和周长的更新

在叠置分析中，基本的地理操作器对象不会自动更新输出 shapefile 的面积和周长。Intersect 宏输出的属性表实际上包含了来自输入图层和叠置图层两个集合的面积和周长数据，不过这两个集合都没有被更新。

如果将 geodatabase 的要素类用于输入和叠置操作，则输出的要素类会在 shape_area 字段和 shape_length 字段中存放正确的面积和周长值（第 14 章的示例宏将利用 geodatabase 的要素类进行叠置操作）。不过，如果 shapefile 用于输入，则有两种方法来更新输出 shapefile 的面积和周长。第一种方法是利用诸如第 6 章中的 ShapefileToAccess 那样的转换宏，将 shapefile 转化为一个 geodatabase 要素类，转换后的 geodatabase 要素类会在 shape_area 字段和 shape_length 字段存放更新后的值。第二种方法是在 Intersect 宏的第五部分添加以下代码段（附带 CD 上的 Intersect_Update.txt 文件是一个完整的宏）。该宏产生一个 Intersect_result2，其中面积和周长值已经更新。

```
'Part 5: Update area and perimeter of the output shapefile.
Dim pField1 As IFieldEdit
Dim pField2 As IFieldEdit
Dim pUpdateCursor As IFeatureCursor
Dim intArea As Integer
Dim intLeng As Integer
Dim pArea As IArea
Dim pCurve As ICurve
Dim pFeature As IFeature
'Define the two fields to be added.
```

```
Set pField1 = New Field
pField1.Name = "Shape _ area"
pField1.Type = esriFieldTypeDouble
Set pField2 = New Field
pField2.Name = "Shape _ leng"
pField2.Type = esriFieldTypeDouble
'Add the two new fields.
pOutputFC.AddField pField1
pOutputFC.AddField pField2
'Create a feature cursor to update each feature's new fields.
Set pUpdateCursor = pOutputFC.Update (Nothing, False)
'Locate the new fields.
intArea = pUpdateCursor.FindField ("Shape _ area")
intLeng = pUpdateCursor.FindField ("Shape _ leng")
Set pFeature = pUpdateCursor.NextFeature
'Loop through each feature.
Do Until pFeature Is Nothing
    'Update the area field.
    Set pArea = pFeature.Shape
    pFeature.Value (intArea)  = pArea.Area
    'Update the length field.
    Set pCurve = pFeature.Shape
    pFeature.Value (intLeng)  = pCurve.Length
    'Update the feature.
    pUpdateCursor.UpdateFeature pFeature
    Set pFeature = pUpdateCursor.NextFeature
Loop
```

第五部分首先定义两个新的字段并添加到 pOutputFC。接着，代码利用 IFeatureClass 接口的 Update 方法创建了由 pUpdateCursor 引用的要素游标，找到新字段的索引，在一个 pUpdateCursor 循环中逐个访问 pUpdateCursor 中的要素。在循环中，Shape _ area 字段被赋予要素的面积值（即 pArea. Area），Shape _ leng 字段被赋予要素的周长值（即 pCurve. Length）。接着，IFeatureCursor 接口的 UpdateFeature 方法更新了数据库中的要素。

当 Intersect 宏和附加的第五部分一起运行时，输出 shapefile 的属性表将有两个附加字段：Shape _ area 和 Shape _ leng。这两个字段的值分别是已经更新了的面积和周长。

10.5 基于位置的数据连接

基于位置的连接，或叫空间连接，是在要素之间空间关系的基础上将两个图层的属性连接起来。常用的空间连接是利用最近关系来得到要素间的距离。

10.5.1 JoinByLocation

JoinByLocation 宏运用最近关系将线要素连接到点要素上。该宏完成的功能等同于 ArcMap 的 “Join Data” 中的 “Join data from another layer based on spatial location”。JoinByLocation 宏有四个部分：第一部分定义了源表和连接表；第二部分准备好输出的工作空间的名称对象、要素类和数据集；第三部分定义一个空间连接对象并运行 nearest 方法；第四部分由输出创建一个要素图层并将其添加到当前地图。

关键接口：IFeatureClass，IWorkspaceName，IFeatureClassName，IDatasetName，ISpatialJoin。

关键成员：FeatureClass，WorkspaceFactoryProgID，PathName，Name，WorkspaceName，ShowProcess，LeftOuterJoin，SourceTable，JoinTable，JoinNearest。

用法：将 deer. shp 和 edge. shp 添加到当前地图。Deer 包含鹿的观察点，edge 则显示不同植被覆盖的边缘。在空间连接操作中，deer 是源表，edge 是连接表。在列表中，Deer 必须在 edge 的上面。在 VB 编辑器中导入 JoinByLocation 宏。运行宏。该宏创建了一个名叫 Spatial _ Join 的新图层。Spatial _ Join 的属性表具有和 deer 属性表同样多的记录，不过 Spatial _ Join 拥有来自 deer 和 edge 的属性，并且还有一个新的距离字段。

```
Private Sub JoinByLocation ()
    'Part 1: Define the source and join tables.
    Dim pMxDoc As IMxDocument
    Dim pMap As IMap
    Dim pSourceLayer As IFeatureLayer
    Dim pSourceFC As IFeatureClass
    Dim pJoinLayer As IFeatureLayer
    Dim pJoinFC As IFeatureClass
    Set pMxDoc = ThisDocument
    Set pMap = pMxDoc. FocusMap
    'Define the source feature class.
    Set pSourceLayer = pMap. Layer (0)
    Set pSourceFC = pSourceLayer. FeatureClass
    'Define the join feature class.
    Set pJoinLayer = pMap. Layer (1)
```

```
Set pJoinFC = pJoinLayer. FeatureClass
```

第一部分设置 pSourceFC 为当前地图最顶图层的要素类，设置 pJoinFC 为第二图层的要素类。

```
'Part 2：Define the output dataset.
Dim pOutWorkspaceName As IWorkspaceName
Dim pFCName As IFeatureClassName
Dim pDatasetName As IDatasetName
Set pFCName = New FeatureClassName
Set pDatasetName = pFCName
Set pOutWorkspaceName = New WorkspaceName
pOutWorkspaceName. WorkspaceFactoryProgID = "esriCore. ShapefileWorkspaceFactory. 1"
pOutWorkspaceName. PathName = "c：\ data \ chap10"
pDatasetName. Name = "Spatial_Join"
Set pDatasetName. WorkspaceName = pOutWorkspaceName
```

第二部分创建了 FeatureClassName 类的实例 pFCName。接着，代码查询获得 IDatasetName 接口以定义 pFCName 的工作空间和名称。

```
'Part 3：Perform spatial join.
Dim pSpatialJoin As ISpatialJoin
Dim pOutputFeatClass As IFeatureClass
Dim maxMapDist As Double
'Create and define a spatial join object.
Set pSpatialJoin = New SpatialJoin
With pSpatialJoin
    . ShowProcess (True) = 0
    . LeftOuterJoin = False
    Set . SourceTable = pSourceFC
    Set . JoinTable = pJoinFC
End With
'Use infinity as the maximum map distance.
maxMapDist = -1
'Run the join nearest method.
Set pOutputFC = pSpatialJoin. JoinNearest (pFCName, maxMapDist)
```

第三部分创建了 SpatialJoin 类的实例 pSpatialJoin，并在一个 With 块中定义其各个属性。代码将 ShowProcess 设置为 True，以便让一个消息框更新操作过程；将 LeftOuterJoin 设置为 False，所以只有当源表的记录和连接表的记录能够匹配时，才将记录添加到输出表中。接着，代码利用 ISpatialJoin 接口的 JoinNearest 方法创建了由 pOutputFC 所引用的输出。而空间连接的搜索半径的最大地图距离设置为−1，表示无穷大。

```
    'Part 4: Create the output layer and add it to the active map.
    Dim pOutputFeatLayer As IFeatureLayer
    Set pOutputFeatLayer = New FeatureLayer
    Set pOutputFeatLayer.FeatureClass = pOutputFC
    pOutputFeatLayer.Name = pOutputFC.AliasName
    pMap.AddLayer pOutputFeatLayer
End Sub
```

第四部分由 pOutputFC 创建一个要素图层，将图层添加到当前地图。

10.6　要素运算

IBasicGeoprocessor 接口提供剪切、融合和合并等空间要素运算。前文已经讨论过剪切的问题，本节讨论融合和合并。而且，本节还包括为一个 shapefile 的每个多边形计算 centroid 并存放为新的 shapefile 的宏。Centroid 是多边形的几何中心，该测度常用于矢量数据分析。

10.6.1　Dissolve

Dissolve 宏基于某个属性值将输入图层的要素聚合起来。该宏的功能和 ArcMap 的 “GeoProcessing/Dissolve” 操作一致。该宏具有四个部分：第一部分定义了输入表；第二部分定义了输出的工作空间和名称；第三部分进行融合；第四部分由输出创建一个要素图层并将图层添加到当前地图。

关键接口：ITable，IWorkspaceName，IFeatureClassName，IDatasetName，IBasicGeoprocessor。

关键成员：WorkspaceFactoryProgID，PathName，Name，WorkspaceName，Dissolve。

用法：将 vulner.shp 添加到当前地图。打开 vulner 的属性表，确保其包含 class 字段和 shape _ area 字段。Class 将作为融合字段，而 shape _ area 作为加总字段。将 Dissolve 导入到 VB 编辑器中。运行宏。该宏添加了一个名为 Dissolve _ result 的新图层到当前地图中。Dissolve _ result 是一个 shapefile，其多边形可以有多个组成部分。因此，Dissolve _ result 的属性表只有 5 个记录，每个记录代表一个分类值。其属性表的 shape _ area 字段值是输入图层每个分类的 shape _ area 值的加总。

```
Private Sub Dissolve ()
    'Part 1: Define the input table.
    Dim pMxDoc As IMxDocument
    Dim pMap As IMap
    Dim pInputFeatLayer As IFeatureLayer
    Dim pInputTable As ITable
```

```
Set pMxDoc = ThisDocument
Set pMap = pMxDoc. FocusMap
Set pInputFeatLayer = pMap. Layer (0)
Set pInputTable = pInputFeatLayer
```

第一部分设置 pInputFeatLayer 为当前地图的最顶层。接着，代码查询获得 ITable 接口并将 pInputTable 设置为和 pInputFeatLayer 相同。

```
'Part 2: Define the output dataset.
Dim pNewWSName As IWorkspaceName
Dim pFCName As IFeatureClassName
Dim pDatasetName As IDatasetName
Set pFCName = New FeatureClassName
Set pDatasetName = pFCName
Set pNewWSName = New WorkspaceName
pNewWSName. WorkspaceFactoryProgID = "esriCore. ShapefileWorkspaceFactory. 1"
pNewWSName. PathName = "c: \ data \ chap10"
pDatasetName. Name = "Dissolve _ result"
Set pDatasetName. WorkspaceName = pNewWSName
```

第二部分创建 FeatureClassName 类的实例 pFCName 并查询获得 IDatasetName 接口，定义 pFCName 的工作空间和名称。

```
'Part 3: Perform dissolve.
Dim pBGP As IBasicGeoprocessor
Dim pOutputFC As IFeatureClass
Set pBGP = New BasicGeoprocessor
'Run dissolve.
Set pOutputFC = pBGP. Dissolve (pInputTable, False, "Class", "Dissolve.
Shape, Sum. Shape _ area", pFCName)
```

第三部分创建了 BasicGeoprocessor 类的实例 pBGP，利用 IBasicGeoprocessor 接口的 Dissolve 方法创建由 pOutputFC 所引用的输出。Dissolve 方法需要三个参数和两个已经定义的对象限定词。代码设置 useSelected 为 False，因此输入表的所有记录都将进行融合；设置 dissolveField 为 Class，或者其他用于融合的字段。SummaryFields 参数和其他参数有不同的语法。如果输出是 shapefile（而不是一个加总表），则双引号中逗号分开的第一部分，即 Dissolve. Shape，是必需的；第二部分，即 Sum. Shape _ area，指定对字段 Shape _ area 的值进行加总，赋给每个融合字段。除了加总以外，其他的统计指标包括计数、最小值、最大值、平均值、方差以及标准差。

```
'Part 4: Create the output feature layer and add the layer to the active map.
Dim pOutputFeatLayer As IFeatureLayer
Set pOutputFeatLayer = New FeatureLayer
Set pOutputFeatLayer. FeatureClass = pOutputFC
```

```
    pOutputFeatLayer.Name = pOutputFC.AliasName
    pMap.AddLayer pOutputFeatLayer
End Sub
```

第四部分由 pOutputFC 创建要素图层，将图层添加到当前地图。

专栏 10.3　Dissolve _ GP

Dissolve _ GP 利用 Analysis 工具箱的 Dissolve 工具，根据 Class 字段对 vulner.shp 进行融合操作。同时，根据输出图层的 Class 值分别计算 Shape _ area 字段的总和。在 ArcCatalog 中运行宏，并在 Catalog 目录树里查看输出图层（Dissolve _ result2.shp）。

```
Private Sub Dissolve_GP ()
    'Create the Geoprocessing object.
    Dim GP As Object
    Set GP = CreateObject ("esriGeoprocessing.GpDispatch.1")
    'Dissolve <in_features> <out_feature_class> {dissolve_field;
dissolve_field...}
    ' {field {Statistics_Type}; field {Statistics_Type} ...}
    'Execute the dissolve tool.
    GP.Dissolve_management "c:\data\chap10\vulner.shp", "c:\data\
chap10\Dissolve_result2.shp", "Class", _
    "Shape_area Sum"
End Sub
```

10.6.2　Merge

Merge 宏将两个线 shapefile 合并为单个 shapefile。该宏的功能和 ArcMap 的“GeoProcessing/Merge”操作一致。Merge 宏有四个部分：第一部分定义用于合并的两个表；第二部分定义输出的工作空间和名称；第三部分建立一个基本的地处理对象并运行合并方法；第四部分由输出创建一个要素图层并将图层添加到当前地图中。

关键接口：ITable，IWorkspaceName，IFeatureClassName，IDatasetName，IBasicGeoProcessor，IArray，IFeatureClass。

关键成员：WorkspaceFactoryProgID，PathName，Name，WorkspaceName，Array，Add，Merge，FeatureClass。

用法：将 Mtroads _ idtm.shp 和 idroads.shp 添加到当前地图。Mtroads _ idtm 是蒙大拿州主要公路的 shapefile 文件；Idroads 是爱达荷州主要公路的 shapefile 文件。两个 shapefile 文件都是爱达荷横轴墨卡托（IDTM）投影。由于只有其中一个 shapefile 能够用于定义输出的属性，因此 Merge 宏用 mtroads _ idtm 的属性表作为输出。在图层列表中，确保 mtroads _ idtm 在 idroads 之上。将宏导入 VB 编辑器。运行宏。该宏创建了 Merge _ result. shp 并将其添加到当前地图。

```
Private Sub Merge ()
    'Part 1: Define the two input tables.
    Dim pMxDoc As IMxDocument
    Dim pMap As IMap
    Dim pFirstLayer As IFeatureLayer
    Dim pFirstTable As ITable
    Dim pSecondLayer As IFeatureLayer
    Dim pSecondTable As ITable
    Set pMxDoc = ThisDocument
    Set pMap = pMxDoc. FocusMap
    'Define the first table.
    Set pFirstLayer = pMap. Layer (0)
    Set pFirstTable = pFirstLayer
    'Define the second table.
    Set pSecondLayer = pMap. Layer (1)
    Set pSecondTable = pSecondLayer
```

第一部分设置 pFirstLayer 为当前地图的顶层，并设置 pFirstTable 与 pFirstLayer 相同。接着，代码设置 pSecondLayer 为第二图层并设置 pSecondTable 与 pSecondLayer 相同。

```
    'Part 2: Define the output dataset.
    Dim pNewWSName As IWorkspaceName
    Dim pFCName As IFeatureClassName
    Dim pDatasetName As IDatasetName
    Set pFCName = New FeatureClassName
    Set pDatasetName = pFCName
    Set pNewWSName = New WorkspaceName
    pNewWSName. WorkspaceFactoryProgID = "esriCore. ShapefileWorkspaceFactory. 1"
    pNewWSName. PathName = "c: \ data \ chap10"
    Set pDatasetName. WorkspaceName = pNewWSName
    pDatasetName. Name = "Merge _ result"
```

第二部分创建了 FeatureClassName 类的实例 pFCName。进而代码查询获得 IDatasetName 接口以便定义 pFCName 的工作空间和名称。

```
    'Part 3: Perform merge.
    Dim pBGP As IBasicGeoprocessor
    Dim inputArray As IArray
    Dim pOutputFC As IFeatureClass
```

```
'Add the two input tables to an array.
'Notice that esriSystem. Array replaces esriCore. Array in ArcGIS 9. 2.
Set inputArray = New esriCore. Array
inputArray. Add pFirstTable
inputArray. Add pSecondTable
Set pBGP = New BasicGeoprocessor
Set pOutputFC = pBGP. Merge (inputArray, pFirstTable, pFCName)
```

第三部分首先创建了 esriCore. Array 类的实例 inputArray。用 IArray 接口的 Add 方法添加两个输入表到数组变量中。接着，代码创建了 BasicGeoprocessor 类的实例 pBGP，用 Merge 方法创建了由 pOutputFC 所引用的融合输出。对象限定词 pFirstTable 决定了输出的字段和第一个输入表的字段相对应。

```
 'Part 4: Create the output layer and add it to the active map.
 Dim pOutputFeatLayer As IFeatureLayer
 Set pOutputFeatLayer = New FeatureLayer
 Set pOutputFeatLayer. FeatureClass = pOutputFC
 pOutputFeatLayer. Name = pOutputFC. AliasName
 pMxDoc. FocusMap. AddLayer pOutputFeatLayer
End Sub
```

第四部分由 pOutputFC 创建一个要素图层并添加到当前地图中。

10. 6. 3　Centroid

Centroid 宏为 shapefile 的每一个多边形计算一个 centroid 并创建一个新的包含这些 centroid 的点 shapefile。Centroid 宏有三个部分：第一部分定义了输入数据集并调用 CreateNewShapefile 函数来创建一个空的输出要素类；第二部分计算每个多边形的 centroid 并将这些 centroids 存储在 CreateNewShapefile 函数传递来的要素类中；第三部分由输出创建一个要素图层并添加到当前地图中。

CreateNewShapefile 需要输入数据集的空间参照系作为参数，并返回一个要素类对象给 Centroid 宏。CreateNewShapefile 有三个部分：第一部分定义了输出的工作空间；第二部分编辑和定义一个形状字段，并将该字段添加到字段选集中；第三部分创建一个新的要素类并将其返回给 Centroid 宏。CreateNewShapefile 用到两个常量：一个是输出的工作空间；另一个是输出的名称。这两个常量都在模块的开始处进行了声明。

关键接口：ISpatialReference，IFeatureClass，IFeatureCursor，IArea，IFeature，IPoint，IWorkspaceFactory，IFeatureWorkspace，IFieldsEdit，IFieldEdit，IGeometryDef，IGeometryDefEdit。

关键成员：SpatialReference，Search，NextFeature，Shape，QueryCentroid，CreateFeature，Store，OpenFromFile，Name，Type，GeometryType，GeometryDef，AddField，CreateFeatureClass。

用法：将 idcounty. shp 添加到当前地图。Idcounty 显示了爱达荷州的 44 个县。将 Centroid 导入 VB 编辑器中。运行该模块。该模块添加一个名为 Centroid 的新的 shapefile 到当前地图中。Centroid 的属性表具有三个字段：FID、Shape 和 ID。ArcGIS 自动地添加 ID，这是由于软件要求除对象 ID 字段（即 FID）和几何图形字段（即 Shape）之外，至少还要有一个字段。44 个县的 ID 都为 0，而如果需要，可以将值计算至 FID +1。

```
Const strFolder As String = "c:\data\chap10"
Const strName As String = "Centroid"

Private Sub Centroid ()
    'Part 1: Define the input dataset, and call a function to create the output.
    Dim pMxDoc As IMxDocument
    Dim pMap As IMap
    Dim pInputFeatLayer As IFeatureLayer
    Dim pGeoDataset As IGeoDataset
    Dim pSpatialReference As ISpatialReference
    Dim pOutputFeatClass As IFeatureClass
    Set pMxDoc = ThisDocument
    Set pMap = pMxDoc.FocusMap
    'Define the input dataset.
    Set pInputFeatLayer = pMap.Layer (0)
    Set pGeoDataset = pInputFeatLayer
    Set pSpatialReference = pGeoDataset.SpatialReference
    'Call the CreateNewShapefile function to create the output feature class.
    Set pOutputFeatClass = CreateNewShapefile (pSpatialReference)
```

第一部分设置 pInputFeatLayer 为当前地图的顶层，并查询获得 IGeoDataset 接口以便获取由 pSpatialReference 所引用的空间参照系。接着代码调用 CreateNewShapefile 函数，该函数用 pSpatialReference 作为参数，返回由 pOutputFeatClass 所引用的要素类对象。

```
    'Part 2: Derive centroids for each polygon and store them.
    Dim pFCursor As IFeatureCursor
    Dim pInputFeature As IFeature
    Dim pCentroidTemp As IPoint
    Dim pArea As IArea
    Dim pOutputFeature As IFeature
    'Set up a cursor for all features.
    Set pCentroidTemp = New Point
    Set pFCursor = pInputFeatLayer.Search (Nothing, True)
```

```
    Set pInputFeature = pFCursor. NextFeature
    'Step through each polygon feature.
    Do Until pInputFeature Is Nothing
        Set pArea = pInputFeature. Shape
        'Get the centroid.
        pArea. QueryCentroid pCentroidTemp
        Set pOutputFeature = pOutputFeatClass. CreateFeature
        'Store the centroid.
        Set pOutputFeature. Shape = pCentroidTemp
        pOutputFeature. Store
        Set pInputFeature = pFCursor. NextFeature
    Loop
```

第二部分为每个多边形计算 centroid，并存储为 pOutputFeatClass 中的要素。首先，代码创建了 Point 类的实例 pCentroidTemp 并创建一个由 pFCursor 所引用的要素游标。接着，代码用一个 Do…Loop 循环来逐个访问游标中的每一个要素，计算其 centroid，并将 centroid 存为 pOutputFeatClass 里的一个新要素。计算 centroid 的方法是 IArea 接口的 QueryCentroid 方法，该接口由一个多边形对象实现。存储 centroid 的方法是 IFeature 接口的 Store 方法，该接口由一个要素对象实现。

```
    'Part 3: Create the output feature layer, and add the layer to the active map.
    Dim pFeatureLayer As IFeatureLayer
    Set pFeatureLayer = New FeatureLayer
    Set pFeatureLayer. FeatureClass = pOutputFeatClass
    pFeatureLayer. Name = "Centroid"
    pMap. AddLayer pFeatureLayer
End Sub
```

第三部分由 pOutputFeatClass 创建一个新要素图层，并将其添加到当前地图。

```
Public Function CreateNewShapefile (pSpatialReference As ISpatialReference)
As IFeatureClass
    'Part 1: Define the output's workspace.
    Dim pFWS As IFeatureWorkspace
    Dim pWorkspaceFactory As IWorkspaceFactory
    Set pWorkspaceFactory = New ShapefileWorkspaceFactory
    Set pFWS = pWorkspaceFactory. OpenFromFile (strFolder, 0)
```

第一部分用 OpenFromFile 方法以及 strFolder 常量来为新的 shapefile 打开一个要素工作空间。

```
    'Part 2: Edit and define a Shape field.
    Dim pFields As IFieldsEdit
    Dim pField As IFieldEdit
```

```
    Dim pGeomDef As IGeometryDef
    Dim pGeomDefEdit As IGeometryDefEdit
    'Make the shape field.
    Set pField = New Field
    pField.Name = "Shape"
    pField.Type = esriFieldTypeGeometry
    'Define the geometry of the shape field.
    Set pGeomDef = New GeometryDef
    Set pGeomDefEdit = pGeomDef
    With pGeomDefEdit
        .GeometryType = esriGeometryPoint
        Set .SpatialReference = pSpatialReference
    End With
    Set pField.GeometryDef = pGeomDef
    'Add the shape field to the field collection.
    Set pFields = New Fields
    pFields.AddField pField
```

第二部分定义了 shape 字段并将其添加到字段选集中。首先，代码创建了 Field 类的实例 pField，并定义其名称和类型属性。接着，代码创建了 GeometryDef 类的实例 pGeomDef，查询获得 GeometryDefEdit 接口以便定义新几何图形的几何类型和空间参照系。将 pGeomDef 赋值为 pField 的几何图形定义。代码创建 Fields 类的实例 pFields，将 pField 添加到新的字段集合。

```
    'Part 3: Create the new feature class and return it.
    Dim pFeatClass As IFeatureClass
    Set pFeatClass = pFWS.CreateFeatureClass (strName, pFields, Nothing, Nothing, esriFTSimple, "Shape", "")
    'Return the feature class.
    Set CreateNewShapefile = pFeatClass
End Function
```

第三部分利用 IFeatureWorkspace 接口的 CreateFeatureClass 方法创建了一个由 pFeatClass 所引用的要素类对象。然后，函数将 pFeatClass 返回给 Centroid。

第 11 章 栅格数据操作

栅格数据的简单结构使其具有计算高效性，适用于多种栅格数据操作。用户一般首先设置分析环境来开始栅格数据操作。分析环境包括分析的地区范围以及输出单元的尺寸。这两个参数都很重要，因为对于一项操作，其输入可能有不同的地区范围和单元尺寸。

栅格数据查询可以选择符合查询表达式的那些单元。查询表达式可能包含单个栅格的一个因子，也可能包含多个栅格的多个因子。查询的输出是一个新的栅格，将那些符合查询表达式的单元同其他单元区分开。

传统上将栅格数据分析分为局域操作（local operations）、邻域操作（neighborhood operations）、区带操作（zonal operations）和距离量算操作（distance measure operations）。局域操作运用一个函数将输入和输出联系起来以计算新栅格的单元值，该操作是对逐个单元进行的。邻域操作利用焦点单元及其邻域进行操作，该操作利用邻域单元的值来计算焦点单元的值。区带操作针对成片或成组具有相同值的单元进行操作，当给定一个栅格输入，区带操作计算栅格中的各个区带的几何形状；给定一个区带栅格和一个数值栅格，区带操作根据区带栅格的每个区带，对数值栅格里相应的单元进行求和。距离量算操作涉及整个栅格，该操作计算每个单元与最近的源单元之间的距离。如果距离以单元作为单位，则该操作对栅格产生了一系列水波状的距离分区。如果距离是以耗费为单位，该操作就计算每个单元到源单元的最小累计耗费。

本章囊括栅格数据操作。11.1 节对 ArcGIS 中的栅格数据进行回顾；11.2 节讨论与栅格数据操作有关的对象；11.3 节包括用于栅格数据的保存、提取和查询的各个宏；11.4 讨论局域操作的宏；11.5 节讨论邻域操作的宏；11.6 节讨论物理距离和耗费距离量算操作的宏。所有宏的开始都列出了关键接口、关键成员（即属性和方法）和用法。

11.1 在 ArcGIS 中分析栅格数据

ArcGIS 的 Spatial Analyst（空间分析器）扩展模块用于栅格数据操作。Spatial Analyst 提供 Options 命令，以让用户可以指定分析掩模（即要开展分析的范围），用户还可以指定输出单元的尺寸。分析掩模使得分析限制在非零值的单元。分析范围可能对应于一个特定的栅格，也可以由最小和最大的 x、y 坐标对所定义的范围，也可以是多个栅格的组合，也可以是一个掩模。输出单元的尺寸可以是用户认为合适的任何大小，当然，必须和分析用的输入栅格的最大单元尺寸相等。

Spatial Analyst 中的栅格运算器（raster calculator）的对话框包含有算术算子、逻辑算子、布尔联结和数学函数，因此栅格运算器对栅格数据查询和逐个单元的操作非常有用。栅格数据查询采用和 SQL 相似的语句对单个或多个栅格进行查询。查询的结果存放为新的栅格，其中，符合条件的单元编码为 1，其他的编码为 0。

除了栅格运算器以外，Cell Statistics 命令和 Reclassify 命令也进行局域操作。Cell Statistics 命令根据多个栅格计算概括性统计值，如最大值、最小值以及平均值。Reclassify 命令以逐个单元的形式对输入单元进行分级。

Neighborhood Statistics 命令进行邻域操作。该命令采用一个对话框来收集输入数据、字段、统计类型、邻域等参数用于计算。邻域可以是一个长方形、圆形、环形或楔形。统计类型包括最大值、最小值、极差、总和、期望值、标准差、变异度、多数和少数等。

Zonal Statistics 命令针对一个区带栅格和一个数值栅格进行区带操作。该命令采用一个对话框来收集区带数据集、区带字段和数值栅格。给定一个具有区带的栅格，用户可以结合 Raster Calculator 以及计算面积、周长、质心和厚度等的函数来计算区带的几何特征。

Distance 命令包含以下选项：Straight Line Distance、Allocation、Cost Weighted 和 Shortest Path。前两个采用物理距离测度，而后两个采用耗费距离测度。Straight Line Distance 创建一个输出栅格，包含距离某个栅格的源单元的连续距离值。Allocation 创建一个栅格，其中的每个单元值都被赋予最近源单元的值。Cost Weighted 根据耗费栅格为每个单元计算到最近源单元的最小累计耗费。另外，Cost Weighted 命令还可以创建一个方向栅格和一个分配栅格，方向栅格显示每一个单元到源单元的最小耗费路径的方向；分配栅格显示每个单元分配给哪个源单元。Shortest Path 利用 Cost Weighted 命令的结果来生成距离任何单元或区带的最小耗费路径。

11.2 栅格分析的 ArcObjects

栅格数据分析的对象包括两种类别：栅格和算子。

11.2.1 栅格对象

基本的栅格对象包括 RasterDataset、RasterBand、Raster 和 RasterLayer（图 11.1）。

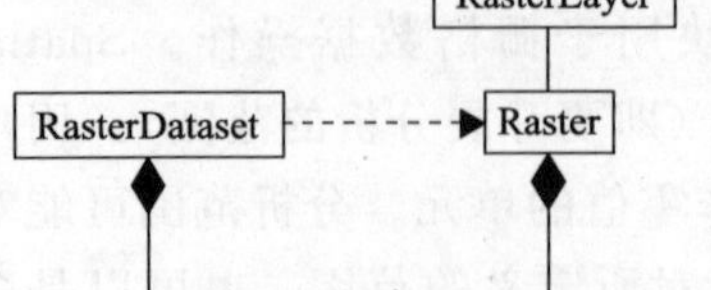

图 11.1　RasterDataset、RasterBand、Raster 和 RasterLayer 之间的关系

栅格数据集对象（raster dataset object）表示以特定栅格格式（如 ESRI grid、TIFF）存放在磁盘上的数据集。栅格波段对象（raster band object）表示栅格数据集的一个波段。栅格中的波段数可以不同：ESRI 网格包含一个波段，而一张卫片可以有多个波段。栅格对象是一个栅格数据集的虚拟表示，在栅格数据操作中很有用。栅格对象由已有的栅格或栅格数据集创建，是栅格数据的可视化显示。

另一个需要提及的对象是 RasterDescriptor。在数据转换（见第 6 章）中，栅格描述器（raster descriptor）对象表示使用了非数值字段的栅格。当用于栅格数据查询时，栅格描述器对象和一个条件过滤器相联系，并可以由一个栅格或栅格选择集来创建（图 11.2）

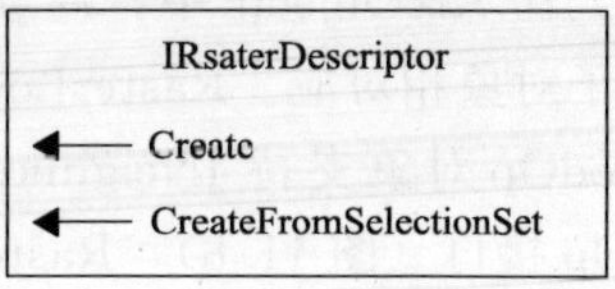

图 11.2　IRasterDescriptor 接口的方法可以利用栅格或选择集创建栅格描述器

11.2.2　算子对象

Spatial Analyst 对象主要包含各种栅格数据分析方法的算子对象。Spatial Analyst 对象的一个不错的参考资料可参见 ArcGIS Desktop 软件帮助里的 Spatial Analyst Functional Reference。该参考资料将 Spatial Analyst 对象按照分析类型进行分组，并为每一个对象提供 ArcObjects 语法和实例。

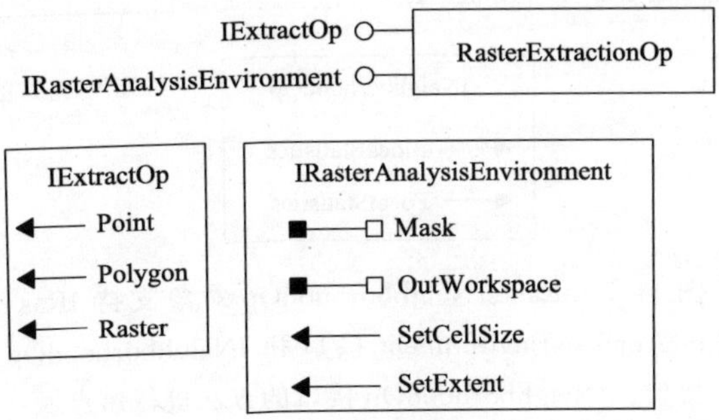

图 11.3　RasterExtractionOp 对象支持 IRasterAnalysisEnvironment 接口和 IExtractOp 接口。IRasterAnalysisEnvironment 接口的成员定义分析环境，IExtractOp 接口的方法提取栅格数据

本节集中讨论在本章的实例宏里用到的 Spatial Analyst 对象：RasterExtractionOp 对象支持 IExtractOp 接口，提供以点、多边形和栅格为基础的数据提取（图 11.3）。RasterReclassOp 对象实现 IReclassOp 接口，可以对栅格数据进行分级（图 11.4）。RasterMathOps 对象支持 ILogicalOp 接口和 IMathOp 接口。ILogicalOp 接口包含用于逻辑（布尔）操作的方法，而 IMathOp 接口包含用于数学操作的方法（图 11.5）。注意到上述每一个算子对象都支持 IRasterAnalysisEnvironment 接口，提供了定义分析环境的成员。

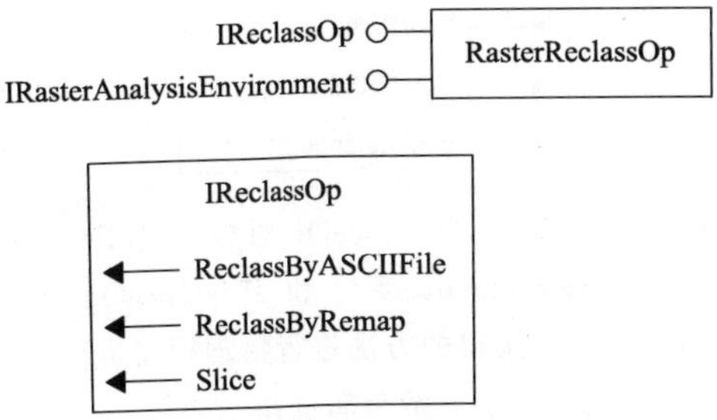

图 11.4　RasterReclassOp 对象支持 IRasterAnalysisEnvironment 接口和 IReclassOp 接口。IReclassOp 接口的方法对栅格数据进行重新分类和分片

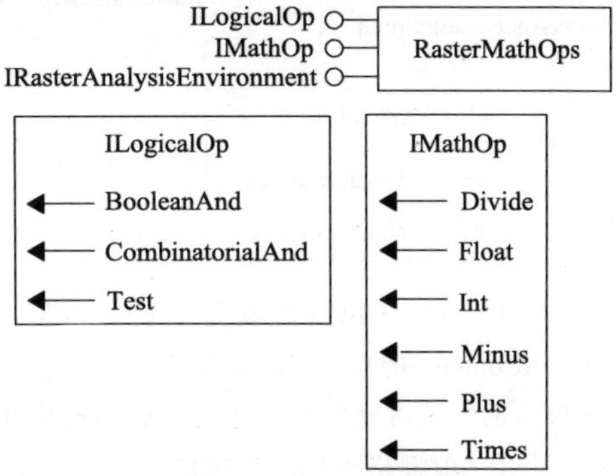

图 11.5　RasterMathOp 对象支持 IRasterAnalysisEnvironment 接口、ILogicalOp 接口和 IMathOp 接口。ILogicalOp 接口的方法进行逻辑操作；IMathOp 接口的方法进行数学操作

在 ArcObjects 中，局域操作、邻域操作、区带操作和距离量算操作都分别有一个算子对象相对应。RasterLocalOp 对象支持 ILocalOp 接口（图 11.6），RasterNeighborhoodOp 对象支持 INeighborhoodOp 接口（图 11.7），RasterZonalOp 对象支持 IZonalOp 接口（图 11.8），RasterDistanceOp 对象支持 IDistanceOp 接口（图 11.9）。

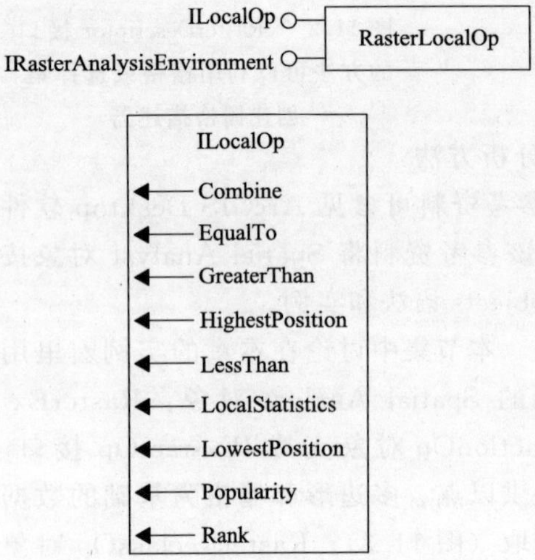

图 11.6　RasterLocalOp 对象支持 IRasterAnalysisEnvironment 接口和 ILocalOp 接口。ILocalOp 接口的方法进行逐个单元的操作

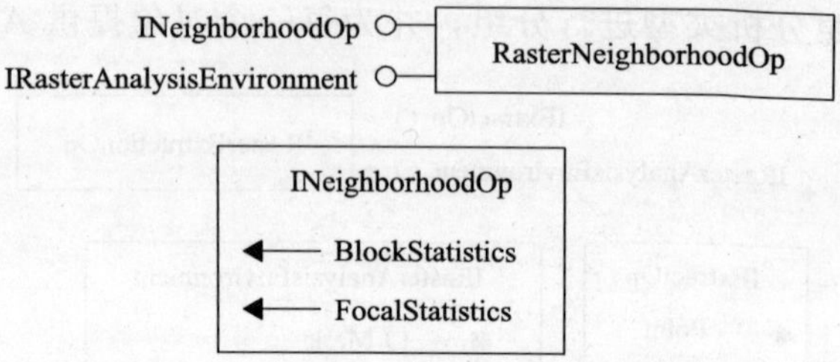

图 11.7　RasterNeighborhoodOp 对象支持 IRasterAnalysisEnvironment 接口和 INeighborhoodOp 接口。INeighborhoodOp 接口的方法进行焦点操作和块操作

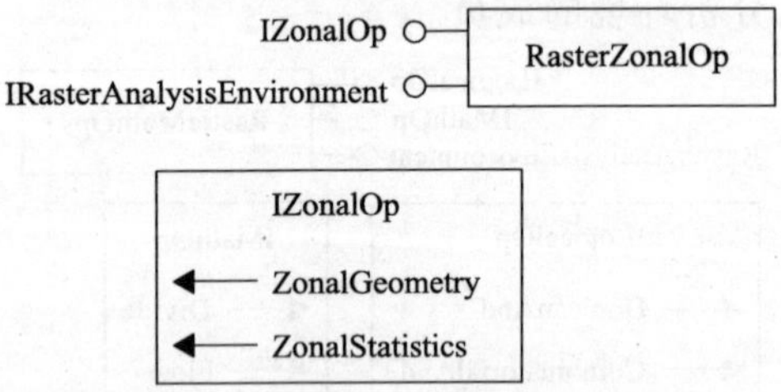

图 11.8　RasterZonalOp 对象支持 IRasterAnalysisEnvironment 接口和 IZonalOp 接口。IZonalOp 接口的方法可利用单个栅格或区段栅格和值栅格进行区带操作

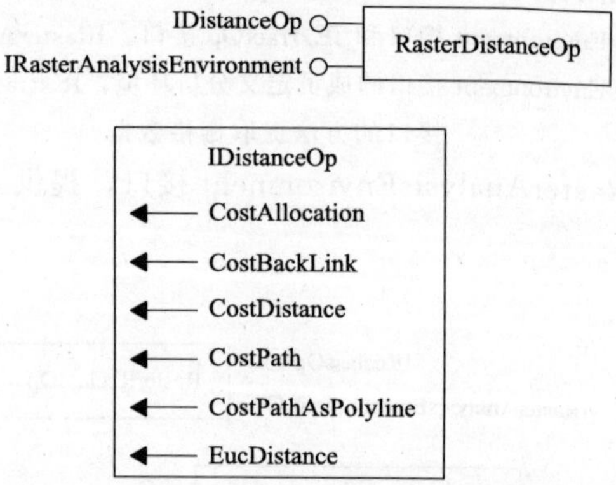

图 11.9　RasterDistanceOp 对象支持 IRasterAnalysisEnvironment 接口和 IDistanceOp 接口。IDistanceOp 接口的方法进行物理距离量算或耗费距离量算

11.3　管理栅格数据

本节包括栅格数据的存储、提取和查询等任务。

11.3.1　MakePermanent

栅格数据操作的输出是一个临时的数据集，如果不指定磁盘位置和文件名永久存放，临时数据集将会丢失。MakePermanent 宏用一个代表临时数据集的栅格图层，将其存放成永久栅格。该宏的功能与 ArcMap 图层的上下文菜单中的“Make Permanent”命令相同。MakePermanent 宏有两个部分：第一部分定义临时栅格数据集；第二部分指定工作空间并将临时栅格数据永久化。

关键接口：IRasterLayer，IRaster，IRasterBandCollection，IRasterDataset，IWorkspaceFactory，IWorkspace，ITemporaryDataset，IDataset。

关键成员：Raster，Item（），RasterDataset，OpenFromFile，MakePermanentAS，Name。

用法：将高程栅格 emidalat 添加到当前地图。点击 Spatial Analyst，点“Surface Analysis”，再选择“Slope”。“Slope of emidalat”被添加到当前地图。右击“Slope of emidalat”，选择“Properties”。图层属性对话框的“Source”标签中显示该栅格为临时状态，其名字为“SLOPEx”。将 MakePermanent 导入 VB 编辑器。运行宏。宏从“Slope of emidalat.”创建了一个永久栅格。

```
Private Sub MakePermanent ()
    'Part 1: Define the temporary raster data.
    Dim pMxDoc As IMxDocument
    Dim pMap As IMap
    Dim pRasterLy As IRasterLayer
    Dim pRaster As IRaster
    Dim pRasBandC As IRasterBandCollection
    Dim pRasterDS As IRasterDataset
    Set pMxDoc = ThisDocument
    Set pMap = pMxDoc. FocusMap
    'Get the raster from the raster layer.
    Set pRasterLy = pMap. Layer (0)
    Set pRaster = pRasterLy. Raster
    'Set the raster dataset to be the first band of the raster.
    Set pRasBandC = pRaster
    Set pRasterDS = pRasBandC. Item (0) . RasterDataset
```

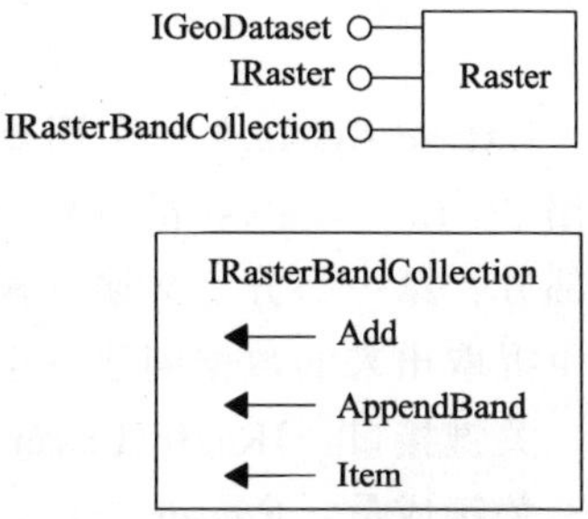

图 11.10　对 IRaster 进行 QI 以获得 IRasterBandCollection 接口，从而可以向栅格波段集合对象添加、扩充和提取栅格波段

首先，代码设置 pRaster 为当前地图顶层的栅格。接着，代码查询接口获得 IRasterBandCollection，将关联到栅格数据集 pRaster 的第一个波段赋给 pRasterDB (图 11.10)。

```
'Part 2: Make permanent the raster dataset.
    Dim pWSF As IWorkspaceFactory
    Dim pWS As IRasterWorkspace
    Dim pTempDS As ITemporaryDataset
    Dim pDataset As IDataset
    Dim Name As String
    'Define the workspace.
    Set pWSF = New RasterWorkspaceFactory
    Set pWS = pWSF.OpenFromFile ("c:\data\chap11_solved", 0)
    'Define the temporary dataset.
    Set pDataset = pRasterDS
    Name = pDataset.Name
    Set pTempDS = pRasterDS
    'Make permanent the grid.
    Set pRasterDS = pTempDS.MakePermanentAs (Name, pWS, "GRID")
```

第二部分将 pRasterDS 变为永久栅格。首先，代码定义永久栅格的工作空间和名称。工作空间由 IWorkspaceFactory 接口的 OpenFromFile 方法来指定；名称通过 IDataset 接口的 Name 属性来指定。接着，代码查询得到 ITemporaryDataset 接口，利用 MakePermanentAs 方法让 pRasterDS 成为永久的 ESRI GRID 数据（图 11.11）。

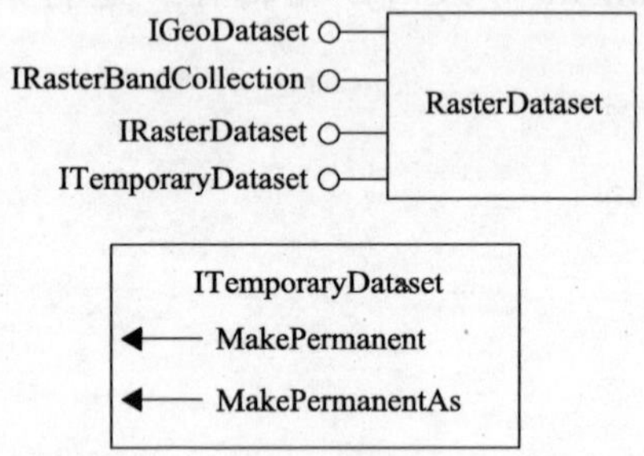

图 11.11 对 IRasterDataset 进行 QI 以获得 ITemporaryDataset 接口，从而可以使临时栅格永久化

11.3.2 ExtractByMask

ExtractByMask 宏利用掩模栅格来从输入栅格中提取数据子集。该宏的功能类似于利用 Spatial Analyst 的分析掩模来从输入栅格中提取新的栅格。ExtractByMask 宏有三个部分：第一部分定义输入栅格；第二部分准备一个掩模栅格并用来提取数据；第三部分由提取出来的数据创建一个栅格图层并添加到当前地图中。

关键接口：IRasterLayer，IRaster，IGeoDataset，IExtractionOp。

关键成员：Raster。

用法：将 splinegd 和 idoutlgd 添加到当前地图中。Splinegd 是一个降水插值栅格，其地图范围由插值中用到的气象站的 x、y 坐标的范围决定。Idoutlgd 是一个显示爱达荷州轮廓的栅格。Splinegd 必须在 idoutlgd 之上。将 ExtractByMask 导入 VB 编辑器中。ExtractByMask 宏要求用到 Spatial Analyst 扩展对象。在 VB 的“Tools”菜单中

选择 “References”，勾选 “ESRI Spatial Analyst Extension Object Library”，运行宏。该宏将 idoutlgd 作为分析掩模，从 splinegd 提取出临时栅格。

```
Private Sub ExtractByMask ()
    'Part 1: Define the input raster.
    Dim pMxDoc As IMxDocument
    Dim pInRasterLayer As IRasterLayer
    Dim pInRaster As IRaster
    Set pMxDoc = ThisDocument
    Set pInRasterLayer = pMxDoc. FocusMap. Layer (0)
    Set pInRaster = pInRasterLayer. Raster
```

第一部分将 pInRaster 设置为当前地图的顶层。

```
    'Part 2: Use a mask to extract the input raster.
    Dim pRasterLayer As IRasterLayer
    Dim pMaskDataset As IGeoDataset
    Dim pOutRaster As IRaster
    Dim pExtrOp As IExtractionOp
    'Define the mask dataset.
    Set pRasterLayer = pMxDoc. FocusMap. Layer (1)
    Set pMaskDataset = pRasterLayer. Raster
    Set pExtrOp = New RasterExtractionOp
    'Perform extraction.
    Set pOutRaster = pExtrOp. Raster (pInRaster, pMaskDataset)
```

第二部分定义掩模数据集并进行提取操作。为了定义掩模栅格，代码设置 pRasterLayer 为当前地图的第二个图层，令 pMaskDataset 指向 pRasterLayer 的栅格。接着，代码创建了 RasterExtractOp 类的实例 pExtrOp，利用 IExtractOp 接口的 Raster 方法创建了由 pOutRaster 所引用的栅格。

```
    'Part 3: Create the output layer and add it to the active map.
    Dim pRL As IRasterLayer
    Set pRL = New RasterLayer
    pRL. CreateFromRaster pOutRaster
    pMxDoc. FocusMap. AddLayer pRL
End Sub
```

第三部分利用 IRasterLayer 接口的 CreateFromRaster 方法从 pOutRaster 创建一个栅格图层。接着，代码将栅格图层添加到当前地图。

专栏 11.1　ExtractByMask _ GP

ExtractByMask _ GP 运用 Spatial Analyst 工具箱的 ExtractByMask 工具，从输入栅格（splinegd）里提取一个栅格（extractgd），其中还用到掩模（idoutlgd）。在 ArcCatalog 中运行宏。提取出来的栅格出现在 Catalog 目录树中。

```
Private Sub ExtractByMask _ GP ()
    'Create the Geoprocessing object and define its workspace.
    Dim GP As Object
    Set GP = CreateObject ( "esriGeoprocessing. GpDispatch. 1 ")
    Dim filepath As String
    filepath = "c: \ data \ chap11 "
    GP. Workspace = filepath
    'ExtractByMask <in _ raster> <in _ mask _ dat> <out _ raster>
    'Execute the extractbymask tool.
    GP. ExtractByMask _ sa "splinegd ", "idoutlgd ", "extractgd "
End Sub
```

11.3.3　RasterQuery

RasterQuery 宏查询输入栅格并用一个输出栅格来显示查询结果。如果输入栅格有属性表，则输出栅格中符合查询表达式的单元的值设为 1，否则为 0。如果输入栅格没有属性表，则输出栅格中符合查询表达式的单元保持单元的初始值，否则设为无数据。在整型栅格的情况下（即有属性表的栅格），该宏的功能类似于用 Spatial Analyst 的栅格运算器来查询一个栅格。

RasterQuery 宏有三个部分：第一部分定义输入栅格；第二部分准备查询筛选器并进行数据查询；第三部分由输出创建栅格图层并将图层添加到当前地图。

关键接口：IRaster，IQueryFilter，IRasterDescriptor，ILogicalOp，IGeoDataset。

关键成员：Raster，WhereClause，Create，Test，CreateFromRaster。

用法：将拥有四个坡度分类的栅格 slopegrd 添加到当前地图。将 RasterQuery 导入 VB 编辑器中。运行宏。该宏创建一个称为 QueryOutput 的临时栅格，用于显示属于第二类坡度的单元，并将其作为栅格图层添加到当前地图。

```
Private Sub RasterQuery ()
    'Part 1: Define the raster for query.
    Dim pMxDoc As IMxDocument
    Dim pMap As IMap
    Dim pLayer As IRasterLayer
    Dim pRaster As IRaster
    Set pMxDoc = ThisDocument
```

```
    Set pMap = pMxDoc. FocusMap
    Set pLayer = pMap. Layer (0)
    Set pRaster = pLayer. Raster
```

第一部分将 pRaster 设置为当前地图的顶层的栅格。

```
    'Part 2: Perform raster query.
    Dim pQFilter As IQueryFilter
    Dim pRasDes As IRasterDescriptor
    Dim pLogicalOp As ILogicalOp
    Dim pOutputRaster As IGeoDataset
    'Prepare a query filter.
    Set pQFilter = New QueryFilter
    pQFilter. WhereClause = "Value = 2 "
    'Prepare a raster descriptor.
    Set pRasDes = New RasterDescriptor
    pRasDes. Create pRaster, pQFilter, "value "
    'Run a logical operation.
    Set pLogicalOp = New RasterMathOps
    Set pOutputRaster = pLogicalOp. Test (pRasDes)
```

第二部分进行栅格数据查询并将结果转换为新栅格，单元值为 0 或 1。首先，代码创建了 QueryFilter 类的实例 pQFilter，定义其 WhereClause 条件。接着，代码设置 pRasDes 为 RasterDescriptor 类的实例，利用 Create 方法由 pRaster 创建新的栅格描述器。接着，代码创建了 RasterMathOps 类的实例 pLogicalOp，利用 ILogicalOp 接口的 Test 方法创建了 pOutputRaster 所引用的栅格。

```
    'Part 3: Create the output raster layer, and add the layer to the active map.
    Dim pOutputLayer As IRasterLayer
    Set pOutputLayer = New RasterLayer
    pOutputLayer. CreateFromRaster pOutputRaster
    pOutputLayer. Name = "QueryOutput "
    pMap. AddLayer pOutputLayer
End Sub
```

第三部分由 pOutputRaster 创建新的栅格图层，将图层添加到当前地图。新图层称为 QueryOutput，其中，坡度值等于 2 的单元被赋予 1，其他单元为 0。

11.3.4　Query2Rasters

Query2Rasters 宏查询两个栅格并产生一个输出栅格，其单元值为 1 和 0。该宏的功能等同于在 Spatial Analyst 中利用“Raster Caculator”来查询两个栅格。Query2Rasters 宏有四个部分：第一部分查询第一个输入栅格并将结果存放到数据集；第二部分查询第二个栅格并将结果存放到数据集；第三部分将前面查询得到的两个数据集进行逻辑操作以创建输出栅格；第四部分由输出创建栅格图层并添加到当前地图。第一部分和第二部分的代码和 RasterQuery 宏的基本相同。

关键接口：IRaster，IQueryFilter，IRasterDescriptor，ILogialOp，IGeoDataset。

关键成员：Raster，WhereClause，Create，Test，BooleanAnd，CreateFrom Raster，Name。

用法：将 slopegrd 和 aspectgrd 添加到当前地图，slopegrd 放在顶层。Slopegrd 包括四个坡度类型，aspectgrd 包括五个坡向类型。将 Query2Rasters 导入 VB 编辑器中。运行宏。该宏向当前地图添加临时栅格 QueryOutput2，单元值为 1 和 0。值为 1 的是坡度类型属于 2 而且坡向类型属于 2 的单元。

```
Private Sub Query2Rasters ()
    'Part 1: Query the first raster.
    Dim pMxDoc As IMxDocument
    Dim pMap As IMap
    Dim pRLayer1 As IRasterLayer
    Dim pRaster1 As IRaster
    Dim pFilt1 As IQueryFilter
    Dim pDesc1 As IRasterDescriptor
    Dim pLogicalOp As ILogicalOp
    Dim pOutputRaster1 As IGeoDataset
    Set pMxDoc = ThisDocument
    Set pMap = pMxDoc.FocusMap
    'Define the first raster.
    Set pRLayer1 = pMap.Layer (0)
    Set pRaster1 = pRLayer1.Raster
    'Create the first query filter.
    Set pFilt1 = New QueryFilter
    pFilt1.WhereClause = "value = 2 "
    'Create the first raster descriptor.
    Set pDesc1 = New RasterDescriptor
    pDesc1.Create pRaster1, pFilt1, "value "
    'Create the first output with 1's and 0's.
    Set pLogicalOp = New RasterMathOps
    Set pOutputRaster1 = pLogicalOp.Test (pDesc1)
```

第一部分采用和 RasterQuery 宏一致的代码，由第一个输入栅格和一个查询筛选器创建 pOutputRaster1。

```
    'Part 2: Query the second raster.
    Dim pRLayer2 As IRasterLayer
```

```
    Dim pRaster2 As IRaster
    Dim pFilt2 As IQueryFilter
    Dim pDesc2 As IRasterDescriptor
    Dim pOutputRaster2 As IGeoDataset
    'Define the second raster.
    Sct pRLayer2 = pMap.Layer (1)
    Set pRaster2 = pRLayer2.Raster
    'Create the second query filter.
    Set pFilt2 = New QueryFilter
    pFilt2.WhereClause = "value = 2 "
    'Create the second raster descriptor.
    Set pDesc2 = New RasterDescriptor
    pDesc2.Create pRaster2, pFilt2, "value "
    'Create the second output with 1's and 0's.
    Set pLogicalOp = New RasterMathOps
    Set pOutputRaster2 = pLogicalOp.Test (pDesc2)
```

第二部分由两个输入栅格以及一个查询筛选器来创建 pOutputRaster2。

```
    'Part 3: Run a logical operation on the two query results.
    Dim pOutputRaster3 As IGeoDataset
    Set pLogicalOp = New RasterMathOps
    Set pOutputRaster3 = pLogicalOp.BooleanAnd (pOutputRaster1, pOutputRaster2)
```

类似于第一部分和第二部分，第三部分也进行逻辑操作，不过并非采用单一输入栅格的 Test 方法，而是采用 BooleanAnd 方法，该方法可接受两个输入栅格。由 pOutputRaster3 所引用的输出，其单元值为 0 或 1，其中 pOutputRaster1 和 pOutputRaster2 对应单元值为 1 时，pOutputRaster3 的单元值为 1，其他情况则为 0。BooleanAnd 方法可以使用 pDesc1 和 pDesc2 作为对象限定词，而不是 pOutputRaster1 和 pOutputRaster2。不过，输出栅格的单元值将是 1 和无数据，而不是 1 和 0。

```
    'Part 4: Create the output raster layer, and add the layer to the active map.
    Dim pRLayer As IRasterLayer
    Set pRLayer = New RasterLayer
    pRLayer.CreateFromRaster pOutputRaster3
    pRLayer.Name = "QueryOutput2 "
    pMap.AddLayer pRLayer
End Sub
```

第四部分由 pOutputRaster3 创建栅格图层，并将图层添加到当前地图。

11.4 逻辑操作

逻辑操作构成了栅格数据分析的核心。在 Spatial Analyst 中有大量局域逻辑操作可用。本节以重分类和组合为例。重分类操作针对的是单个栅格，而组合操作针对的是两个或更多的栅格。

11.4.1 ReclassNumberField

ReclassNumberField 宏采用数值重映射来对输入栅格进行再分类。重映射有两列：第一列是被用于重分类的一个单元值或者一定范围内的单元值列表；第二列是输出值（包括无数据）的列表。ArcObjects 中的重映射对象可以是数值重映射，也可以是字符串重映射。

ReclassNumberField 宏的功能等同于在 Spatial Analyst 中用“Reclassify”来创建分类整数栅格。该宏有三个部分：第一部分定义输入栅格；第二部分进行分类；第三部分由重分类的输出创建一个栅格图层并添加到当前地图。

关键接口：IGeoDataset，IReclassOp，INumberRemap，IRaster。

关键成员：Raster，MapRange，ReclassByRemap，CreateFromRaster。

用法：将连续的坡度栅格 slope 添加到当前地图。将 ReclassNumberField 导入 VB 编辑器中。运行宏，得到重分类结果的一个临时栅格，并将其添加到当前地图。

```
Private Sub ReclassNumberField ()
    'Part 1: Define the raster for reclassify.
    Dim pMxDoc As IMxDocument
    Dim pMap As IMap
    Dim pRasterLy As IRasterLayer
    Dim pGeoDs As IGeoDataset
    Set pMxDoc = ThisDocument
    Set pMap = pMxDoc.FocusMap
    Set pRasterLy = pMap.Layer (0)
    Set pGeoDs = pRasterLy.Raster
```

第一部分将 pGeoDs 设置为当前地图的最顶层。

```
    'Part 2: Reclassify the input raster.
    Dim pReclassOp As IReclassOp
    Dim pNRemap As INumberRemap
    Dim pOutRaster As IRaster
    'Prepare a number remap.
    Set pNRemap = New NumberRemap
```

```
    pNRemap. MapRange 0, 10#, 1
    pNRemap. MapRange 10.1, 20#, 2
    pNRemap. MapRange 20.1, 30#, 3
    pNRemap. MapRange 30.1, 90#, 4
    'Run the reclass operation.
    Set pReclassOp = New RasterReclassOp
    Set pOutRaster = pReclassOp. ReclassByRemap (pGeoDs, pRemap, False)
```

第二部分用代码创建的重映射来对 pGeoDS 重分类。首先，代码创建了 NumberRemap 类的实例 pNRemap，然后，根据输入数据的数值范围，利用 INumberRemap 接口的 MapRange 方法来设置输出值（图 11.12）。数值范围为 0～10.0 的单元，其输出值为 1；10.1～20.0 的，其输出值为 2，等等。接着，在 RasterReclassOp 类的实例 pReclassOp 之后，代码利用 pOutRaster 方法产生了由 pOutRaster 所引用的经过重分类的栅格。

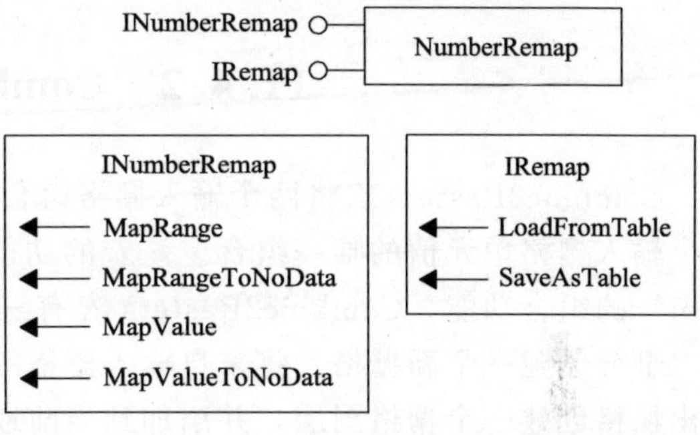

图 11.12　NumberRemap 对象支持 INumberRemap 接口和 IRemap 接口。可利用这两个接口的方法来定义重映射对象，进行栅格的重分类

```
    'Part 3: Create the output layer, and add it to the active map.
    Dim pReclassLy As IRasterLayer
    Set pReclassLy = New RasterLayer
    pReclassLy. CreateFromRaster pOutRaster
    pMap. AddLayer pReclassLy
End Sub
```

第三部分由 pOutRaster 创建新的栅格图层并添加到当前地图。

专栏 11.2　ReclassNumberField _ GP

ReclassNumberField _ GP 利用 Spatial Analyst 工具箱中的 Reclassify 工具，通过使用 remap（命令行中指定为参数），对坡度栅格 slope 进行重分类。在 ArcCatalog 运行宏。重分类的栅格（rec slope）将出现在 Catalog 目录树中。

```
Private Sub ReclassNumberField _ GP ()
    'Create the Geoprocessing object.
    Dim GP As Object
    Set GP = CreateObject ("esriGeoprocessing. GpDispatch. 1 ")
    'Reclassify <in _ raster><reclass filed> <remap><out raster> {DA-
TA | NODATA}
    'Define a remap for the third parameter.
```

```
    Dim parameter3 As String
    Parameter3 = "0.0 10.000 1; 10.001 20.0 2; 20.001 30.0 3; 30.001 90.0 4 "
    'Execute the reclassify tool.
    GP.Reclassify_sa "c:\data\chap11\slope", "Value", parameter3, "c:
\data\chap11\rec slope"
End Sub
```

11.4.2 Combine2Rasters

Combine2Rasters 宏将两个输入栅格组合起来，产生输出栅格，其单元的值代表了各个输入栅格单元值的唯一组合。该宏的功能等同于 Spatial Analyst 的"Raster Caculator"的组合功能。Combine2Rasters 宏有三个部分：第一部分定义了两个输入栅格；第二部分创建一个新栅格，将来自输入栅格的两个波段添加到新栅格上；第三个部分由输出栅格创建一个栅格图层，并添加到当前地图。

关键接口：IRaster，IRasterBandCollection，IRasterBand，ILocalOp。

关键成员：Raster，Item ()，Add，Combine，CreateFromRaster。

用法：将 slopegrd 和 aspectgrd 添加到当前地图。Slopegrd 显示四个坡度类型；aspectgrd 显示四个基本方向和第五个类型，即平地。将 Combine2Rasters 导入 VB 编辑器，运行宏。该宏向当前地图添加一个临时栅格，显示由坡度和坡向组合的 19 个唯一类型。

```
Private Sub Combine2Rasters ()
    'Part 1: Define the two rasters for combine.
    Dim pMxDoc As IMxDocument
    Dim pMap As IMap
    Dim pRLayer1 As IRasterLayer
    Dim pRLayer2 As IRasterLayer
    Dim pRaster1 As IRaster
    Dim pRaster2 As IRaster
    Dim pRasBC1 As IRasterBandCollection
    Dim pBand1 As IRasterBand
    Dim pRasBC2 As IRasterBandCollection
    Dim pBand2 As IRasterBand
    Set pMxDoc = ThisDocument
    Set pMap = pMxDoc.FocusMap
    'Derive the first band from the first raster.
    Set pRLayer1 = pMap.Layer (0)
    Set pRaster1 = pRLayer1.Raster
```

```
    Set pRasBC1 = pRaster1
    Set pBand1 = pRasBC1. Item (0)
    'Derive the first band from the second raster.
    Set pRLayer2 = pMap. Layer (1)
    Set pRaster2 = pRLayer2. Raster
    Set pRasBC2 = pRaster2
    Set pBand2 = pRasBC2. Item (0)
```

第一部分定义用于组合操作的栅格波段。代码运行以下步骤以定义栅格波段：将pRaster1 设置为最顶层的栅格；查询接口以得到 IRasterBandCollection 接口，并设置pBand1 为 pRaster1 的第一个波段。同样的步骤也用于计算 pBand2。

```
    'Part 2: Create a new raster and perform combine.
    Dim pRasBC As IRasterBandCollection
    Dim pLocalOp As ILocalOp
    Dim pOutRaster As IRaster
    'Define a new raster and add to it two input bands.
    Set pRasBC = New Raster
    pRasBC. Add pBand1, 0
    pRasBC. Add pBand2, 1
    'Run the combine local operation.
    Set pLocalOp = New RasterLocalOp
    Set pOutRaster = pLocalOp. Combine (pRasBC)
```

第二部分运用多波段栅格来进行组合操作。首先，代码创建 Raster 类的实例 pRasBC。接着，代码用 IRasterBandCollection 接口的 Add 方法把 pBand1 和 pBand2 添加到 pRasBC。接着代码创建 RasterLocalOp 类的实例 pLocalOp，利用 ILocalOp 接口的 Combine 方法创建了由 pOutRaster 所引用的组合栅格。

```
    'Part 3: Create the output layer, and add it to the active map.
    Dim pRLayer As IRasterLayer
    Set pRLayer = New RasterLayer
    pRLayer. CreateFromRaster pOutRaster
    pRLayer. Name = "slp _ asp "
    pMap. AddLayer pRLayer
End Sub
```

第三部分由 pOutRaster 创建新的栅格图层 pRLayer，并将图层添加到当前地图。

专栏 11.3　Combine2Rasters _ GP

Combine2Rasters _ GP 利用 Spatial Analyst 工具箱中的 Combine 工具，通过局域操作将 slopegrd 和 aspectgrd 组合起来。命令行的第一个参数是输入栅格。在 ArcCatalog 运行

宏，在 Catalog 目录树中查看输出栅格（combine2）。

```
Private Sub Combine2Rasters _ GP ()
    'Create the Geoprocessing object.
    Dim GP As Object
    Set GP = CreateObject ( "esriGeoprocessing. GpDispatch. 1 ")
    'Combine <in _ raster; in _ raster...> <out _ raster>
    'Define the input rasters for parameter 1.
    Dim parameter1 As String
    parameter1 = "c: \ data \ chap11 \ slopegrd; c: \ data \ chap11 \ aspectgrd "
    'Execute the combine tool.
    GP. Combine _ sa parameter1, "c: \ data \ chap11 \ combine2 "
End Sub
```

11.4.3　其他局域操作

对多个栅格进行其他局域操作的宏具有和 Combine2Rasters 宏类似的代码结构。局域平均值操作（即计算两个或多个栅格的逐个单元的平均值）需要将 Combine2Rasters 宏中第二部分的最后一行改为：

```
Set pOutRaster = pLocalOp. LocalStatistics (pRaster, esriGeoAnalysisStatsMean)
```

该行利用 ILocalOp 接口的 LocalStatistics 方法来计算单个栅格的多栅格波段的局域平均值，并将结果存放到输出栅格。类似地，局域最大值操作需要将 Combine2Rasters 宏中第二部分的最后一行改为：

```
Set pOutRaster = pLocalOp. HighestPosition (pRaster)
```

该行利用 ILocalOp 接口的 HighestPosition 方法来计算多个输入栅格（存放在一个多波段栅格中）的最大值，并将结果存放到输出栅格。

11.5　邻 域 操 作

邻域操作的 VBA 宏必须定义邻域，用于统计指标的计算。统计指标的计算可利用重叠邻域或非重叠邻域。当操作针对逐个单元进行时，邻域是重叠的；而当操作是针对逐个的块进行时，邻域是非重叠的。

11.5.1　FocalMean

FocalMean 宏计算 3×3 邻域内单元值的平均值并将平均值赋给焦点单元。该宏的功能等同于在 Spatial Analyst 中使用“Neighborhood Statistics”。FocalMean 宏有三个部分：第一部分定义输入栅格；第二部分准备邻域操作并定义 3×3 的邻域，运行焦点平均值操作。第三部分由输出栅格创建栅格图层并将图层添加到当前地图。

关键接口：IRaster，INeighborhoodOp，IRasterNeighborhood。

关键成员：Raster，FocalStatistics，CreateFromRaster。

用法：将 emidalat 添加到当前地图。把 FocalMean 导入 VB 编辑器，运行宏。宏创建了一个显示邻域平均值的临时栅格，并将栅格添加到当前地图。

```
Private Sub FocalMean ()
    'Part 1: Define the input raster.
    Dim pMxDoc As IMxDocument
    Dim pMap As IMap
    Dim pRLayer As IRasterLayer
    Dim pRaster As IRaster
    Set pMxDoc = ThisDocument
    Set pMap = pMxDoc.FocusMap
    Set pRLayer = pMap.Layer (0)
    Set pRaster = pRLayer.Raster
```

第一部分将 pRaster 设置为当前地图的最顶层的栅格。

```
    'Part 2: Perform focal mean.
    Dim pNbrOp As INeighborhoodOp
    Dim pNbr As IRasterNeighborhood
    Dim pOutputRaster As IRaster
    'Define the neighborhood.
    Set pNbr = New RasterNeighborhood
    pNbr.SetRectangle 3, 3, esriUnitsCells
    'Run the focal mean neighborhood operation.
    Set pNbrOp = New RasterNeighborhoodOp
    Set pOutputRaster = pNbrOp.FocalStatistics (pRaster, esriGeoAnalysis-
  StatsMean, pNbr, False)
```

第二部分创建 RasterNeighborhood 类的实例 pNbr，利用 IRasterNeighborhood 接口的 SetRectangle 方法定义一个 3 单元长宽的方形邻域。接着，代码创建 RasterNeighborhoodOp 类的实例 pNbrOp，利用 FocalStatistics 方法创建由 pOutputRaster 所引用的平均值栅格（FocalStatistics 方法利用重叠邻域，而在 INeighborhoodOp 接口上也有的 BlockStatistics 方法则利用的是非重叠邻域）。

```
    'Part 3: Create the output layer and add it to the active map.
    Dim pOutputLayer As IRasterLayer
    Set pOutputLayer = New RasterLayer
    pOutputLayer.CreateFromRaster pOutputRaster
    pOutputLayer.Name = "FocalMean "
```

```
    pMap.AddLayer pOutputLayer
End Sub
```

第三部分由 pOutputRaster 创建栅格图层并将图层添加到当前地图。

专栏 11.4　FocalMean _ GP

FocalMean _ GP 利用 Spatial Analyst 工具箱里的 FocalStatistics 工具来导出邻域平均值栅格。第三个参数指定邻域大小（3×3 正方形），第四个参数指定所要计算的统计值（这里是平均值）。在 ArcCatalog 运行宏，在 Catalog 目录树中查看输出栅格（focalmean2）。

```
Private Sub FocalMean _ GP ()
    'Create the Geoprocessing object.
    Dim GP As Object
    Set GP = CreateObject ("esriGeoprocessing.GpDispatch.1")
    'FocalStatistics <in _ raster> <out _ raster> {neighborhood} {MEAN |
MAJORITY | MAXIMUM | MEDIAN |
    'MINIMUM | MINORITY | RANGE | STD | SUM | VARIETY} {DATA | NODATA}
    "Execute the focalstatistics tool.
    GP.FocalStatistics _ sa "c:\data\chap11\emidalat", "c:\data\chap11
\focalmean2", "RECTANGLE 3 3", "MEAN"
End Sub
```

11.6　区 带 操 作

用 VBA 宏进行包含两个栅格的区带操作，必须定义一个值栅格和一个区带栅格，以便值栅格中的单元值能够在区带范围内加总。区带栅格必须是一个整型栅格。与邻域操作类似，区带操作可提供多个统计值。

11.6.1　ZonalMean

ZonalMean 宏计算爱达荷州每个流域的平均降水量。该宏的功能等同于在 Spatial Analyst 中使用"Zonal Statistics"。ZonalMean 宏有三个部分：第一部分定义区带操作中所需要的栅格，并将值栅格和区带栅格添加到当前地图；第二部分定义并进行区带平均值操作；第三部分由输出创建栅格图层并将图层添加到当前地图。

关键接口：IRaster，IGeoDataset，IZonalOp。

关键成员：Raster，CreateFromFilePath，ZonalStatistics，CreateFromRaster。

用法：将 ZonalMean 导入 ArcMap 的 VB 编辑器，运行宏。该宏将 precipgd 和

hucgd 两个输入栅格以及 ZonalMean 这个输出栅格添加到当前地图上。在区带操作中，precipgd 是值栅格，用 0.01ft 来显示年降水量；而 hucgd 是区带栅格，显示爱达荷州里的 13 个用 6-digit 编码的流域。ZonalMean 包含了各个流域的平均降水量。

```
Private Sub ZonalMean ()
    'Part 1: Define the zonal and value raster datasets.
    Dim pMxDocument As IMxDocument
    Dim pMap As IMap
    Dim pZoneRL As IRasterLayer
    Dim pZoneRaster As IRaster
    Dim pValueRL As IRasterLayer
    Dim pValueRaster As IRaster
    Set pMxDocument = Application. Document
    Set pMap = pMxDocument. FocusMap
    'Define the zonal raster dataset.
    Set pZoneRL = New RasterLayer
    pZoneRL. CreateFromFilePath "c: \ data \ chap11 \ hucgd "
    Set pZoneRaster = pZoneRL. Raster
    'Define the value raster dataset.
    Set pValueRL = New RasterLayer
    pValueRL. CreateFromFilePath "c: \ data \ chap11 \ precipgd "
    Set pValueRaster = pValueRL. Raster
    'Add the zonal and value raster layers to the active map.
    pMap. AddLayer pZoneRL
    pMap. AddLayer pValueRL
```

第一部分定义区带操作中所要用到的区带栅格数据集和值栅格数据集。代码并非直接引用当前地图的栅格图层，而是利用 IRasterLayer 接口的 CreateFromFilePath 方法来打开一个由 pZoneRL 所引用的区带图层，并将 pZoneRaster 设置为其栅格。接着，同样的过程也用来打开 pValueRL 并设置 pValueRaster。最后，代码将 pZoneRL 和 pValueRL 添加到当前地图。

```
    'Part 2: Perform zonal mean.
    Dim pZonalOp As IZonalOp
    Dim pOutputRaster As IGeoDataset
    'Run the zonal mean operation.
    Set pZonalOp = New RasterZonalOp
    Set pOutputRaster = pZonalOp. ZonalStatistics (pZoneDataset, pValueDataset,
esriGeoAnalysisStatsMean, True)
```

第二部分创建了 RasterZonalOp 类的实例 pZonalOp。利用 IZonalOp 接口的 Zonal-

Statistics 方法创建由 pOutputRaster 所引用的区带平均值栅格。

```
'Part 3: Create the output layer and add it to the active map.
    Dim pOutputLayer As IRasterLayer
    Set pOutputLayer = New RasterLayer
    pOutputLayer.CreateFromRaster pOutputRaster
    pOutputLayer.Name = "ZonalMean "
    pMap.AddLayer pOutputLayer
End Sub
```

第三部分由 pOutputRaster 创建栅格图层并添加到当前地图。

专栏 11.5 ZonalMean _ GP

ZonalMean _ GP 利用 Spatial Analyst 工具箱的 ZonalStatistics 工具，根据一个区带栅格（hucgd）和数值栅格（precipgd）来计算区带栅格（hucgd）。在 ArcCatalog 运行宏，在 Catalog 目录树中查看输出栅格（zonalmean2）。

```
Private Sub ZonalMean _ GP ()
    'Create the Geoprocessing object and define its workspace.
    Dim GP As Object
    Set GP = CreateObject ( "esriGeoprocessing.GpDispatch.1 ")
    Dim filepath As String
    filepath = "c:\data\chap11 "
    GP.Workspace = filepath
    'ZonalStatistics <in _ zone _ data> <zone _ field> <in _ value _ raster>
<out _ raster> {MEAN |
    'MAJORITY | MAXIMUM | MEDIAN | MINIMUM | MINORITY | RANGE | STD |
    'SUM | VARIETY} {DATA | NODATA}
    'Execute the zonalstatistics tool.
    GP.ZonalStatistics _ sa "hucgd ", "Value ", "precipgd ", "zonalmean2 ", "MEAN "
End Sub
```

11.7 距离量算操作

距离量算操作可基于物理距离，也可基于耗费距离。这两种类型的操作都可计算每个单元到源单元之间的距离。主要区别是耗费距离的量算必须以耗费栅格为基础。本节讨论这两种距离量算。

11.7.1 EucDist

EucDist 宏计算离开一个径流栅格（源栅格）的连续欧几里得距离。该宏的功能等同于在 Spatial Analyst 中选用“Distance/Straight Line”。EucDist 宏有三个部分：第一部分定义源栅格；第二部分定义并进行距离量算操作；第三部分由输出创建栅格图层并添加到当前地图。

关键接口：IRaster，IGeoDataset，IDistanceOp。

关键成员：Raster，EucDistance，CreateFromRaster。

用法：将 emidastrmgd 添加到当前地图，把 EucDist 导入到 VB 编辑器，运行宏。该宏创建并添加一个名为 EuclideanDistance 的临时栅格到当前地图。

```
Private Sub EucDist ()
    'Part 1: Define the input raster dataset.
    Dim pMxDoc As IMxDocument
    Dim pMap As IMap
    Dim pSourceRL As IRasterLayer
    Dim pSourceRaster As IRaster
    Set pMxDoc = ThisDocument
    Set pMap = pMxDoc. FocusMap
    Set pSourceRL = pMap. Layer (0)
    Set pSourceRaster = pSourceRL. Raster
```

第一部分设置顶层的栅格为源栅格，并由 pSourceRaster 所引用。

```
    'Part 2: Perform distance measures.
    Dim pDistanceOp As IDistanceOp
    Dim pOutputRaster As IGeoDataset
    'Run the Euclidean distance operation.
    Set pDistanceOp = New RasterDistanceOp
    Set pOutputRaster = pDistanceOp. EucDistance (pSourceDataset)
```

第二部分创建了 RasterDistanceOp 类的实例 pDistanceOp，利用 IDistanceOp 接口的 EucDistance 方法创建了由 pOutputRaster 所引用的连续距离量算值栅格。

```
    'Part 3: Create the output layer and add it to the active map.
    Dim pOutputLayer As IRasterLayer
    Set pOutputLayer = New RasterLayer
    pOutputLayer. CreateFromRaster pOutputRaster
    pOutputLayer. Name = "EuclideanDistance "
    pMap. AddLayer pOutputLayer
End Sub
```

第三部分由 pOutputRaster 创建新栅格图层，将图层添加到当前地图。

11.7.2　在 EucDist 宏中利用要素图层作为源

EucDist 宏利用栅格作为源。通过对第一部分进行修改，EucDist 宏也可以用 shapefile 作为源（即 emidastrm. shp）。在进行距离量算之前，必须将 shapefile 转化为栅格。以下显示对 EucDist 宏的第一部分的修改，以便利用 shapefile 作为源（附带 CD 中的 EucDistToFeatLayer. txt 是一个完整的宏，用于对 emidastrm. shp 的距离量算操作）。

```
'Part 1: Convert the input feature layer to a raster dataset.
    Dim pMxDoc As IMxDocument
    Dim pMap As IMap
    Dim pSourceLayer As IFeatureLayer
    Dim pSourceFC As IFeatureClass
    Dim pConOp As IConversionOp
    Dim pEnv As IRasterAnalysisEnvironment
    Dim pWSF As IWorkspaceFactory
    Dim pWS As IWorkspace
    Dim pSourceDataset As IGeoDataset
    Set pMxDoc = ThisDocument
    Set pMap = pMxDoc.FocusMap
    'Define the source feature class.
    Set pSourceLayer = pMap.Layer (0)
    Set pSourceFC = pSourceLayer.FeatureClass
    'Define the workspace for the raster.
    Set pWSF = New RasterWorkspaceFactory
    Set pWS = pWSF.OpenFromFile ("c:\data\chap11\", 0)
    'Prepare a new conversion operator.
    Set pConOp = New RasterConversionOp
    Set pEnv = pConOp
    pEnv.SetCellSize esriRasterEnvValue, 30
    'Run the conversion operation.
    Set pSourceDataset = pConOp.ToRasterDataset (pSourceFC, "GRID ", pWS, "SourceGrid ")
```

修改后的 EucDist 宏的第一部分将 pSourceFC 设置为源图层的要素类。将 pSourceFC 转化为栅格的过程分为三个步骤：第一，代码定义了栅格的工作空间；第二，代码创建了 RasterConversionOp 类的实例 pConOp，查询以获得 IRasterAnalysisEnvironmen 接口来定义输出单元的大小；第三，代码利用 IConversionOp 接口的 ToRasterDataset 方法创建了由 pSourceDataset 所引用的源栅格。

专栏 11.6　EucDist _ GP

EucDist _ GP 利用 Spatial Analyst 工具箱中的 EucDistance 工具，依据一个 shapefile（emidastrm. shp）计算出距离测量值栅格（eucdist2），单元尺寸为 30m。在 ArcCatalog 运行宏，在 Catalog 目录树中查看输出栅格。

```
Private Sub EucDist _ GP ()
    'Create the Geoprocessing object and define its workspace.
    Dim GP As Object
    Set GP = CreateObject ( "esriGeoprocessing. GpDispatch. 1 ")
    'Define the workspace.
    Dim filepath As String
    filepath = "c: \ data \ chap11 "
    GP. Workspace = filepath
    'EucDistance _ sa <in _ source _ data> <out _ distance _ raster> {maxi-
mum _ distance}
    ' {cell _ size} {out _ direction _ raster}
    'Execute the eucdistance tool.
    GP. EucDistance _ sa "emidastrm. shp ", "eucdist2 ", " ", "30 "
End Sub
```

11.7.3　Slice

Slice 宏计算距河流（源）栅格的连续欧几里得距离并按照五等分对距离测量值栅格进行重新分类。Slice 宏有三个部分：第一部分定义源栅格；第二部分运行距离测量操作并重新分类；第三部分由输出栅格创建新的栅格图层并将它们添加到当前地图。

关键接口：IRaster，IGeoDataset，IDistanceOp，IReclassOp。

关键成员：Raster，EucDistance，Slice，CreateFromRaster。

用法：将 emidastrmgd 添加到当前地图。向 VB 编辑器导入 Slice，运行宏。宏创建了两个临时栅格，分别命名为 EuclideanDistance 和 EqualInterval，并把图层添加到当前地图。

```
Private Sub Slice ()
    'Part 1: Define the source raster.
    Dim pMxDoc As IMxDocument
    Dim pMap As IMap
    Dim pSourceRL As IRasterLayer
    Dim pSourceRaster As IRaster
    Set pMxDoc = ThisDocument
    Set pMap = pMxDoc. FocusMap
```

```
Set pSourceRL = pMap.Layer (0)
Set pSourceRaster = pSourceRL.Raster
```

第一部分将 pSourceRaster 设置为当前地图的第一个图层的栅格。

```
'Part 2: Define and run the distance measure operation.
Dim pDistanceOp As IDistanceOp
Dim pOutputRaster As IGeoDataset
Dim pReclassOp As IReclassOp
Dim pSliceRaster As IGeoDataset
'Run a EucDistance operation.
Set pDistanceOp = New RasterDistanceOp
Set pOutputRaster = pDistanceOp.EucDistance (pSourceRaster)
'Run a slice operation.
Set pReclassOp = New RasterReclassOp
Set pSliceRaster = pReclassOp.Slice (pOutputRaster, esriGeoAnalysisSliceEqualInterval, 5)
```

第二部分首先创建 RasterDistanceOp 类的实例 pDistanceOp，利用 EucDistance 方法创建由 pOutputRaster 所引用的连续距离测量栅格。接着，代码创建了 RasterReclassOp 类的实例 pReclassOp，利用 IReclassOp 接口的 Slice 方法创建分为五类的等距栅格。等距（分段）栅格由 pSliceRaster 所引用。

```
'Part 3: Create the new raster layers and add them to the active map.
Dim pOutputLayer As IRasterLayer
Dim pSliceLayer As IRasterLayer
'Create and add the distance measure layer.
Set pOutputLayer = New RasterLayer
pOutputLayer.CreateFromRaster pOutputRaster
pOutputLayer.Name = "EuclideanDistance "
pMap.AddLayer pOutputLayer
'Create and add the slice layer.
Set pSliceLayer = New RasterLayer
pSliceLayer.CreateFromRaster pSliceRaster
pSliceLayer.Name = "EqualInterval "
pMap.AddLayer pSliceLayer
End Sub
```

第三部分分别由 pOutputRaster 和 pSliceRaster 创建新的栅格图层并添加到当前地图。

11.7.4 CostDist

CostDist 宏利用一个源栅格和一个耗费栅格来计算最小累积耗费距离。该宏的功能等同于 Spatial Analyst 中的 "Distance/Cost Weighted"。CostDist 宏有三个部分：第一部分定义源栅格和耗费栅格；第二部分进行距离量算操作；第三部分由输出创建新的栅格图层并添加到当前地图。

关键接口：IRaster，IDistanceOp。

关键成员：Raster，CostDistance，CreateFromRaster。

用法：将源栅格 emidastrmgd 和耗费栅格 emidacostgd 添加到当前地图。源栅格必须在耗费栅格之上。向 VB 编辑器导入 CostDist，运行宏。宏创建了一个临时栅格，命名为 CostDistance，并添加到当前地图。

```
Private Sub CostDist ()
  'Part 1: Define the source and cost rasters.
  Dim pMxDoc As IMxDocument
  Dim pMap As IMap
  Dim pSourceRL As IRasterLayer
  Dim pSourceRaster As IRaster
  Dim pCostRL As IRasterLayer
  Dim pCostRaster As IRaster
  Set pMxDoc = ThisDocument
  Set pMap = pMxDoc. FocusMap
  'Define the source dataset.
  Set pSourceRL = pMap. Layer (0)
  Set pSourceRaster = pSourceRL. Raster
  'Define the cost dataset.
  Set pCostRL = pMap. Layer (1)
  Set pCostRaster = pCostRL. Raster
```

第一部分将 pSourceRaster 设置为当前地图顶层的栅格，将 pCostRaster 设置为第二层的栅格。

```
  'Part 2: Perform cost distance measures.
  Dim pDistanceOp As IDistanceOp
  Dim pOutputRaster As IRaster
  'Run the cost distance operation.
  Set pDistanceOp = New RasterDistanceOp
  Set pOutputRaster = pDistanceOp. CostDistance (pSourceRaster, pCostRaster)
```

第二部分创建了 RasterDistanceO 类的实例 pDistanceOp，利用 IDistanceOp 接口的 CostDistance 方法创建由 pOutputRaster 所引用的最小累积耗费距离栅格。

```
    'Part 3: Create the output layer and add it to the active map.
    Dim pRLayer As IRasterLayer
    Set pRLayer = New RasterLayer
    pRLayer.CreateFromRaster pOutputRaster
    pRLayer.Name = "CostDistance"
    pMap.AddLayer pRLayer
End Sub
```

第三部分由 pOutputRaster 创建新栅格图层并添加到当前地图。

11.7.5 CostDistFull

CostDistFull 宏用源栅格和耗费栅格计算最小累积耗费距离栅格、后向链接栅格和分配栅格。宏的功能等同于在 Spatial Analyst 中用“Distance/Cost Weighted”命令时勾选上“Create direction”和“Create allocation”。CostDistFull 宏有四个部分：第一部分定义源栅格和耗费栅格；第二部分定义和运行耗费距离量算操作；根据第二部分的输出，第三部分计算最小累积耗费栅格、后向链接栅格以及分配栅格；第四部分创建最小累积耗费栅格图层、后向链接栅格图层和分配栅格图层，将图层添加到当前地图。

关键接口：IRaster，IGeoDataset，IDistanceOp，IRasterBandCollection，IRasterband。

关键成员：Raster，CostDistanceFull，Item（），AppendBand，CreateFromRaster，Name。

用法：将源栅格 emidastrmgd 和成本栅格 emidacostgd 添加到当前地图。源栅格必须是一个整型栅格，以便计算分配输出。在当前地图中，emidastrmgd 必须在 emidacostgd 上面。将 CostDistFull 导入 ArcMap 的 VB 编辑器，运行宏，宏创建并添加三个临时栅格：CostDistance 是最小累积耗费距离栅格；BackLink 是后向链接栅格；Allocation 是分配栅格。BackLink 的单元值为 0～8，用于定义在最小累积耗费路径上从该单元到最近源单元的下一个邻居。Allocation 将每个单元赋值为其最近的源单元。

```
Private Sub CostDistFull ()
    'Part 1: Define the source and cost rasters.
    Dim pMxDoc As IMxDocument
    Dim pMap As IMap
    Dim pSourceRL As IRasterLayer
    Dim pSourceRaster As IRaster
    Dim pCostRL As IRasterLayer
    Dim pCostRaster As IRaster
    Set pMxDoc = ThisDocument
    Set pMap = pMxDoc.FocusMap
    'Define the source dataset.
    Set pSourceRL = pMap.Layer (0)
```

```
Set pSourceRaster = pSourceRL.Raster
'Define the cost dataset.
Set pCostRL = pMap.Layer (1)
Set pCostRaster = pCostRL.Raster
```

第一部分将 pSourceRaster 设置为源图层的栅格；将 pCostRaster 设置为耗费图层的栅格。

```
'Part 2: Perform cost distance measures.
Dim pDistanceOp As IDistanceOp
Dim pOutputRaster As IGeoDataset
'Run the cost distance operation.
Set pDistanceOp = New RasterDistanceOp
Set pOutputRaster = pDistanceOp.CostDistanceFull (pSourceRaster, pCostRaster, True, True, True)
```

第二部分创建 RasterDistanceOp 类的实例 pDistanceOp，利用 IDistanceOp 接口的 CostDistanceFull 方法创建由 pOutputRaster 所引用的输出。CostDistanceFull 方法同时创建三个栅格。

```
'Part 3: Derive the least accumulative cost distance, backlink, and allocation rasters.
Dim pRasterBandCollection As IRasterBandCollection
Dim pCostDistRB As IRasterband
Dim pCostDistRBCollection As IRasterBandCollection
Dim pBackLinkRB As IRasterband
Dim pBackLinkRBCollection As IRasterBandCollection
Dim pAllocationRB As IRasterband
Dim pAllocationRBCollection As IRasterBandCollection
'Extract and create the least accumulative cost distance raster.
Set pRasterBandCollection = pOutputRaster
Set pCostDistRB = pRasterBandCollection.Item (0)
Set pCostDistRBCollection = New Raster
pCostDistRBCollection.AppendBand pCostDistRB
'Extract and create the backlink raster.
Set pBackLinkRB = pRasterBandCollection.Item (1)
Set pBackLinkRBCollection = New Raster
pBackLinkRBCollection.AppendBand pBackLinkRB
'Extract and create the allocation raster.
Set pAllocationRB = pRasterBandCollection.Item (2)
Set pAllocationRBCollection = New Raster
pAllocationRBCollection.AppendBand pAllocationRB
```

为了提取第二部分的三个栅格，第三部分首先查询得到 IRasterBandCollection 接口，将包含最小累积耗费距离的第一个波段赋值给 pCostDistRB。接着，代码创建了 Raster 类的实例 pCostDistRBCollection，利用 IRasterBandCollection 接口的 AppendBand 方法将 pCostDistRB 扩充到 pCostDistRBCollection，完成最小累积耗费距离栅格的创建。第三部分重复相同的过程，提取和创建由 pBackLinkRBCollection 所引用的后向链接栅格和由 pAllocationRBCollection 所引用的分配栅格。

```
'Part 4: Create the output layers and add them to the active map.
Dim pCostDistLayer As IRasterLayer
Dim pBackLinkLayer As IRasterLayer
Dim pAllocationLayer As IRasterLayer
'Add the least accumulative cost distance layer.
Set pCostDistLayer = New RasterLayer
pCostDistLayer.CreateFromRaster pCostDistRBCollection
pCostDistLayer.Name = "CostDistance "
pMap.AddLayer pCostDistLayer
'Add the back link layer.
Set pBackLinkLayer = New RasterLayer
pBackLinkLayer.CreateFromRaster pBackLinkRBCollection
pBackLinkLayer.Name = "BackLink "
pMap.AddLayer pBackLinkLayer
'Add the allocation layer.
Set pAllocationLayer = New RasterLayer
pAllocationLayer.CreateFromRaster pAllocationRBCollection
pAllocationLayer.Name = "Allocation "
pMap.AddLayer pAllocationLayer
End Sub
```

第四部分由 pCostDistRBCollection、pBackLinkRBCollection 和 pAllocationRBCollection 创建新的栅格图层，将三个图层添加到当前地图。

第 12 章　地形制图和分析

地形制图指的是利用等高线（contour）、地貌晕渲（hill shading）、透视图（perspective view）来描述地表。地形分析提供了地表的各种测度，如坡度、坡向。地形分析也包括视域（viewshed）分析和流域（watershed）分析。视域分析是指预测给定地表的一个或多个观察点的可视范围。流域分析是指根据高程栅格来计算流域。地形制图和分析在许多应用软件中很有用。

地形制图和分析的一个常用数据源是数字高程模型。DEM 是从航空照片、卫星影像、雷达数据或其他数据源编程得到的规则高程点阵。对于地形制图和分析来说，DEM 首先被转化为高程栅格。高程栅格的简单数据结构使其相对便于计算出坡度、坡向以及其他地形参数。

除了 DEM，另一种是不规则三角网。TIN 利用一系列互不重叠的三角形来近似表示地表。高程值以及 x、y 坐标被存放在三角形的顶点上。许多 GIS 用户用 DEM 或 LIDAR（light detection and ranging）数据编辑出初始的 TIN，然后运用其他数据源，如水系网络，来改善 TIN。除了数据源具有灵活性之外，TIN 还是地形制图和 3D 显示的优秀数据模型。TIN 的三角面形成了比 DEM 更鲜明的地形图像。

本章讨论地形制图和分析。12.1 节回顾 ArcGIS 中的地形制图和分析；12.2 节讨论与地形制图和分析相关的对象；12.3 节讨论由高程栅格计算等值线、坡度、坡向以及地貌晕渲的宏，并介绍用于计算等高线、坡度、坡向的 3 个 GP 宏。其中，用于计算坡向的 GP 宏结合了一个常规的宏来用色彩符号显示坡向分类；12.4 节的宏用于视域分析；12.5 节的宏用于流域分析；12.6 节的宏和 GP 宏用于建立和修改 TIN 并从 TIN 计算得到要素。所有的宏的开始都列出了关键接口、关键成员（即属性和方法）和用法。在运行宏之前，一定要在 Tools/Extensions 菜单里将 Spatial Analyst 和 3D Analyst 勾选上。

12.1　在 ArcGIS 中进行地形制图和分析

ArcGIS Desktop 在 Spatial Analyst（空间分析器）和 3D Analyst（三维分析器）扩展模块中内置了用于地形制图和分析的命令。本节讨论这两个扩展模块。这两个扩展模块都有地表分析菜单，包括等高线、坡度、坡向、地貌晕渲和视域分析等。这些分析函数的输入数据可以是高程栅格，也可以是 TIN。除了等值线是以 shapefile 格式的要素进行输出外，其他的输出都是栅格格式。

对于地形制图和分析而言，Spatial Analyst 的 Raster Calculator（栅格计算器）是一个重要的工具，这是由于它能够计算许多地面分析函数的值。例如，栅格计算器可以求坡度函数的值并创建坡度栅格图，而不需要通过地面分析菜单来进行。栅格计算器还能够计算流域分析函数的值，该函数没有内置在空间分析的菜单选项中。

3D Analyst 拥有用于创建和修改 TIN 的菜单选项。我们可以从 DEM 或者要素数据（如 LIDAR 数据和等值线图）创建一个初始 TIN，并添加点、线、面要素来修改 TIN。附加的点数据可以包括高程测量点或者 GPS 数据。线数据可能包括溪流、岸线、悬崖、道路等表示地表发生变化的断裂线。面数据可能是湖泊、水库等。3D Analyst 还有一个 3D 观察软件，称为 ArcScene，可以让用户制作和计算透视图、三维披盖（3Ddraping）和三维动画。

12.2　地形制图和分析相关的 ArcObjects

ArcObjects 通过其 Spatial Analyst 和 3D Analyst 子系统来组织用于地形制图和分析的对象。其中，Spatial Analyst 子系统的两个基本组件是 RasterSurfaceOp 和 RasterHydrologyOp。RasterSurfaceOp 对象支持 IRasterAnalysisEnvironment 接口和 ISurfaceOp 接口。IRasterAnalysisEnvironment 接口控制分析环境，如输出的工作空间、输出的单元大小。ISurfaceOp 接口拥有创建等值线，计算地貌晕渲、坡度、坡向和曲率的方法，也可以进行视域分析（图 12.1）。

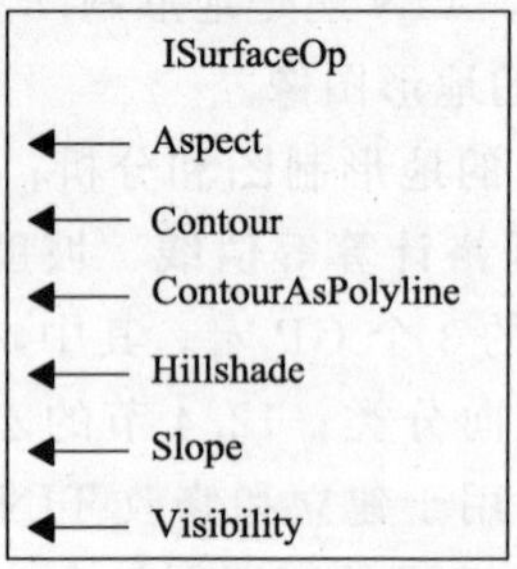

图 12.1　利用 ISurfaceOp 接口的方法来计算等值线、坡度、坡向、地貌阴影和视域

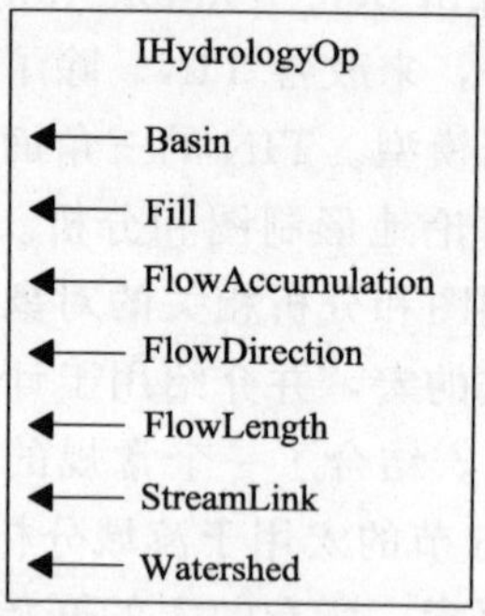

图 12.2　利用 IHydrologyOp 接口的方法来得到流域分析中的水文参数

RasterHydrologyOp 对象支持 IRasterAnalysisEnvironment 接口和 IHydrologyOp 接口。IHydrologyOp 接口拥有各种方法，用于填充地表洼地、创建流向（flow direction）、创建集水区（flow accumulation）、配置流线链（stream link）、描绘出流域（图 12.2）。

3D Analyst 子系统的一个基本组件是 TIN。TIN 对象实现 ITinEdit 接口、ITinAdvanced 接口和 ITinSurface 接口（图 12.3）。ITinEdit 接口拥有建立和编辑 TIN 的方法。ITinAdvanced 接口可以访问 TIN 的底层数据，如节点、边以及三角形的数量。ITinSurface 接口提供地表分析函数，如 TIN 的等值线、坡度、坡向的计算。

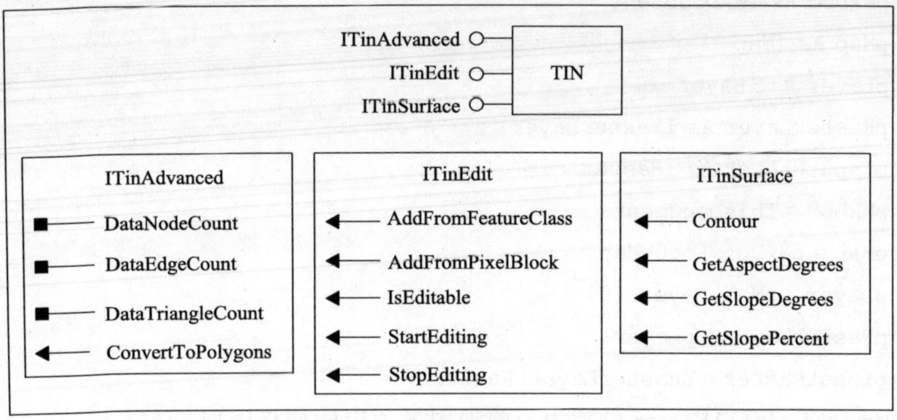

图 12.3　TIN 对象支持 ITinAdvanced 接口、ITinEdit 接口和 ITinSurfac 接口。可以利用这些接口的成员来创建和编辑 TIN，从 TIN 获得地形测量值，获得节点、边以及三角形的数量

第 11 章谈到的栅格对象可以用于地形制图与分析。例如，将高程栅格数据转化为 TIN 时，需要用到基本的栅格数据对象。

12.3　计算等值线、坡度、坡向和地貌晕渲

本节讨论等值线、坡度、坡向和地貌晕渲。除了介绍如何从高程栅格计算这些拓扑测度以外，本节还演示如何通过代码来选择坡度测度单元，对坡度值进行分类，以及如何用 8 个基本方向来显示坡向。

12.3.1　Contour

Contour 宏通过将高程栅格中相同高程的点连在一起形成等值线。该宏的功能和 Spatial Analyst 中绘制等值线 shapefile 的“Surface Analysis/Contour”命令相同。Contour 宏有三个部分：第一部分定义输入的高程栅格；第二部分绘制等值线并将输出存放到指定的工作空间；第三部分由输出创建一个要素图层，准备好等值线标签，并将图层添加到当前地图。

关键接口：ISurfaceOp，IRasterAnalysisEnvironment，IWorkspaceFactory，IGeoDataset，IGeoFeatureLayer。

关键成员：Raster，OpenFromFile，OutWorkspace，Contour，FeatureClass，DisplayField，DisplayAnnotation。

用法：将 emidalat 这个高程栅格添加到当前地图。在 VB 编辑器中导入 Contour 宏，运行宏。该宏向当前地图添加一个带标签的 Contour 图层。

```
Private Sub Contour ()
    'Part 1: Define the input raster.
```

```
Dim pMxDoc As IMxDocument
Dim pMap As IMap
Dim pLayer As ILayer
Dim pRasterLayer As IRasterLayer
Dim pInputRaster As IRaster
Set pMxDoc = ThisDocument
Set pMap = pMxDoc. FocusMap
Set pLayer = pMap. Layer (0)
Set pRasterLayer = pLayer
Set pInputRaster = pRasterLayer. Raster
```

第一部分将 pInputRaster 设置为当前地图最顶层的栅格图层。

```
'Part 2: Perform contour.
Dim pSurfaceOp As ISurfaceOp
Dim pEnv As IRasterAnalysisEnvironment
Dim pWS As IWorkspace
Dim pWSF As IWorkspaceFactory
Dim pOutput As IGeoDataset
'Define a surface operation.
Set pSurfaceOp = New RasterSurfaceOp
Set pEnv = pSurfaceOp
Set pWSF = New RasterWorkspaceFactory
Set pWS = pWSF. OpenFromFile ( "c: \data\chap12 ", 0)
Set pEnv. OutWorkspace = pWS
'Run the contour surface operation.
Set pOutput = pSurfaceOp. Contour (pInputRaster, 50, 850)
POutput. Rename ( "Contour")
```

第二部分首先创建了 RasterSurfaceOp 类的实例 pSurfaceOp。接着代码查询获得 IRasterAnalysisEnvironment 接口并利用 OutWorkspace 属性将 pWS 赋值为输出的工作空间。接着，代码运行 ISurfaceOp 接口的 Contour 方法，创建了由 pOutput 所引用的地理数据集。Contour 方法的参数 50 为等值线间距，另一个参数 850 为基准等值线值。等值线间距表示等值线之间的垂直距离，基准等值线是最小高程的等值线的值。IDataset 接口的 Rename 方法将 Contour 的名称改为 Contour（如果不改名，则等值线数据库将以默认的 Shape*. shp 作为名称）。

```
'Part 3: Create the output layer, and add it to the active map.
Dim pOutLayer As IFeatureLayer
Dim pGeoFeatureLayer As IGeoFeatureLayer
'Create the output feature layer.
Set pOutLayer = New FeatureLayer
```

```
Set pOutLayer.FeatureClass = pOutput
pOutLayer.Name = "Contour "
'Label the contour lines.
Set pGeoFeatureLayer = pOutLayer
pGeoFeatureLayer.DisplayField = "CONTOUR "
pGeoFeatureLayer.DisplayAnnotation = True
pMap.AddLayer pOutLayer
End Sub
```

第三部分首先从 pOutput 创建一个要素图层并将图层名改为“Contour”。接着代码查询得到 IGeoFeatureLayer 接口并设置等值线标注，然后将图层添加到当前地图。

专栏 12.1　Contour_GP

Contour_GP 运用 Spatial Analyst 工具箱中的 Contour 工具，从一个高程栅格中计算出等高线的 shapefile。等高距（50）和基础高程（800）由参数指定。在 ArcCatalog 中运行宏，在 Catalog 目录树中查看输出结果（contour2）。

```
Private Sub Contour_GP ()
    'Create the Geoprocessing object.
    Dim GP As Object
    Set GP = CreateObject ("esriGeoprocessing.GpDispatch.1 ")
    'Contour <in_zone_data> <out_polyline_features> <contour_interval> {base_contour} {z_factor}
    'Execute the contour tool.
    GP.Contour_sa "c:\data\chap12\emidalat ", "c:\data\chap12\contour2 ", 50, 800
End Sub
```

12.3.2　Slope

Slope 宏从高程栅格计算出一个临时的坡度栅格。该宏的功能和 Spatial Analyst 的“Surface Analysis/Slope”命令相同。Slope 宏有三个部分：第一部分定义输入栅格；第二部分运行坡度操作并将输出存放到指定的工作空间；第三部分由输出创建栅格图层并将图层添加到当前地图。

关键接口：ISurfaceOp，IRasterAnalysisEnvironment，IWorkspace，IWorkspaceFactory。

关键成员：Raster，OpenFromFile，OutWorkspace，Slope，CreateFromRaster。

用法：将高程栅格 emidalat 添加到当前地图。将 Slope 宏添加到 VB 编辑器中。运行宏，该宏将一个坡度图层添加到当前地图。

```
Private Sub Slope ()
    'Part 1: Define the input raster.
    Dim pMxDoc As IMxDocument
    Dim pMap As IMap
    Dim pLayer As ILayer
    Dim pRasterLayer As IRasterLayer
    Dim pInputRaster As IRaster
    Set pMxDoc = ThisDocument
    Set pMap = pMxDoc. FocusMap
    Set pLayer = pMap. Layer (0)
    Set pRasterLayer = pLayer
    Set pInputRaster = pRasterLayer. Raster
```

第一部分将 pInputRaster 设置为当前地图最顶层的栅格层。

```
    'Part 2: Perform slope.
    Dim pSurfaceOp As ISurfaceOp
    Dim pEnv As IRasterAnalysisEnvironment
    Dim pWS As IWorkspace
    Dim pWSF As IWorkspaceFactory
    Dim pOutRaster As IRaster
    'Prepare a raster surface operation.
    Set pSurfaceOp = New RasterSurfaceOp
    Set pEnv = pSurfaceOp
    Set pWSF = New RasterWorkspaceFactory
    Set pWS = pWSF. OpenFromFile ( "c: \ data \ chap12 ", 0)
    Set pEnv. OutWorkspace = pWS
    'Run the slope surface operation.
    Set pOutRaster = pSurfaceOp. Slope (pInputRaster, esriGeoAnalysisSlopePer-
centrise)
```

第二部分首先创建了 RasterSurfaceOp 类的实例 pSurfaceOp。接着，代码查询获得了 IRasterAnalysisEnvironment 接口并设置输出的工作空间。接着，代码利用 ISurfaceOp 接口的 Slope 方法创建了由 pOutRaster 所引用的坡度栅格。esriGeoAnalysisSlopePercentrise 参数指定了坡度栅格是用坡升百分比（percentage of rise）来度量的。

```
    'Part 3: Create the output raster layer, and add it to the active map.
    Dim pSlopelayer As IRasterLayer
    Set pSlopeLayer = New RasterLayer
    pSlopeLayer. CreateFromRaster pOutRaster
    pSlopeLayer. Name = "Slope "
    pMap. AddLayer pSlopeLayer
```

```
End Sub
```

第三部分由 pOutRaster 创建一个新的栅格图层并添加到当前地图。

专栏 12.2　Slop _ GP

Slop _ GP 运用 Spatial Analyst 工具箱的 Slope 工具从一个高程栅格计算出百分数坡度栅格。在 ArcCatalog 中运行宏，在 Catalog 目录树中查看输出结果（Slope2）。

```
Private Sub Slope _ GP ()
    'Create the Geoprocessing object.
    Dim GP As Object
    Set GP = CreateObject ( "esriGeoprocessing. GpDispatch. 1 ")
    'Slope <in _ zone _ data> <out _ raster> {DEGREE | PERCENT _ RISE} {z _
factor}
    'Execute the slope tool.
    GP. Slope _ sa "c: \ data \ chap12 \ emidalat ", "c: \ data \ chap12 \ slope2 ",
"PERCENT _ RISE "
End Sub
```

12.3.3　坡度测度的选择

坡度栅格可以用角度或百分数来测度。百分数坡度是垂直距离与水平距离的比值乘以 100，而角度坡度是垂直距离与水平距离的比率的反正切值。由于不同项目可能需要不同的坡度测度方法，宏可以用一个输入框让用户选择两种测度方法中的一种，然后再进行坡度操作。要提供这两个选项，你可以替换 Slope 宏第二部分的以下代码片段（附带 CD 的 ChooseSlopeMeasure. txt 中已有这部分）。

```
'Part 2: Perform slope.
    Dim pSurfaceOp As ISurfaceOp
    Dim pEnv As IRasterAnalysisEnvironment
    Dim pWS As IWorkspace
    Dim pWSF As IWorkspaceFactory
    Dim Message As String
    Dim Default As String
    Dim Choice As String
    Dim pOutRaster As IRaster
    'Prepare a raster surface operation.
    Set pSurfaceOp = New RasterSurfaceOp
    Set pEnv = pSurfaceOp
    Set pWSF = New RasterWorkspaceFactory
```

```
    Set pWS = pWSF.OpenFromFile ("c:\data\chap12", 0)
    Set pEnv.OutWorkspacc = pWS
    'Choose slope measures in degrees or in percentage of rise.
    Message = "Enter D for slope measures in degrees or P for slope measures in
percentage of rise"
    Default = "D"
    Choice = InputBox (Message, , Default)
    'Run the slope surface operation according to the choice.
    If Choice = "D" Or Choice = "d" Then
        Set pOutRaster = pSurfaceOp.Slope (pInputRaster, esriGeoAnalysisSlope-
Degrees)
        ElseIf Choice = "P" Or Choice = "p" Then
            Set pOutRaster = pSurfaceOp.Slope (pInputRaster, esriGeoAnalysisS-
lopePercentrise)
        Else: Exit Sub
    End If
```

代码根据用户的坡度类型选择，运行 Slope 方法（D 是角度，P 是百分数）。角度 D 是默认选项。

12.3.4 ReclassifySlope

坡度栅格常常先进行坡度分类，然后再应用于 GIS 工程。ReclassifySlope 是一个子程序，可以在 Slope 宏的末尾调用，将坡度值分组为五类（附带 CD 上的 ReclassifySlope.txt 中包含了 Slope 和 ReclassifySlope）：

```
    'Call the sub to display the classified slope layer in a defined color scheme.
    Call ReclassifySlope (pSlopeLayer)
```

ReclassifySlope 有三个部分：第一部分从 Slope 获得 pSlopeLayer，作为输入栅格；第二部分进行重新分类；第三部分由输出创建栅格图层并添加到当前地图。

```
Private Sub ReclassifySlope (pSlopeLayer As IRasterLayer)
    'Part 1: Define the raster for reclassify.
    Dim pMxDoc As IMxDocument
    Dim pMap As IMap
    Dim pRasterLy As IRasterLayer
    Dim pGeoDs As IGeoDataset
    Set pMxDoc = ThisDocument
    Set pMap = pMxDoc.FocusMap
    Set pRasterLy = pSlopeLayer
    Set pGeoDs = pRasterLy.Raster
```

第一部分从 Slope 获得 pSlopeLayer，将图层赋值给 pRasterLy。接着，代码通过 IGeoDataset 接口将 pGeoDs 设置为 pRasterLy 的栅格。

```
'Part 2: Reclassify the input raster.
Dim pReclassOp As IReclassOp
Dim pNRemap As INumberRemap
Dim pOutRaster As IRaster
'Prepare a number remap.
Set pNRemap = New NumberRemap
pNRemap.MapRange 0, 10#, 1
pNRemap.MapRange 10.1, 20#, 2
pNRemap.MapRange 20.1, 30#, 3
pNRemap.MapRange 30.1, 40#, 4
pNRemap.MapRange 40.1, 90#, 5
'Run the reclass operation.
Set pReclassOp = New RasterReclassOp
Set pOutRaster = pReclassOp.ReclassByRemap (pGeoDs, pNRemap, False)
```

第二部分创建了 NumberRemap 类的实例 pNRemap，利用 INumberRemap 接口的 MapRange 方法来设定基于输出值数值范围的输出值。值为 0～10.0 的单元被赋予输出值 1；同样地，10.1～20.0 赋予输出值 2，等等。接着，代码创建了 RasterReclassOp 类的实例 pReclassOp，利用 IReclassOp 接口的 ReclassByRemap 方法创建了由 pOutRaster 所参照的重分类栅格。该重分类栅格有 5 个坡度类型。

```
'Part 3: Create the output layer, and add it to the active map.
Dim pReclassLy As IRasterLayer
Set pReclassLy = New RasterLayer
pReclassLy.CreateFromRaster pOutRaster
pReclassLy.Name = "Classified Slope "
pMap.AddLayer pReclassLy
End Sub
```

第三部分由 pOutRaster 创建新的栅格图层并将分类好的坡度图层添加到当前地图。

12.3.5 坡　　向

要从高程栅格获得临时的坡向栅格，可以采用 Slope 宏，不过必须将第二部分的最后一行修改为：

```
'Run the aspect surface operation.
Set pOutRaster = pSurfaceOp.Aspect (pInputRaster)
```

ISurfaceOp 接口的 Aspect 方法利用 pInputRaster 作为唯一的对象限定词。

12.3.6 Aspect _ Symbol

坡向是一种环绕型测度，正北方向为 0°，顺时针方向又回到正北时为 360°。一般把坡向栅格分为 4 或 8 个基本方向，另加一个平地分类。Aspect _ Symbol 用一个随机色阶来显示坡向栅格的 8 个基本方面和平地。运用 Aspect _ Symbol 的好方法是在一个能够获得坡向图层的宏的最后部分调用该子程序。宏可以将坡向图层作为一个参数传递给 Aspect _ Symbol（附带 CD 上的 Aspect _ Symbol. txt 中包含了用于计算坡向的 Aspect以及用于显示坡向的 Aspect _ Symbol）。

Aspect _ Symbol 有三个部分：第一部分创建栅格渲染器；第二部分指定每个坡向分类的颜色、断点以及标签；第三部分将渲染器赋值给栅格图层并刷新当前视图。

```
Private Sub Aspect _ Symbol (pAspectLayer As IRasterLayer)
    'Part 1: Create a raster renderer.
    Dim pMxDoc As IMxDocument
    Dim pClassRen As IRasterClassifyColorRampRenderer
    Dim pRasRen As IRasterRenderer
    Dim pRaster As IRaster
    Set pRaster = pAspectLayer. Raster
    'Prepare a raster classify renderer.
    Set pClassRen = New RasterClassifyColorRampRenderer
    pClassRen. ClassCount = 10
    'Define the raster and update the renderer.
    Set pRasRen = pClassRen
    Set pRasRen. Raster = pRaster
    pRasRen. Update
```

第一部分将 pRaster 设置为坡向图层的栅格，坡向图层是以参数形式传递给子程序的。接着，代码创建了 RasterClassifyColorRampRenderer 类的实例 pClassRen，指定类别数为 10。接着，代码查询获得 IRasterRenderer 接口，将 pRaster 设置为 pRasRen 的栅格并更新 pRasRen。

```
    'Part 2: Specify the color, break, and label for each aspect class.
    Dim pRamp As IRandomColorRamp
    Dim pColors As IEnumColors
    Dim pFSymbol As ISimpleFillSymbol
    'Prepare a random color ramp.
    Set pRamp = New RandomColorRamp
    pRamp. Size = 10
    pRamp. Seed = 100
    pRamp. CreateRamp (True)
```

```
Set pColors = pRamp. Colors
'Define the symbol, break, and label for 10 aspect classes.
Set pFSymbol = New SimpleFillSymbol
pFSymbol. Color = pColors. Next
pClassRen. Symbol (0)  = pFSymbol
pClassRen. Break (0) = -1
pClassRen. Label (0)  = "Flat (-1) "
pFSymbol. Color = pColors. Next
pClassRen. Symbol (1) = pFSymbol
pClassRen. Break (1) = -0. 01
pClassRen. Label (1)  = "North (0-22. 5) "
pFSymbol. Color = pColors. Next
pClassRen. Symbol (2)  = pFSymbol
pClassRen. Break (2)  = 22. 5
pClassRen. Label (2)  = "Northeast (22. 5-67. 5) "
pFSymbol. Color = pColors. Next
pClassRen. Symbol (3)  = pFSymbol
pClassRen. Break (3)  = 67. 5
pClassRen. Label (3)  = "East (67. 5-112. 5) "
pFSymbol. Color = pColors. Next
pClassRen. Symbol (4)  = pFSymbol
pClassRen. Break (4)  = 112. 5
pClassRen. Label (4)  = "Southeast (112. 5-157. 5) "
pFSymbol. Color = pColors. Next
pClassRen. Symbol (5)  = pFSymbol
pClassRen. Break (5)  = 157. 5
pClassRen. Label (5)  = "South (157. 5-202. 5) "
pFSymbol. Color = pColors. Next
pClassRen. Symbol (6)  = pFSymbol
pClassRen. Break (6)  = 202. 5
pClassRen. Label (6)  = "Southwest (202. 5-247. 5) "
pFSymbol. Color = pColors. Next
pClassRen. Symbol (7)  = pFSymbol
pClassRen. Break (7)  = 247. 5
pClassRen. Label (7)  = "West (247. 5-292. 5) "
pFSymbol. Color = pColors. Next
pClassRen. Symbol (8)  = pFSymbol
pClassRen. Break (8)  = 292. 5
```

```
    pClassRen.Label (8) = "Northwest (292.5-337.5)"
    pFSymbol.Color = pColors.Next
    pClassRen.Symbol (9) = pFSymbol
    pClassRen.Break (9) = 337.5
    pClassRen.Label (9) = "North (337.5-360)"
    'Set Symbol 9 for north to be the same as Symol 1 for north.
    pClassRen.Symbol (9) = pClassRen.Symbol (1)
```

第二部分创建了 RandomColorRamp 类的实例 pRamp，指定生成 10 种颜色，100 是生成器的种子，用参数 True 开始色阶生成。第二部分的剩余代码为 10 个类分别赋予随机的色彩、分类断点以及标签。由于向北的坡向包括了类别 1 和类别 9（0°～22.5°和 337.5°～360°），类别 9 的符号重设为与类别 1 相同。

```
    'Part 3: Assign the renderer to the aspect layer, and refresh the active view.
    pRasRen.Update
    Set pAspectLayer.Renderer = pRasRen
    Set pMxDoc = ThisDocument
    pMxDoc.ActiveView.Refresh
    pMxDoc.UpdateContents
End Sub
```

第三部分将已更新的 pRasRen 赋值给 pAspectLayer，刷新当前视图，并更新地图文件的目录。

专栏 12.3　Aspect _ GP

Aspect _ GP 利用 Spatial Analyst 工具箱的 Aspect 工具从 emidalat 计算得到坡度栅格（aspect2）。然后代码定义当前地图的首层为 pAspectLayer 并将其传递给子程序 AspectSymbol，该子程序和 12.3.6 节的子程序相同，用随机色彩显示 10 个坡向类型。将 emidalat 添加到当前地图，然后在 ArcMap 里运行 Aspect _ GP。代码将符号化的 aspect2 添加到地图上。本例显示了如何将一个 GP 宏和一个用于数据显示的常规的 ArcObjects 宏结合起来。

```
Private Sub Aspect _ GP ()
    'Create the Geoprocessing object.
    Dim GP As Object
    Set GP = CreateObject ("esriGeoprocessing.GpDispatch.1")
    'Aspect <in _ raster> <out _ raster>
    'Execute the aspect tool.
    GP.Aspect _ sa "c:\data\chap12\emidalat", "c:\data\chap12\aspect2"
    'Define the top layer of the active map as the newly created aspect map.
```

```
    Dim pMxDoc As IMxDocument
    Dim pMap As IMap
    Dim pLayer As ILayer
    Dim pAspectLayer As IRasterLayer
    Set pMxDoc = ThisDocument
    Set pMap = pMxDoc. FocusMap
    Set pLayer = pMap. Layer (0)
    Set pAspectLayer = pLayer
    'Call the AspectSymbol sub and pass pAspectLayer to the sub.
    Call AspectSymbol (pAspectLayer)
End Sub

Private Sub AspectSymbol (pAspectLayer As IRasterLayer)
    'Part 1: Create a color ramp for displaying the aspect raster.
    Dim pMxDoc As IMxDocument
    Dim pClassRen As IRasterClassifyColorRampRenderer
    Dim pRasRen As IRasterRenderer
    Dim pRaster As IRaster
    Set pRaster = pAspectLayer. Raster
    'Prepare a raster classify renderer.
    Set pClassRen = New RasterClassifyColorRampRenderer
    pClassRen. ClassCount = 10
    'Define the raster and update the renderer.
    Set pRasRen = pClassRen
    Set pRasRen. Raster = pRaster
    pRasRen. Update

    'Part 2: Specify the color, break, and label for each class.
    Dim pRamp As IRandomColorRamp
    Dim pColors As IEnumColors
    Dim pFSymbol As ISimpleFillSymbol
    'Prepare a random color ramp.
    Set pRamp = New RandomColorRamp
    pRamp. Size = 10
    pRamp. Seed = 100
    pRamp. CreateRamp (True)
    Set pColors = pRamp. Colors
```

```
'Define the symbol, break, and label for 10 aspect classes.
Set pFSymbol = New SimpleFillSymbol
pFSymbol.Color = pColors.Next
pClassRen.Symbol (0) = pFSymbol
pClassRen.Break (0) = -1
pClassRen.Label (0) = "Flat (-1) "
pFSymbol.Color = pColors.Next
pClassRen.Symbol (1) = pFSymbol
pClassRen.Break (1) = -0.01
pClassRen.Label (1) = "North (0-22.5) "
pFSymbol.Color = pColors.Next
pClassRen.Symbol (2) = pFSymbol
pClassRen.Break (2) = 22.5
pClassRen.Label (2) = "Northeast (22.5-67.5) "
pFSymbol.Color = pColors.Next
pClassRen.Symbol (3) = pFSymbol
pClassRen.Break (3) = 67.5
pClassRen.Label (3) = "East (67.5-112.5) "
pFSymbol.Color = pColors.Next
pClassRen.Symbol (4) = pFSymbol
pClassRen.Break (4) = 112.5
pClassRen.Label (4) = "Southeast (112.5-157.5) "
pFSymbol.Color = pColors.Next
pClassRen.Symbol (5) = pFSymbol
pClassRen.Break (5) = 157.5
pClassRen.Label (5) = "South (157.5-202.5) "
pFSymbol.Color = pColors.Next
pClassRen.Symbol (6) = pFSymbol
pClassRen.Break (6) = 202.5
pClassRen.Label (6) = "Southwest (202.5-247.5) "
pFSymbol.Color = pColors.Next
pClassRen.Symbol (7) = pFSymbol
pClassRen.Break (7) = 247.5
pClassRen.Label (7) = "West (247.5-292.5) "
pFSymbol.Color = pColors.Next
pClassRen.Symbol (8) = pFSymbol
pClassRen.Break (8) = 292.5
```

```
    pClassRen.Label (8)  =  "Northwest (292.5-337.5) "
    pFSymbol.Color = pColors.Next
    pClassRen.Symbol (9)  = pFSymbol
    pClassRen.Break (9)  = 337.5
    pClassRen.Label (9)  =  "North (337.5-360) "
    'Set Symbol 9 for north to be the same as Symol 1 for north.
    pClassRen.Symbol (9)  = pClassRen.Symbol (1)

    'Part 3: Assign the renderer to the aspect layer and refresh the active
view.
    pRasRen.Update
    Set pAspectLayer.Renderer = pRasRen
    Set pMxDoc = ThisDocument
    pMxDoc.ActiveView.Refresh
    pMxDoc.UpdateContents
End Sub
```

12.3.7 晕　渲

要从高程栅格计算得到临时的地貌晕渲（Hillshade）栅格，可以利用 Slope 宏，但必须将第二部分的最后一行语句修改为：

```
'Run the hillshade surface operation.
Set pOutRaster = pSurfaceOp.Hillshade (pInputRaster, 315, 30, True)
```

除了对象限定词 pInputRaster 之外，ISurfaceOp 接口的 Hillshade 方法需要三个参数：太阳入射角（设为 315）、太阳高度（设为 30）、晕渲表现类型（设为真，表示包含晕渲）。太阳入射角是指入射光线的方向，由北开始，按顺时针方向为 0°～360°。太阳高度指的是入射光线与地平线的夹角，范围为 0°～90°。

12.4 视域分析

本节讨论视域（viewshed）分析。视域分析的输入包括高程栅格以及一个或多个观察点的要素数据集。分析过程计算从观察点所能够看到的地表范围。

12.4.1 Visibility

Visibility 宏运用高程栅格以及两个观察点来创建视域。该宏的功能等同于 Spatial Analyst 的“Surface Analysis/Viewshed”命令。Visibility 宏有三个部分：第一部分定义高程数据集和观察点数据集；第二部分运行视域分析并将输出保存到指定工作空间；第三部分由输出创建栅格图层并添加到当前地图。

关键接口：IGeoDataset，ISurfaceOp，IRasterAnalysisEnvironment，IWorkspace，IWorkspaceFactory。

关键成员：FeatureClass，Raster，OpenFromFile，OutWorkspace，Visibility，CreateFromRaster。

用法：将 plne 和 lookouts. shp 添加到当前地图，其中，plne 是高程栅格；而 lookouts. shp 是瞭望点的 shapefile。确保 lookouts 在 plne 的上面。将 Visibility 导入 VB 编辑器。运行宏。该宏将 Viewshed 添加到当前地图。

```
Private Sub Visibility ()
    'Part 1: Define the elevation and lookout datasets.
    Dim pMxDoc As IMxDocument
    Dim pMap As IMap
    Dim pRasterLayer As IRasterLayer
    Dim pRaster As IRaster
    Dim pFeatureLayer As IFeatureLayer
    Dim pLookoutDataset As IGeoDataset
    Set pMxDoc = ThisDocument
    Set pMap = pMxDoc. FocusMap
    'Define the elevation raster.
    Set pRasterLayer = pMap. Layer (1)
    Set pRaster = pRasterLayer. Raster
    'Define the lookout dataset.
    Set pFeatureLayer = pMap. Layer (0)
    Set pLookoutDataset = pFeatureLayer. FeatureClass
```

第一部分定义高程数据集和观察点数据集。高程数据集由 pRaster 所引用，是当前地图的第二层的栅格。观察点数据集由 pLookoutDataset 所引用，是顶层的要素类。

```
    'Part 2: Perform visibility analysis.
    Dim pSurfaceOp As ISurfaceOp
    Dim pEnv As IRasterAnalysisEnvironment
    Dim pWS As IWorkspace
    Dim pWSF As IWorkspaceFactory
    Dim pOutRaster As IGeoDataset
    'Define a raster surface operation.
    Set pSurfaceOp = New RasterSurfaceOp
    Set pEnv = pSurfaceOp
    Set pWSF = New RasterWorkspaceFactory
    Set pWS = pWSF. OpenFromFile ( "c: \ data \ chap12 ", 0)
```

```
    Set pEnv.OutWorkspace = pWS
    'Run the visibility surface operation.
    Set pOutRaster = pSurfaceOp.Visibility (pRaster, pLookoutDataset, esriGeo-
AnalysisVisibilityFrequency)
```

第二部分创建了 RasterSurfaceOp 类的实例 pSurfaceOp。接着，代码查询获得 IRasterAnalysisEnvironment 接口，以设置输出的工作空间。ISurfaceOp 接口的 Visibility 方法用 pElevDataset 和 pLookoutDataset 作为对象限定词。在本例中，观察点数据集是点状 shapefile，不过该数据集可以是点或线要素的 shapefile 或 coverage。Visibility 方法用到的唯一的另一个参数是可视类型 visibility type，分为以下四种类型。

（1）esriGeoAnalysisVisibilityFrequency，记录每个单元能够被看见的次数（频数）；

（2）esriGeoAnalysisVisibilityObservers，记录哪些观察点（观察者）能够被看见；

（3）esriGeoAnalysisVisibilityFrequencyUseCurvature，指定地球弧度修正是否和频数一起使用；

（4）esriGeoAnalysisVisibilityObserversUseCurvature，指定地球弧度修正是否和观察者一起使用。

Visibility 宏运用的是第一种可视类型，也就是说，输出的结果是每个单元能够由两个输出观察点看见的次数。

```
    'Part 3: Create the output layer and add it to the active map.
    Dim pRLayer As IRasterLayer
    Set pRLayer = New RasterLayer
    pRLayer.CreateFromRaster pOutRaster
    pRLayer.Name = "Viewshed "
    pMap.AddLayer pRLayer
End Sub
```

第三部分由 pOutRaster 创建新的栅格图层并添加到当前地图。

12.5　流域分析

从高程栅格计算出流域的工作需要创建以下中间栅格：一个填充高程栅格、一个流向栅格、一个汇流栅格和一个流线链栅格。填充高程栅格指的是洼地的空间范围。流向栅格显示水流填充高程栅格中每个单元的流向。汇流栅格对每个单元计算水流流向它的单元的数量，换句话说，汇流栅格显示了向某个单元排水的上游单元的数量。有高汇流值的单元通常对应于河床。因此，一个流线链栅格能够根据某种汇流阈值由一个汇流栅格导出。流线链栅格和流向栅格是用于计算地区范围的流域时所用到的输入。

12.5.1 Watershed

Watershed 宏从一个高程栅格获得地区范围的流域。在操作中，该宏还创建了一个填充高程栅格、一个流向栅格、一个汇流栅格、一个源栅格和一个流线链栅格。Watershed 宏有八个部分：第一部分定义输入高程栅格；第二部分创建水文操作对象并指定输出工作空间；第三部分至第八部分进行多种水文操作以获取流域，每步操作完成后，将向当前地图添加一个栅格图层。运行该宏需要一定时间，特别是当高程数据集很大的时候。

关键接口：IHydrologyOp，IRasterAnalysisEnvironment，IWorkspace，IWorkspaceFactory，IQueryFilter，IRasterDescriptor，ILogicalOp，IRaster。

关键成员：Raster，OpenFromFile，OutWorkspace，Fill，CreateFromRaster，Flowdirection，FlowAccumulation，WhereClause，Create，Test，StreamLink，Watershed。

用法：将高程栅格 emidalat 添加到当前地图。向 VB 编辑器导入 Watershed。运行宏，该宏向当前地图添加 Filled DEM、Flowdirection、Flowaccumulation、Source、Stream link 和 Watershed。

```
Private Sub Watershed ()
    'Part 1: Define the input raster.
    Dim pMxDoc As IMxDocument
    Dim pMap As IMap
    Dim pLayer As ILayer
    Dim pRasterLayer As IRasterLayer
    Dim pInputRaster As IRaster
    Set pMxDoc = ThisDocument
    Set pMap = pMxDoc.FocusMap
    Set pLayer = pMap.Layer (0)
    Set pRasterLayer = pLayer
    Set pInputRaster = pRasterLayer.Raster
```

第一部分将 pInputRaster 设置为当前地图的顶层栅格。

```
    'Part 2: Create a new hydrology operation.
    Dim pHydrologyOp As IHydrologyOp
    Dim pEnv As IRasterAnalysisEnvironment
    Dim pWS As IWorkspace
    Dim pWSF As IWorkspaceFactory
    Set pHydrologyOp = New RasterHydrologyOp
    Set pEnv = pHydrologyOp
    Set pWSF = New RasterWorkspaceFactory
    Set pWS = pWSF.OpenFromFile ("c:\data\chap12", 0)
```

```
Set pEnv.OutWorkspace = pWS
```

第二部分创建 RasterHydrologyOp 类的实例 pHydrologyOp，利用 IRasterAnalysisEnvironment 接口以设置输出的工作空间。

```
'Part 3: Fill sinks.
Dim pFillDS As IRaster
Set pFillDS = pHydrologyOp.Fill (pInputRaster)
'Add the filled DEM to the active map.
Set pRasterLayer = New RasterLayer
pRasterLayer.CreateFromRaster pFillDS
pRasterLayer.Name = "Filled DEM "
pMap.AddLayer pRasterLayer
```

第三部分利用 IHydrologyOp 接口的 Fill 方法创建了由 pFillDS 所引用的填充高程栅格。接着，代码由 pFillDS 创建了新的栅格图层并添加到当前地图。

```
'Part 4: Derive flow direction.
Dim pFlowdirectionDS As IRaster
Set pFlowdirectionDS = pHydrologyOp.Flowdirection (pFillDS, True, True)
'Add the flow direction layer to the active map.
Set pRasterLayer = New RasterLayer
pRasterLayer.CreateFromRaster pFlowdirectionDS
pRasterLayer.Name = "Flowdirection "
pMap.AddLayer pRasterLayer
```

第四部分利用 IHydrologyOp 接口的 Flowdirection 方法创建由 pFlowdirectionDS 所引用的流向栅格。除了对象限定词 pFillDS 之外，Flowdirection 还使用两个参数：第一个参数指定是否创建输出栅格；第二个参数决定高程数据集边界的水流方向。代码向当前地图添加一个新的流向栅格图层。

```
'Part 5: Derive flow accumulation.
Dim pFlowAccumulationDS As IRaster
Set pFlowAccumulationDS = pHydrologyOp.FlowAccumulation (pFlowdirectionDS)
'Add the flow accumulation layer to the active map.
Set pRasterLayer = New RasterLayer
pRasterLayer.CreateFromRaster pFlowAccumulationDS
pRasterLayer.Name = "Flowaccumulation "
pMap.AddLayer pRasterLayer
```

第五部分利用 IHydrologyOp 接口的 FlowAccumulation 方法创建一个由 pFlowAccumulationDS 所引用的汇流栅格。接着代码添加新的汇流栅格图层到当前地图。

```
'Part 6: Derive the source raster.
Dim pQFilter As IQueryFilter
Dim pRasDes As IRasterDescriptor
```

```
Dim pExtractOp As IExtractionOp
Dim pSourceDS As IRaster
'Use a minimum of 500 cells.
Set pQFilter = New QueryFilter
pQFilter. WhereClause = "Value > 500 "
Set pRasDes = New RasterDescriptor
pRasDes. Create pFlowAccumulationDS, pQFilter, "value "
'Run a extraction operation.
Set pExtractOp = New RasterExtractionOp
Set pSourceDS = pExtract. Attribute(pRasDes)
'Add the source layer to the active map.
Set pRasterLayer = New RasterLayer
pRasterLayer. CreateFromRaster pSourceDS
pRasterLayer. Name = "Source "
pMap. AddLayer pRasterLayer
```

第六部分确定汇流栅格的哪些单元将被包含在源数据集中。代码首先创建了 QueryFilter 类的实例 pQFilter，定义其 WhereClause 条件为“Value>500”。接着，代码利用汇流数据集 pQFilter 以及字段名 value 创建 RasterDescriptor 类的实例 pRasDes。进而代码创建 RasterExtractionOp 类的实例 pExtractOp，利用 Attribute 方法创建由 pSourceDS 所引用的源数据集。当 value>500 时，源数据集的值为 1；当 value≤500 时，源数据集无数据。接着，新的源栅格图层被添加到当前地图。

```
'Part 7: Derive stream links.
Dim pStreamLinkDS As IRaster
Set pStreamLinkDS = pHydrologyOp. StreamLink (pSourceDS, pFlowdirectionDS)
'Add the stream link layer to the active map.
Set pRasterLayer = New RasterLayer
pRasterLayer. CreateFromRaster pStreamLinkDS
pRasterLayer. Name = "Stream link "
pMap. AddLayer pRasterLayer
```

第七部分利用 IHydrologyOp 接口的 StreamLink 方法创建流线链栅格，由 pStreamLinkDS 所引用。接着代码将新的流线链栅格图层添加到当前地图。

```
'Part 8: Derive watersheds.
Dim pWatershed As IRaster
Set pWatershed = pHydrologyOp. Watershed (pFlowdirectionDS, pStreamLinkDS)
'Add the watershed layer to the active map.
Set pRasterLayer = New RasterLayer
pRasterLayer. CreateFromRaster pWatershed
pRasterLayer. Name = "Watershed "
```

```
    pMap. AddLayer pRasterLayer
End Sub
```

第八部分应用 IHydrologyOp 接口的 Watershed 方法创建流域栅格，由 pWatershed 所引用。接着，代码将新的流域栅格图层添加到当前地图。

12.6 创建和编辑 TIN

本节包括三个示例宏：第一个宏将高程栅格（即 DEM）转换为 TIN；第二个宏利用径流作为断裂线，对初始 TIN 做出修改；第三个宏报告被修改的 TIN 由多少个节点和三角形所构成。

12.6.1 RasterToTin 宏

RasterToTin 宏将高程栅格转换为 TIN。宏的功能等同于 3D Analyst 的"Convert/Raster to TIN"命令。RasterToTin 宏有三个部分：第一部分定义输入栅格波段并初始化新的 TIN；第二部分创建象素块，并从栅格波段读取原始象素到块中；第三部分用象素块来计算 TIN 并将 TIN 图层添加到当前地图中。

关键接口：IRasterBandCollection，IRasterBand，ITinEdit，IRawPixels，IRasterProps，IPixelBlock，IEnvelope，ITinLayer。

关键成员：Item ()，InitNew，SetCoords，CreatePixelBlock，Read，SafeArray ()，Extent，AddFromPixelBlock，Dataset。

用法：将高程栅格 emidalat 添加到当前地图，向 VB 编辑器导入 RasterToTin。运行宏。宏将新的 TIN 加到当前地图。

```
Private Sub RasterToTin ()
    'Part 1: Define the input raster band and initiate a new TIN.
    Dim pMxDoc As IMxDocument
    Dim pMap As IMap
    Dim pInputRL As IRasterLayer
    Dim pInRaster As IRaster
    Dim pRasGDS As IGeoDataset
    Dim pRasterBandColl As IRasterBandCollection
    Dim pRasterBand As IRasterBand
    Dim pTin As ITinEdit
    Set pMxDoc = ThisDocument
    Set pMap = pMxDoc. FocusMap
    Set pInputRL = pMap. Layer (0)
    Set pInRaster = pInputRL. Raster
    'Extract the first raster band.
```

```
Set pRasterBandColl = pInRaster
Set pRasterBand = pRasterBandColl. Item (0)
'Initiate a new TIN.
Set pTin = New Tin
Set pRasGDS = pInRaster
pTin. InitNew pRasGDS. Extent
```

第一部分将 pInRaster 设置为当前地图的第一个图层的栅格。接着，代码查询获得 IRasterBandCollection 接口，利用 Item 方法将 pInRaster 的第一个栅格波段赋值给 pRasterBand。然后，代码利用 ITinEdit 接口的 InitNew 方法创建了 TIN 类的实例 pTin。TIN 对象的初始化需要一个对象限定词以定义数据范围，在本例中对应的是 pInRaster 的范围。InitNew 方法还将 pTin 置于可编辑状态。

```
'Part 2: Create a pixel block.
Dim pRawPixels As IRawPixels
Dim pProps As IRasterProps
Dim pBlockSize As IPnt
Dim pPixelBlock As IPixelBlock
Dim pBlockOrigin As IPnt
'Define a block size.
Set pProps = pRasterBand
Set pBlockSize = New Pnt
pBlockSize. SetCoords pProps. Width, pProps. Height
'Allocate a pixel block.
Set pRawPixels = pRasterBand
Set pPixelBlock = pRawPixels. CreatePixelBlock (pBlockSize)
'Define the block origin.
Set pBlockOrigin = New Pnt
pBlockOrigin. SetCoords 0, 0
'Read into the pixel block from the input raster band.
pRawPixels. Read pBlockOrigin, pPixelBlock
```

第二部分将来自第一部分的 pRasterBand 读到像素块中。该过程包括块大小的定义、像素块的分配以及读取单元值到像素块等步骤。该过程还包括 RasterBand 对象支持的 IRawPixels 接口和 IRasterProps 接口（图 12.4）。首先，代码查询获得 IRasterProps 接口，利用 pRasterBand 的高和宽定义由 pBlockSize 所引用的块大小。接着，代码查询获得 IRawPixels 接口，利用 CreatePixelBlock 方法分配由 pPixelBlock 所引用的像素块。分配过程是基于 pBlockSize 的宽和高的。定义了块的起点（0，0）后，代码利用 IRawPixels 接口的 Read 方法将 pRasterBand 读到 pPixelBlock 中。

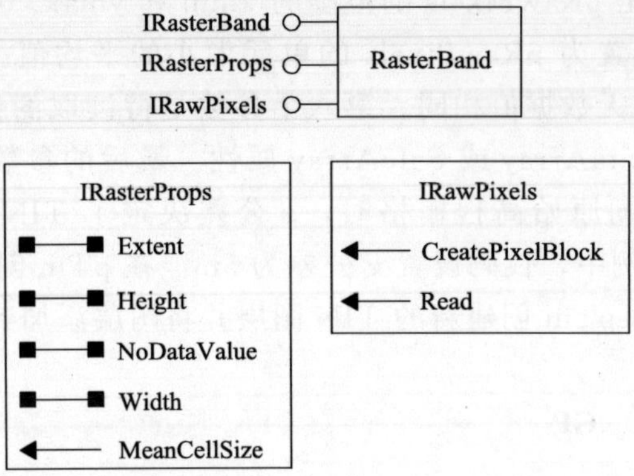

图 12.4　RasterBand 对象支持 IRasterBand 接口、IRasterProps 接口和 IRawPixels 接口。可利用这些接口将高程栅格转换为 TIN

```
'Part 3: Create the TIN and add the TIN layer to the active map.
Dim dataArray As Variant
Dim pEnv As IEnvelope
Dim zTol As Double
Dim pTinLayer As ITinLayer
'Use the pixel block and a z tolerance to create the TIN.
dataArray = pPixelBlock.SafeArray (0)
Set pEnv = pProps.Extent
zTol = 5
pTin.AddFromPixelBlock pEnv.XMin, pEnv.YMax, pProps.MeanCellSize.X, _
    pProps.MeanCellSize.Y, pProps.NoDataValue, dataArray, zTol
pTin.SaveAs ("c:\data\chap12\emidatin")
'Create the TIN layer and add it to the active map.
Set pTinLayer = New TinLayer
With pTinLayer
    Set .Dataset = pTin
    .Visible = True
    .Name = "emidatin "
End With
pMxDoc.FocusMap.AddLayer pTinLayer
pMxDoc.UpdateContents
End Sub
```

第三部分创建 TIN 并将 TIN 图层添加到当前地图。代码利用 ITinEdit 接口的 AddFromPixelBlock 方法来编辑 pTin，在第一部分中已经将 pTin 设置为可编辑。该方法需要 7 个参数。前两个参数是 TIN 的起点坐标。栅格起点在左上角，而 TIN 的起点在左下角。因此，输出值是 pRawPixels 的范围的 xmin 和 ymax。第三和第四个参数是像素的 X/Y 维的大小，设置为 pRawPixels 的单元大小的平均值。第五个参数是无数据值，与 pRawPixels 中的无数据值相同。第六个参数是待读取的像素值的数组，在本例中，是 pPixelBlock 的 dataArray 或 SafeArray 属性。最后的参数是栅格向 TIN 的转换过程中的 *z* 公差。在勾勒原始高程栅格时，*z* 公差决定了 TIN 的精度。*z* 公差越大，TIN 的精度越小。在本例中，代码设置 *z* 公差为 5m。在 pTin 创建后，被存盘为 emidatin。最后，第三部分由 pTin 创建新的 TIN 图层并将图层添加到当前地图。

专栏 12.4　RasterToTin _ GP

RasterToTin _ GP 利用 3D Analyst 工具箱的 RasterTin 工具将高程栅格转换为 TIN。*z*-tolerance 设为 5（m）。在 ArcCatalog 中运行宏，在 Catalog 目录树中查看输出结果（emidatin2）。

```
Private Sub RasterToTin _ GP ()
    'Create the Geoprocessing object.
    Dim GP As Object
    Set GP = CreateObject ( "esriGeoprocessing. GpDispatch. 1 ")
    'RasterTin <in _ raster> <out _ tin> {z _ tolerance} {max _ points} {z _
factor}
    'Execute the rastertin tool.
    GP. RasterTin _ 3d "c: \ data \ chap12 \ emidalat ", "c: \ data \ chap12 \ emi-
datin2 ", 5
End Sub
```

12.6.2　EditTin

EditTin 宏添加径流作为硬断裂线，修改现有的 TIN。该宏的功能等同于在 3D Analyst 中使用“Create/Modify TIN/Add Features to TIN”命令。EditTin 宏有两个部分：第一部分定义 TIN 数据集和断裂线数据集；第二部分将径流作为断裂线添加到 TIN 并用修改过的 TIN 刷新地图。

关键接口：ITin，ITinEdit。

关键成员：Dataset，StartEditing，AddFromFeatureClass，StopEditing。

用法：将 newtin 和 emidastrm. shp 添加到当前地图，newtin 是新的 TIN，emidastrm. shp 是用于修改 TIN 的径流 shapefile。径流 shapefile 必须在 newtin 的上面。向 VB 编辑器导入 EditTin。运行宏。该宏将 emidatstrm 作为硬线添加到 newtin 中进行修改。然后，代码将修改过的 TIN（即 newtin）作为新图层添加到当前地图。

```
Private Sub EditTin ()
'Part 1: Define the TIN and the layer for modifying the TIN.
```

```
Dim pMxDoc As IMxDocument
Dim pMap As IMap
Dim pTinLayer As ITinLayer
Dim pStreamFL As IFeatureLayer
Dim pStreamFC As IFeatureClass
Dim pTin As ITin
Set pMxDoc = ThisDocument
Set pMap = pMxDoc.FocusMap
'Define the TIN.
Set pTinLayer = pMap.Layer (1)
Set pTin = pTinLayer.Dataset
'Define the stream layer for modifying the TIN.
Set pStreamFL = pMap.Layer (0)
Set pStreamFC = pStreamFL.FeatureClass
```

第一部分将 pTin 设置为当前地图的 TIN 图层的数据集；将 pStreamFC 设置为径流要素图层的要素类。

```
'Part 2: Modify the TIN and add the modified TIN to the active map.
Dim pTinEdit As ITinEdit
Set pTinEdit = pTin
'Edit the TIN.
pTinEdit.StartEditing
pTinEdit.AddFromFeatureClass pStreamFC, Nothing, Nothing, Nothing, esriTin-
HardLine
pTinEdit.StopEditing (True)
'Add the modified TIN to the active map.
Set pTinLayer = New TinLayer
With pTinLayer
    Set .Dataset = pTin
    .Visible = True
    .Name = "Modified Tin "
End With
pMxDoc.FocusMap.AddLayer pTinLayer
pMxDoc.UpdateContents
End Sub
```

第二部分查询获得 ITinEdit 接口，利用 StartEditing 方法开始编辑，用 AddFromFeatureClass 方法将要素类的要素添加到 TIN 中，用 StopEditing 方法中止编辑。除了对象限定词 pStreamFC 之外，方法还用到四个参数：第一个参数是一个查询筛选器对象，如果该参数被指定，则用被选要素来修改 TIN；第二、第三个参数是高度和 tag 值的字段（如果有的话）；最后一个参数是地面类型选项。EditTin 宏选择硬断裂线作为地面类型。在 ArcObjects 中有另外 18 个地面类型可供选择。最后，代码将修改后的 TIN 作为新的 TIN 图层添加到当前地图。

12.6.3 TinNodes

TinNodes 宏打印现有 TIN 的节点数和三角形数。宏的功能等同于使用“Layer properties”对话框中的“Source”标签。TinNodes 宏有两个部分：第一部分定义 TIN 数据集；第二部分计算并报告节点和三角形的数量。

关键接口：ITinAdvanced。

关键成员：Dataset，DataNodeCount，DataTriangleCount。

用法：将 plnetin 添加到当前地图。向 VB 编辑器导入 TinNodes。运行宏，宏用消息框报节点和三角形的数目。

```
Private Sub TinNodes ()
  'Part 1: Define the TIN.
  Dim pMxDoc As IMxDocument
  Dim pMap As IMap
  Dim pTinLayer As ITinLayer
  Dim pTin As ITin
  Set pMxDoc = ThisDocument
  Set pMap = pMxDoc.FocusMap
  Set pTinLayer = pMap.Layer (0)
  Set pTin = pTinLayer.Dataset
```

第一部分将 pTin 定义为当前地图的 TIN 图层的数据集。

```
  'Part 2: Derive and report numbers of nodes and triangles.
  Dim pTinAdvanced As ITinAdvanced
  Dim pNodeCount As Double
  Dim pTriangleCount As Double
  Set pTinAdvanced = pTin
  pNodeCount = pTinAdvanced.DataNodeCount
  pTriangleCount = pTinAdvanced.DataTriangleCount
  MsgBox "The number of nodes is: " & pNodeCount & "  The number of triangles is: "
& pTriangleCount
End Sub
```

第二部分查询获得 ITinAdvanced 接口，接着，代码从 ITinAdvanced 接口的 DataNodeCount 属性获得节点的数量，并把数值赋给 pNodeCount。代码还从 DataTriangleCount 属性获得三角形的数量，并把数值赋给 pTriangleCoun。随后，消息框报告这两个数值。

第13章　空间插值

空间插值是利用已知取值的点来估计其他点的取值的操作。在GIS应用中，空间插值一般应用于栅格，对所有的单元都给予估计值。因此，空间插值是将点数据转换成面数据的一种方法，生成的面数据可以和其他面数据一起进行分析或建模。

空间插值有许多方法，可以按照不同的方式分类：

(1) 空间插值方法可以分为全局方法和局部方法。全局插值方法利用所有可用已知点来估计未知点的值；而局部插值方法利用已知点的部分样本来估计未知值。

(2) 空间插值方法可以分为精确插值和非精确插值。精确插值的预测值与所在点的已知值相同；而非精确插值则不然。

(3) 空间插值方法可以分为确定型插值和统计插值。确定型插值方法对预测值不提供误差估计；而统计插值则提供。

本章介绍空间插值的ArcObjects编程。13.1节回顾ArcGIS中的空间插值；13.2节讨论与空间插值有关的对象；13.3节包括进行反距离权重（inverse distance weighted，IDW）、样条曲线、趋势面和克里金等空间插值方法的示例宏和两个GP宏。IDW和样条曲线是局部的、精确的确定型插值；趋势面是全局的、非精确的确定型插值；而克里金是局部的、精确的统计插值。13.4节的宏用于比较不同的插值方法。所有宏的开始都列出了关键接口、关键成员（即属性和方法）和用法。在运行宏之前，一定要在Tools/Extensions菜单里将Spatial Analyst勾选上。

13.1　在ArcGIS中进行空间插值

ArcGIS桌面产品通过Spatial Analyst和Geostatistical Analyst（地统计分析器）扩展模块提供空间插值。Spatial Analyst里有IDW插值、样条曲线（张力样条和规则样条）插值以及克里金（普通克里金插值和泛克里金插值）插值的菜单项。Geostatistical Analyst的主菜单里有“Explore Data”、“Geostatistical Wizard”和“Create Subsets”等选项。“Explore Data”命令提供直方图、半变异函数、QQ图以及其他探索性数据分析。“Geostatistical Wizard”提供许多全局和局部插值方法，包括IDW、趋势面、局部多项式、径向基（radial basis）函数、克里金、协克里金等方法。“Create Subsets”命令进行模型检验。大部分ArcGIS用户可能会利用Geostatistical Analyst来进行空间插值并充分利用其数据探查和模型检验能力。

13.2　空间插值相关的ArcObjects

RasterInterpolationOp组件类是空间插值的基本组件。RasterInterpolationOp对象

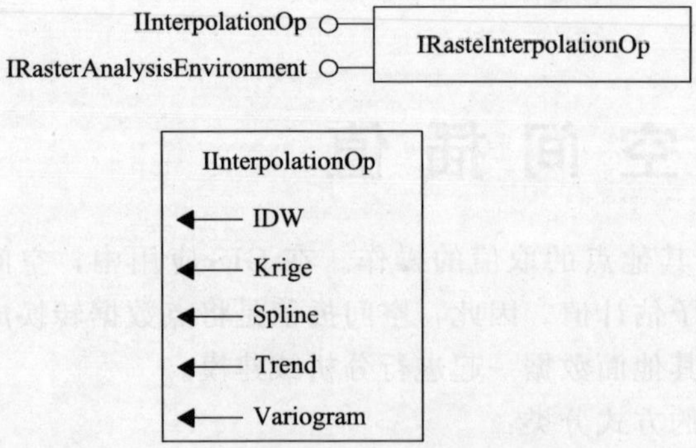

图 13.1 RasterInterpolationOp 对象支持 IInterpolationOp 接口和 IRasterAnalysisEnvironment 接口。IInterpolationOp 接口的许多方法可进行空间插值

支持 IRasterAnalysisEnvironment 接口和 IInterpolationOp 接口（图 13.1）。IRasterAnalysisEnvironment 接口控制分析环境，例如，掩模的利用以及输出单元大小的设置。IInterpolationOp 接口采用以下方法进行空间插值：用于反距离权重插值的 IDW 方法、用于克里金插值的 Krige 方法、用于样条曲线插值的 Spline 方法、用于趋势面插值的 Trend 方法、用于克里金插值的 Variogram 方法。Krige 方法和 Variogram 方法的区别在于前者运用预定义的半变异函数进行插值；而后者用的是用户定义的半变异函数。

利用 ArcObjects 进行局部插值操作一般要求有两个对象限定词来创建输出（图 13.2）。第一个是要素类描述器，提供用于插值的输入数据。要素类描述器是基于指定字段的要素类。例如，在本章的示例宏中所用到的要素类描述器是基于一个气象站的年降水量记录的字段的。第二个是搜索半径，用一个距离或一个数值表示，用于选择用于局部插值的样本点。

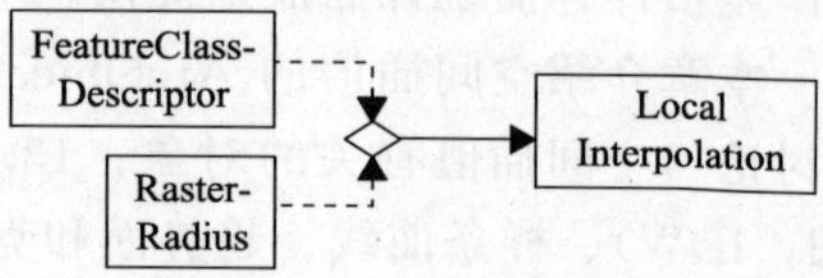

图 13.2 FeatureClassDescriptor 对象和 RasterRadius 对象一起创建 LocalInterpolation 对象

由于空间插值操作产生栅格，因此这些栅格可以利用第 11 章里的对象展开进一步分析。例如，对栅格的数学操作可用于比较和评价两种不同插值方法的结果。

13.3 创建空间插值

本节讨论 IDW、样条曲线、趋势面、克里金等空间插值方法。前三个方法有相同的代码结构。作为唯一的统计插值方法，克里金插值产生一个插值曲面以及一个误差测量曲面。

13.3.1 Idw

Idw 宏利用 IDW 方法从一个点状 shapefile 插值出一个降水曲面。该宏的功能等同于利用 Spatial Analyst 中的“Interpolate to Raster / Inverse Distance Weighted”命令。Idw 宏有三个部分：第一部分定义点状 shapefile 和一个掩模数据集；第二部分创建一个栅格插值对象，设置分析环境并运行插值方法；第三部分由输出创建栅格图层并添加到当前地图。

关键接口：IFeatureClassDescriptor，IGeoDataset，IInterpolationOp，IRasterAnalysisEnvironment，IRasterRadius，IRaster。

关键成员：Create，Raster，SetCellSize，Mask，SetVariable，IDW，CreateFromRaster。

用法：将 idoutlgd 和 stations. shp 添加到当前地图。Stations 必须在 idoutlgd 的上面。idoutlgd 显示爱达荷州轮廓的栅格，而 stations 是点状 shapefile，包含爱达荷州的 105 个气象站。stations 的 Ann _ prec 字段存放着以英尺为单位的年降水数值。将 Idw 导入 VB 编辑器。运行宏。该宏创建一个名为 IDW 的临时降水曲面栅格。

```
Private Sub Idw ()
    'Part 1: Define the input and mask datasets.
    Dim pMxDoc As IMxDocument
    Dim pMap As IMap
    Dim pFeatureLayer As IFeatureLayer
    Dim pFeatureClass As IFeatureClass
    Dim sFieldName As String
    Dim pFCDescr As IFeatureClassDescriptor
    Dim pRasterLayer As IRasterLayer
    Dim pMaskDataset As IGeoDataset
    Set pMxDoc = ThisDocument
    Set pMap = pMxDoc. FocusMap
    Set pFeatureLayer = pMap. Layer (0)
    Set pFeatureClass = pFeatureLayer. FeatureClass
    'Use a value field to create a feature class descriptor.
    sFieldName = "Ann _ prec "
    Set pFCDescr = New FeatureClassDescriptor
    pFCDescr. Create pFeatureClass, Nothing, sFieldName
    'Define a mask dataset.
    Set pRasterLayer = pMap. Layer (1)
    Set pMaskDataset = pRasterLayer. Raster
```

第一部分定义输入和掩模数据集。首先代码将 pFeatureClass 设置为当前地图顶层的要素类。接着，代码创建 FeatureClassDescriptor 类的实例 pFCDescr，并利用 Create 方法创建基于 Ann _ prec 字段的要素类描述器。代码还将 pMaskDataset 设置为当前地图第二层的栅格。

```
    'Part 2: Perform interpolation using IDW.
    Dim pIntOp As IInterpolationOp
    Dim pEnv As IRasterAnalysisEnvironment
    Dim pRadius As IRasterRadius
    Dim pOutRaster As IRaster
```

```
'Create a raster interpolation operation.
Set pIntOp = New RasterInterpolationOp
Set pEnv = pIntOp
pEnv.SetCellSize esriRasterEnvValue, pMaskDataset
Set pEnv.Mask = pMaskDataset
'Set the search radius for the input points.
Set pRadius = New RasterRadius
pRadius.SetVariable 12
'Run the IDW method.
Set pOutRaster = pIntOp.IDW (pFCDescr, 2, pRadius)
```

第二部分创建 RasterInterpolationOp 类的实例 pIntOp，查询获得 IRasterAnalysisEnvironment 接口以设置分析掩模和分析单元大小。接着，代码设置由 pRadius 所引用的搜索半径以便包括 12 个样本点。代码利用 IInterpolationOp 接口的 IDW 方法创建由 pOutRaster 引用的插值栅格。IDW 方法将 pFCDescr 和 pRadius 作为对象限定词，指定 2 作为距离权重（即指数型）。

```
'Part 3: Create the output layer and add it to the active map.
Dim pRLayer As IRasterLayer
Set pRLayer = New RasterLayer
pRLayer.CreateFromRaster pOutRaster
pRLayer.Name = "IDW "
pMap.AddLayer pRLayer
End Sub
```

第三部分由 pOutRaster 创建新的栅格图层并添加到当前地图。

专栏 13.1　Idw _ GP

Idw _ GP 运用 IDW 工具由 stations.shp 创建插值表面，用 ExtractByMask 工具，以 idoutlgd 为掩模对插值出的表面进行切割。两种工具都在 Spatial Analyst 工具箱中。代码运用一个输入框来从用户那里获取输出单元的大小（即 2000）以及幂（即 2）。在 ArcMap 中运行宏。宏向地图添加插值后的表面（idw2）以及切割后的表面（idw2 _ extract）。

```
Private Sub Idw _ GP ()
    'Create the Geoprocessing object.
    Dim GP As Object
    Set GP = CreateObject ( "esriGeoprocessing.GpDispatch.1 ")
    'Define the workspace.
    Dim filepath As String
```

```
    filepath = "c: \data\chap13 "
    GP.Workspace = filepath
    'Get the output cell size from the user.
    Dim cellsize As Integer
    cellsize = InputBox ( "Enter the output cell size in meters ")
    'Get the IDW power from the user.
    Dim exponent As Integer
    exponent = InputBox ( "Enter the power of inverse distance weighted inter-
polation ")
    'IDW <in_point_features> <z_field> <out_raster> {cell_size}
{power}
    'Execute the idw tool.
    GP.IDW_sa "stations.shp ", "ANN_PREC ", "idw2 ", cellsize, exponent
    'ExtractByMask <in_raster> <in_mask_data> <out_raster>
    'Execute the ExtractByMask tool.
    GP.ExtractByMask_sa "idw2 ", "idoutlgd ", "idw2_extract "
End Sub
```

13.3.2 Spline

Spline 宏利用样条曲线作为插值方法，只需要修改 Idw 宏中的下面一条语句：

```
Set pOutRaster = pIntOp.Spline (pFCDescr, esriGeoAnalysisRegularizedSpline)
```

IInterpolationOp 接口的 Spline 方法需要一个要素类描述器作为对象限定词，同时需要选定样条曲线类型。两种样条曲线分别是 esriGeoAnalysisRegularizedSpline 和 esriGeoAnalysisTensionSpline，前者是规则样条曲线而后者是张力样条曲线。Spline 方法有两个可选参数，用于确定用于插值的权重和确定样本点的数量（默认是 12）。

13.3.3 趋 势 面

要将趋势面作为插值的方法，仅需要修改 Idw 宏中的下列语句：

```
Set pOutRaster = pIntOp.Trend (pFCDescr, esriGeoAnalysisLinearTrend, 2)
```

IInterpolationOp 接口的 Trend 方法需要一个要素类描述器作为对象限定词，需要选定趋势面的类型，还需要给定多项式的阶数。ArcObjects 提供的趋势面类型有 esriGeoAnalysisLinearTrend 和 esriGeoAnalysisLogisticTrend，前者是最小二乘法曲面，而后者是逻辑斯缔克曲面。多项式的阶数可以为 1～12。

13.3.4 Kriging

Kriging 宏利用克里金方法从点状 shapefile 插值生成降水曲面。该宏的功能等同于在 Spatial Analyst 里使用“Interpolate to Raster / Kriging”命令。第一部分定义输入和掩模数据集。第二部分创建一个栅格插值对象，设置分析环境，进行克里金插值。第三部分从插值输出中提取克里格数据集和方差数据集。第四部分输出创建栅格图层并添加到当前地图。与前面的插值方法不同，ArcObjects 的克里金方法明显忽略了掩模数据集，不过掩模数据集还是包括在 Kriging 宏中，用于指定输出的单元尺寸。用第 11 章的 ExtractByMask 宏可以对克里金的输出数据集进行切割，以切合研究区域。

关键接口：IFeatureClassDescriptor，IGeoDataset，IInterpolationOp，IRasterAnalysisEnvironment，IRasterRadius，IRasterBandCollection，IRasterBand。

关键成员：Create，Raster，SetCellSize，SetVariable，Krige，Item（），AppendBand，CreateFromRaster。

用法：将 idoutlgd 和 stations.shp 添加到当前地图。Stations 必须在 idoutlgd 的上面。将 Kriging 导入 VB 编辑器。运行宏。该宏创建了两个临时栅格：Krige 表示克里格曲面，Variance 表示方差曲面。

```
Private Sub Kriging ()
    'Part 1: Define the input dataset.
    Dim pMxDoc As IMxDocument
    Dim pMap As IMap
    Dim pFeatureLayer As IFeatureLayer
    Dim pFeatureClass As IFeatureClass
    Dim sFieldName As String
    Dim pFCDescr As IFeatureClassDescriptor
    Dim pRasterLayer As IRasterLayer
    Dim pMaskDataset As IGeoDataset
    Set pMxDoc = ThisDocument
    Set pMap = pMxDoc.FocusMap
    Set pFeatureLayer = pMap.Layer (0)
    Set pFeatureClass = pFeatureLayer.FeatureClass
    'Use a value field to create a feature class descriptor.
    sFieldName = "Ann_prec"
    Set pFCDescr = New FeatureClassDescriptor
    pFCDescr.Create pFeatureClass, Nothing, sFieldName
    'Define a mask dataset.
    Set pRasterLayer = pMap.Layer (1)
    Set pMaskDataset = pRasterLayer.Raster
```

第一部分将 pFeatureClass 设置为顶层的要素类，定义由 pFCDescr 所引用的要素类描述器。接着，代码将 pMaskDataset 设置为第二个图层的栅格。

```
'Part 2: Perform interpolation using kriging.
Dim pIntOp As IInterpolationOp
Dim pEnv As IRasterAnalysisEnvironment
Dim pRadius As IRasterRadius
Dim pOutRaster As IGeoDataset
'Create a raster interpolation operation.
Set pIntOp = New RasterInterpolationOp
Set pEnv = pIntOp
pEnv.SetCellSize esriRasterEnvValue, pMaskDataset
'Set the search radius for the input points.
Set pRadius = New RasterRadius
pRadius.SetVariable 12
'Run the Krige method.
Set pOutRaster = pIntOp.Krige (pFCDescr, esriGeoAnalysisCircularSemiVariogram, pRadius, True)
```

第二部分创建了 RasterInterpolationOp 类的实例 pIntOp，查询得到 IRasterAnalysisEnvironment 接口，以利用 pMaskDataset 作为单元大小的提供者来设置分析单元的大小。接着代码设置搜索半径以包含 12 个样本点。然后，代码用 IInterpolationOp 接口的 Krige 方法创建由 pOutRaster 所引用的输出栅格。Krige 方法需要一个要素类描述器、一个半变异函数类型参数、一个搜索半径以及是否创建方差数据集的选项。ArcObjects 提供以下类型的半变异函数：圆形、指数、高斯、线性、球状以及通用型。

```
'Part 3: Extract the kriged surface and variance rasters.
Dim pRasterBandCollection As IRasterBandCollection
Dim pKrigeRB As IRasterBand
Dim pKrigeRBCollection As IRasterBandCollection
Dim pVarianceRB As IRasterBand
Dim pVarianceRBCollection As IRasterBandCollection
Set pRasterBandCollection = pOutRaster
'Extract the kriged surface raster.
Set pKrigeRB = pRasterBandCollection.Item (0)
Set pKrigeRBCollection = New Raster
pKrigeRBCollection.AppendBand pKrigeRB
'Extract the variance raster.
Set pVarianceRB = pRasterBandCollection.Item (1)
Set pVarianceRBCollection = New Raster
pVarianceRBCollection.AppendBand pVarianceRB
```

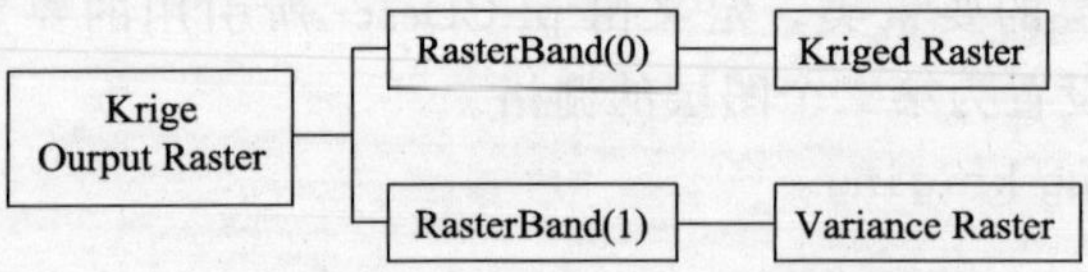

图 13.3　Krige 方法的输出栅格包含两个栅格波段：一个是格里格曲面；另一个是方差曲面

由于第二部分要求创建变异值数据集，因此由 pOutRaster 引用的输出栅格实际包含了两个数据集。因此，第三部分用于提取这两个数据集（图 13.3）。代码查询获得 IRasterBandCollection 接口，提取 pOutRaster 的第一个栅格波段，并将波段赋值给 pKrigeRB。接着，代码创建了 Raster 类的实例 pKrigeRBCollection，利用 IRasterBandCollection 接口的 AppendBand 方法将 pKrigeRB 扩充至 pKrigeRBCollection。至此，创建好的栅格波段集合包含了一个栅格波段，代表了克里格曲面。代码利用相同的过程来创建方差曲面 pVarianceRBCollection。

```
    'Part 4: Create the output layers and add them to the active map.
    Dim pKrigeLayer As IRasterLayer
    Dim pVarianceLayer As IRasterLayer
    Set pKrigeLayer = New RasterLayer
    pKrigeLayer.CreateFromRaster pKrigeRBCollection
    pKrigeLayer.Name = "Krige "
    pMap.AddLayer pKrigeLayer
    Set pVarianceLayer = New RasterLayer
    pVarianceLayer.CreateFromRaster pVarianceRBCollection
    pVarianceLayer.Name = "Variance "
    pMap.AddLayer pVarianceLayer
End Sub
```

第四部分由 pKrigeRBCollection 和 pVarianceRBCollection 创建新的栅格图层并添加到当前地图。

专栏 13.2　Kriging _ GP

Kriging _ GP 运用 Spatial Analyst 工具箱的 Kriging 工具由 stations.shp 计算出插值表面（krige2）。通过参数指定半变异函数为圆形，输出单元大小为 2000（m），搜索半径要包含 12 个点，并且创建变异值栅格（variance2）。在克里格栅格和变异值栅格创建后，代码运用 ExtractByMask 工具，以 idoutlgd 为掩模去切割栅格。在 ArcMap 里运行宏，将向地图添加 4 个栅格。

```
Private Sub Kriging _ GP ()
    'Kriging <in _ point _ features> <z _ field> <out _ surface _ raster>
<semiVariogram _ prop>
    ' {cell _ size} {search _ radius} {out _ variance _ prediction _ raster}
    'Create the Geoprocessing object and define its workspace.
    Dim GP As Object
```

```
    Set GP = CreateObject ( "esriGeoprocessing.GpDispatch.1 ")
    Dim filepath As String
    filepath = "c:\data\chap13 "
    GP.Workspace = filepath
    'Execute the kriging tool.
    GP.Kriging _ sa "stations.shp ", "ANN _ PREC ", "krige2 ", "CIRCULAR ",
2000, "Variable 12 ", "variance2 "
    'ExtractByMask <in _ raster> <in _ mask _ data> <out _ raster>
    'Execute the ExtractByMask tool.
    GP.ExtractByMask _ sa "krige2 ", "idoutlgd ", "krige2 _ clip "
    GP.ExtractByMask _ sa "variance2 ", "idoutlgd ", "var2 _ clip "
End Sub
```

13.4　插值方法比较

许多因素可能影响空间插值的结果，包括插值方法、样本点数量、样本点分布以及输入数据的质量等。本节显示如何创建一个输出，以便直观地比较两个不同的插值方法。更严格的插值方法比较可能包括交叉检验和模型检验技术。

13.4.1　Compare

Compare 宏对 IDW 方法和样条曲线方法两者的插值曲面进行比较，对两者有较大区别的地方进行高亮显示（图 13.4）。Compare 宏有四个部分：第一部分定义输入数据集和掩模数据集；第二部分进行 IDW 插值和样条曲线插值；第三部分将一个插值曲面减去另一个插值曲面，再对两者的差进行重新分类；第四部分由输出创建新的栅格图层并添加到当前地图。

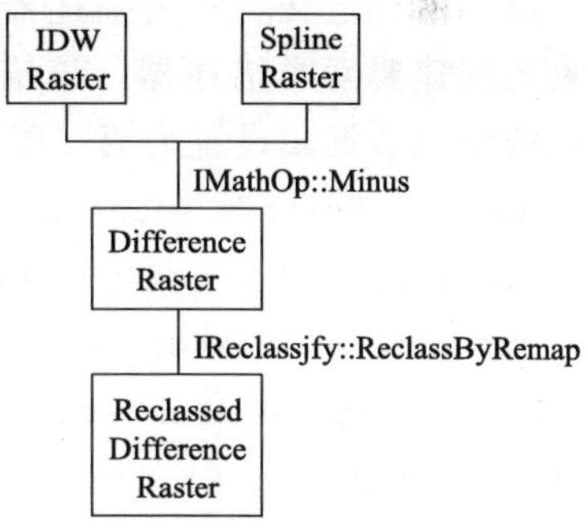

图 13.4　流程图显示 Compare 子程序是如何工作的

关键接口：IFeatureClassDescriptor，IGeoDataset，IInterpolationOp，IRasterAnalysisEnvironment，IRasterRadius，IRaster，IMathOp，IRasterBandCollection，IRasterBand，IReclassOp，IRemap，INumberRemap。

关键成员：Create，Raster，SetCellSize，Mask，SetVariable，IDW，Spline，Minus，Statistics，Minimum，Maximum，MapRange，ReclassByRemap，CreateFromRaster。

用法：将 idoutlgd 和 stations.shp 添加到当前地图。Stations 必须在 idoutlgd 的上面。将 Compare 导入 VB 编辑器。运行宏。该宏创建 4 个临时栅格，名字分别为 IDW、

Spline、Difference 和 Reclassed Difference，并将它们添加到当前地图。

```
Private Sub Compare ()
    'Part 1: Define the input and mask datasets.
    Dim pMxDoc As IMxDocument
    Dim pMap As IMap
    Dim pFeatureLayer As IFeatureLayer
    Dim pFeatureClass As IFeatureClass
    Dim sFieldName As String
    Dim pFCDescr As IFeatureClassDescriptor
    Dim pRasterLayer As IRasterLayer
    Dim pMaskDataset As IGeoDataset
    Set pMxDoc = ThisDocument
    Set pMap = pMxDoc. FocusMap
    Set pFeatureLayer = pMap. Layer (0)
    Set pFeatureClass = pFeatureLayer. FeatureClass
    'Use a value field to create a feature class descriptor.
    sFieldName = "Ann _ prec "
    Set pFCDescr = New FeatureClassDescriptor
    pFCDescr. Create pFeatureClass, Nothing, sFieldName
    'Define a mask dataset.
    Set pRasterLayer = pMap. Layer (1)
    Set pMaskDataset = pRasterLayer. Raster
```

第一部分定义要素类描述器和掩模数据集。代码基于 Ann _ prec 字段，由顶层的要素类创建要素类描述器，该描述器由 pFCDescr 所引用。代码把由 pMaskDataset 所引用的掩模数据集设置为第二图层的栅格。

```
    'Part 2: Perform interpolations using IDW and Spline.
    Dim pIntOp As IInterpolationOp
    Dim pEnv As IRasterAnalysisEnvironment
    Dim pRadius As IRasterRadius
    Dim pIdwRaster As IRaster
    Dim pSplineRaster As IRaster
    'Create a raster interpolation operation.
    Set pIntOp = New RasterInterpolationOp
    Set pEnv = pIntOp
    pEnv. SetCellSize esriRasterEnvValue, pMaskDataset
    Set pEnv. Mask = pMaskDataset
    'Set the search radius for the input points.
    Set pRadius = New RasterRadius
```

```
pRadius.SetVariable 12
'Run the IDW method.
Set pIdwRaster = pIntOp.IDW (pFCDescr, 2, pRadius)
'Run the Spline method.
Set pSplineRaster = pIntOp.Spline (pFCDescr, esriGeoAnalysisRegularizedSp-
line)
```

在进行插值之前，第二部分创建了 RasterInterpolationOp 类的实例 pIntOp，设置分析单元大小以及掩模，并定义搜索半径。接着，代码利用 IDW 方法创建 pIdwRaster，利用 Spline 方法创建 pSplineRaster。

```
'Part 3: Compare the two interpolated rasters.
Dim pMathOp As IMathOp
Dim pDiffRaster As IRaster
Dim pRasBC As IRasterBandCollection
Dim pBand1 As IRasterBand
Dim pMinimum As Double
Dim pMaximum As Double
Dim pReclassOp As IReclassOp
Dim pRemap As IRemap
Dim pNRemap As INumberRemap
Dim pOutRaster As IRaster
'Subtract one raster from the other to create the difference raster.
Set pMathOp = New RasterMathOps
Set pDiffRaster = pMathOp.Minus (pIdwRaster, pSplineRaster)
'Derive the minimum and maximum values from the difference raster.
Set pRasBC = pDiffRaster
Set pBand1 = pRasBC.Item (0)
pMinimum = pBand1.Statistics.Minimum
pMaximum = pBand1.Statistics.Maximum
'Prepare a number remap.
Set pNRemap = New NumberRemap
pNRemap.MapRange pMinimum, -3.1, 1
pNRemap.MapRange -3, 3, 2
pNRemap.MapRange 3.1, pMaximum, 3
Set pRemap = pNRemap
'Reclassify the difference raster.
Set pReclassOp = New RasterReclassOp
Set pOutRaster = pReclassOp.ReclassByRemap (pDiffRaster, pRemap, False)
```

第三部分根据 pIdwRaster 和 pSplineRaster 计算两者的差距栅格，对差距栅格进行重新分类，分为“高负差”、“低差距”和“高正差”三种类型。为了创建由 pDiffRaster 引用的差距栅格，代码运用了 IMathOp 接口的 Minus 方法，同时将 pIdwRaster 和 pSplineRaster 作为对象限定词。为了对 pDiffRaster 重新分类，代码首先运用 IRasterBand 接口的 Statistics 方法获得 pDiffRaster 的最大、最小值，然后将最大、最小值放入一个由 pNRemap 引用的数值型重映射，从而建立以下三个分类：最小值至－3.1（高负差），－3～3（低差距）和 3.1 至最大值（高正差）。运用 IReclassOp 接口的 ReclassByRemap 方法进行重分类，其结果是一个由 pOutRaster 引用的差距栅格。

```
    'Part 4: Create the output raster layers, and add them to the active map.
    Dim pIdwLayer As IRasterLayer
    Dim pSplineLayer As IRasterLayer
    Dim pDiffLayer As IRasterLayer
    Dim pOutLayer As IRasterLayer
    'Add the IDW layer.
    Set pIdwLayer = New RasterLayer
    pIdwLayer.CreateFromRaster pIdwRaster
    pIdwLayer.Name = "IDW "
    pMap.AddLayer pIdwLayer
    'Add the Spline layer.
    Set pSplineLayer = New RasterLayer
    pSplineLayer.CreateFromRaster pSplineRaster
    pSplineLayer.Name = "Spline "
    pMap.AddLayer pSplineLayer
    'Add the Difference layer.
    Set pDiffLayer = New RasterLayer
    pDiffLayer.CreateFromRaster pDiffRaster
    pDiffLayer.Name = "Difference "
    pMap.AddLayer pDiffLayer
    'Add the reclassed layer.
    Set pOutLayer = New RasterLayer
    pOutLayer.CreateFromRaster pOutRaster
    pOutLayer.Name = "Reclassed Difference "
    pMap.AddLayer pOutLayer
End Sub
```

第四部分由 pIdwRaster、pSplineRaster、pDiffRaster 和 pOutRaster 分别创建新的栅格图层，并添加到当前地图。

第 14 章　二值模型和指数模型

模型是现象或系统的简化，不同的原则会产生不同类型的模型。在 GIS 中可以针对矢量数据或栅格数据构建两类模型：二值模型和指数模型。

二值模型选择符合一系列准则的空间要素。那些符合选择准则的要素被编码为 1（真），反之被编码为 0（伪）。二值模型的典型应用是选址分析。矢量型的二值模型需要通过叠置操作来组合被查询的属性（准则），栅格型的二值模型可以通过直接查询多层栅格来进行计算，每层栅格表示一个准则。

指数模型为每个单元计算指数值，以此为基础产生分级地图。指数模型常常用于适宜性分析和风险分析。与二值模型类似，指数模型也可以进行多准则评价。加权线性组合方法是开发指数模型的流行方法。该方法通过对准则值进行加权求和来计算指数值。权重表示某个准则相对于其他准则的重要程度，对于每个准则来说，准则值是经过标准化的值，例如，0～1、1～5 或 0～100 等。

本章涵盖二值模型和指数模型。14.1 节回顾了 ArcGIS 中用于建模的重要命令；14.2 节讨论建模的对象。其中，大部分对象在前面的章节已经有所讨论；14.3 节提供示例模块和 GP 宏，用于对矢量数据和栅格数据建立二值模型和指数模型。每个模块都有用法的描述。在运行栅格模型方面的宏时，请在 Tools/Extensions 菜单中勾选 Spatial Analyst 扩展模块。

14.1　在 ArcGIS 中建模

ArcGIS 没有提供建立二值模型或指数模型的菜单选项。ModelBuilder（建模器）扩展模块可以建立基于栅格的指数模型。另一种方法是用 ArcGIS 的许多命令来构建二值模型和指数模型。对于矢量型的二值模型或指数模型的建立，关键命令是叠置分析类命令（如 union、intersect 和 spatial join）、属性数据操作类命令（如添加字段、计算字段值等）以及属性数据查询类命令。Spatial Analyst 中的 Raster Calculator（栅格计算器）和 Reclassify（重分类）为建立栅格型的二值模型或指数模型的重要命令。如果选择准则中包含缓冲区，则矢量数据缓冲分析或者栅格数据的距离量算都成为建模过程的一部分。

14.2　GIS 建模相关的 ArcObjects

ArcObjects 中没有“model”对象。在第 9～11 章中讨论过的许多对象可以用于建模。

14.3 建立二值模型和指数模型

本节的 VBA 示例模块用于建立矢量型和栅格型的二值模型和指数模型。由于一个典型的模型包含许多独立的任务，因此后文的每个模块都包括多个子程序和函数。其中，许多对象都在前面章节介绍过，因此不再仔细解释。

14.3.1 VectorBinaryModel

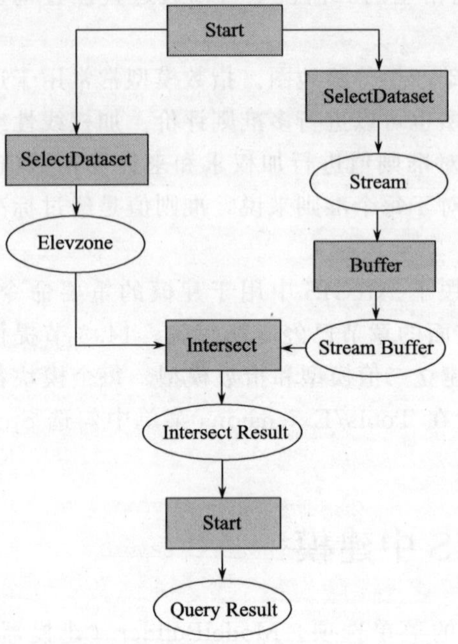

图 14.1 VectorBinaryModel 的模块结构

采用高程分区 shapefile 和一个径流 shapefile 作为输入，VectorBinaryModel 模块生成一个矢量型二值模型，选择高程区码为 2 且距离径流 200m 的地区。

有如下两个子程序和两个函数（图 14.1）。

（1）Start：子程序，用于管理输入输出图层，查询属性数据。

（2）Intersect：子程序，用于叠置/相交操作。

（3）Buffer：函数，用于创建缓冲区。

（4）SelectDataset：函数，用于选择缓冲区分析和相交操作的输入。

用法：将 VectorBinaryModel 导入 VB 编辑器。运行模块。在对话框中选择 stream 图层用于缓冲。选择 elevzone 作为叠置图层。该宏将 stream、elevzone 以及输出的 shapefile (Buffer _ Result 和 Intersect _ Result) 添加到当前地图，并高亮显示那些符合选择准则的地区。

```
Private Sub Start ()
    Dim pMxDoc As IMxDocument
    Dim pMap As IMap
    Dim Id As Long
    Dim Message As String
    Dim pBufferLayer As ILayer
    Dim pLayer1 As ILayer
    Dim pLayer2 As ILayer
    Dim pActiveView As IActiveView
    Dim pFeatureLayer As IFeatureLayer
    Dim pFeatureSelection As IFeatureSelection
```

```
    Dim pQueryFilter As IQueryFilter
    Set pMxDoc = ThisDocument
    Set pMap = pMxDoc. FocusMap
    'Run buffering.
    MsgBox "Select the layer to be buffered "
    Set pBufferLayer = SelectShapefile
    Set pLayer1 = Buffer (pBufferLayer, pMap)
    MsgBox "Select the overlay layer "
    Set pLayer2 = SelectDataset
    Call Intersect (pLayer1, pLayer2, pMap)
    'Query the intersect result and highlight the final selection.
    Set pActiveView = pMap
    Set pFeatureLayer = pMap. Layer (0)
    Set pFeatureSelection = pFeatureLayer
    Set pQueryFilter = New QueryFilter
    pQueryFilter. WhereClause = "Zone = 2 "
    pActiveView. PartialRefresh esriViewGeoSelection, Nothing, Nothing
    pFeatureSelection. SelectFeatures pQueryFilter, esriSelectionResultNew, False
    pActiveView. PartialRefresh esriViewGeoSelection, Nothing, Nothing
End Sub
```

Start 首先用一个消息框以及 SelectDataset 来获得 stream，作为 Buffer 的输入。Buffer 返回一个缓冲区（Buffer _ Result）。接着，Start 用该缓冲区以及 elevzone 作为 Intersect 的输入。相交操作完成后，Start 用一个查询筛选器对象来选择高程区码为 2 的地区。然后代码刷新当前视图，从而高亮显示被选地区。

```
Private Function Buffer (pBufferLayer As ILayer, pMap As IMap) As IFeatureLayer
    Dim pFeatureLayer As IFeatureLayer
    Dim pFCursor As IFeatureCursor
    Dim pSpatialReference As ISpatialReference
    Dim pBufWSName As IWorkspaceName
    Dim pBufDatasetName As IDatasetName
    Dim pBufFCName As IFeatureClassName
    Dim pFeatureCursorBuffer2 As IFeatureCursorBuffer2
    Dim pName As IName
    Dim pBufFC As IFeatureClass
    Dim pBufFL As IFeatureLayer
    Set pFeatureLayer = pBufferLayer
    'Create a feature cursor.
    Set pFCursor = pFeatureClass. Search (Nothing, False)
```

```
    Set pSpatialReference = pMap.SpatialReference
    'Define the output.
    Set pBufWSName = New WorkspaceName
    pBufWSName.WorkspaceFactoryProgID = "esriCore.AccessWorkspaceFactory.1"
    pBufWSName.PathName = "c:\data\chap14\"
    Set pBufFCName = New FeatureClassName
    Set pBufDatasetName = pBufFCName
    Set pBufDatasetName.WorkspaceName = pBufWSName
    pBufDatasetName.Name = "Buffer_result"
    'Perform buffering.
    'Create a feature cursor buffer.
    Set pFeatureCursorBuffer2 = New FeatureCursorBuffer
    'Define the feature cursor buffer.
    With pFeatureCursorBuffer2
        Set .FeatureCursor = pFCursor
        .Dissolve = True
        .ValueDistance = 200
        Set .BufferSpatialReference = pSpatialReference
        Set .DataFrameSpatialReference = pSpatialReference
        Set .SourceSpatialReference = pSpatialReference
        Set .TargetSpatialReference = pSpatialReference
    End With
    'Run Buffer.
    pFeatureCursorBuffer2.Buffer pBufFCName
    'Create the output layer from the output and add it to the active map.
    Set pName = pBufFCName
    Set pBufFC = pName.Open
    Set pBufFL = New FeatureLayer
    Set pBufFL.FeatureClass = pBufFC
    pBufFL.Name = "Buffer_Result"
    pMap.AddLayer pBufFL
    Set Buffer = pBufFL
End Function
```

Buffer 从 Start 获得要进行缓冲的图层以及当前地图。代码创建了要素游标对象，包含输入数据集中的所有要素，代码还定义输出的工作空间和名称。接着，代码创建了 FeatureCursorBuffer 类的实例 pFeatureCursorBuffer2，利用 Buffer 方法创建由 pBufFCName 所引用的输出。然后，代码打开命名对象，由缓冲要素类创建新的要素图层，将图层添加到当前地图。Buffer 向 Start 返回 pBufFL，这是一个 IFeatureLayer 接口。

```
Private Sub Intersect (pLayer1 As ILayer, pLayer2 As ILayer, pMap As IMap)
    Dim pInputLayer As IFeatureLayer
    Dim pOverlayLayer As IFeatureLayer
    Dim pInputTable As ITable
    Dim pOverlayTable As ITable
    Dim pNewWSName As IWorkspaceName
    Dim pFeatClassName As IFeatureClassName
    Dim pDatasetName As IDatasetName
    Dim pBGP As IBasicGeoprocessor
    Dim pOutputFeatClass As IFeatureClass
    Dim tol As Double
    Dim pOutputFeatLayer As IFeatureLayer
    'Define the input and overlay tables.
    Set pInputLayer = pLayer1
    Set pOverlayLayer = pLayer2
    Set pInputTable = pInputLayer
    Set pOverlayTable = pOverlayLayer
    'Define the output.
    Set pNewWSName = New WorkspaceName
    pNewWSName.WorkspaceFactoryProgID = "esriCore.ShapefileWorkspaceFactory"
    pNewWSName.PathName = "c:\data\chap14\"
    Set pFeatClassName = New FeatureClassName
    Set pDatasetName = pFeatClassName
    pDatasetName.Name = "Intersect_result"
    Set pDatasetName.WorkspaceName = pNewWSName
    'Perform intersect.
    Set pBGP = New BasicGeoprocessor
    tol = 0#
    Set pOutputFeatClass = pBGP.Intersect (pInputTable, False, pOverlayTable,
 False, _
        tol, pFeatClassName)
    'Create the output feature layer and add it to the active map.
    Set pOutputFeatLayer = New FeatureLayer
    Set pOutputFeatLayer.FeatureClass = pOutputFeatClass
    pOutputFeatLayer.Name = pOutputFeatClass.AliasName
    pMap.AddLayer pOutputFeatLayer
End Sub
```

Intersect 从 Start 获得要进行相交操作的两个图层以及当前地图，定义输入表，以及相交分析输出的工作空间和名称。接着，代码创建了 BasicGeoprocessor 类的实例 pBGP，利用 Intersect 方法创建由 pOutputFeatClass 所引用的输出。然后，Intersect 由 pOutputFeatClass 创建了要素图层并添加到当前地图。

```
Private Function SelectDataset () As IFeatureLayer
    'Part 1: Prepare an Add Data dialog.
    Dim pGxDialog As IGxDialog
    Dim pGxFilter As IGxObjectFilter
    Dim pGxObjects As IEnumGxObject
    Dim pMxDoc As IMxDocument
    Dim pMap As IMap
    Dim pGxDataset As IGxDataset
    Dim pLayer As IFeatureLayer
    Set pGxDialog = New GxDialog
    Set pGxFilter = New GxFilterShapefiles
    'Define the dialog's properties.
    With pGxDialog
        .AllowMultiSelect = False
        .ButtonCaption = "Add"
        Set .ObjectFilter = pGxFilter
        .StartingLocation = "c:\data\chap14\"
        .Title = "Add Data"
    End With
    'Open the dialog.
    pGxDialog.DoModalOpen 0, pGxObjects
    Set pGxDataset = pGxObjects.Next
    'Exit sub if no dataset has been added.
    If pGxDataset Is Nothing Then
        Exit Function
    End If
    'Add the layers to the active map.
    Set pLayer = New FeatureLayer
    Set pLayer.FeatureClass = pGxDataset.Dataset
    pLayer.Name = pLayer.FeatureClass.AliasName
    Set pMxDoc = ThisDocument
    Set pMap = pMxDoc.FocusMap
    pMap.AddLayer pLayer
    pMxDoc.ActiveView.Refresh
```

```
    pMxDoc.UpdateContents
    'Return pLayer to the Start sub.
    Set SelectDataset = pLayer
End Function
```

SelectDataset 创建了 GxDialog 类的实例 pGxDialog，定义其属性。对话框仅显示 shapefile 中的要素类，仅允许选择一个数据集。接着代码由被选要素类创建了新的要素图层 pLayer，将其添加到当前地图。SelectDataset 将 pLayer 返回给 Start。

专栏 14.1　VectorBinaryModel_GP

VectorBinaryModel_GP 创建一个矢量型的二值模型。该宏先后使用了三个工具：Analysis 工具箱中的 Buffer 工具和 Intersect 工具以及 Data Management 工具箱中的 SelectLayerByAttribute 工具。在 ArcMap 中运行宏。宏添加了 Buffer_Result 和 Intersect_Result_b。符合准则的地区将在 Intersect_Result_b 中高亮显示。

```
Private Sub VectorBinaryModel_GP()
    'Run this macro in ArcMap.
    'Create the Geoprocessing object and define its workspace.
    Dim GP As Object
    Set GP = CreateObject("esriGeoprocessing.GpDispatch.1")
    Dim filepath As String
    filepath = "c:\data\chap14\"
    GP.Workspace = filepath
    'Execute the buffer tool.
    'Buffer <in_features> <out_feature_class> <buffer_distance_or_field> {FULL | LEFT | RIGHT} {ROUND | FLAT}
    '{NONE | ALL | LIST} {dissolve_field; dissolve_field...}
    GP.Buffer_analysis "stream.shp", "Buffer_Result_b.shp", 200, "FULL", "ROUND", "ALL"
    'Execute the intersect tool.
    'Intersect <features {Ranks}; features {Ranks} ...> <out_feature_class>
    '{ALL | NO_FID | ONLY_FID} {cluster_tolerance} {INPUT | LINE | POINT}
    Dim parameter1 As String
    parameter1 = "elevzone.shp; Buffer_Result_b.shp"
    Dim parameter2 As String
    parameter2 = "Intersect_Result_b.shp"
    GP.Intersect_analysis parameter1, parameter2
    'Execute selectlayerbyattribute
```

```
'SelectLayerByAttribute <in_layer_or_view> {NEW_SELECTION | ADD_TO_SELECTION | CLEAR_SELECTION} {where_clause}
GP.SelectLayerByAttribute_management "Intersect_Result_b", NEW_SELECTION, "Zone = 2 "
End Sub
```

14.3.2 VectorIndexModel

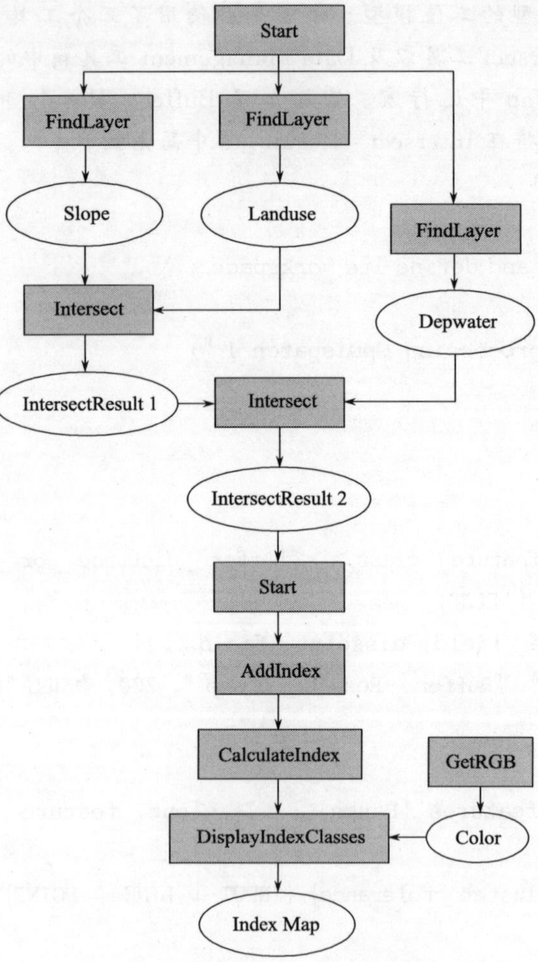

图 14.2 VectorIndexModel 的模块结构

VectorIndexModel 模块的输入为 soil、landuse 和 depwater，产生一个矢量型的指数模型，显示地表水污染的敏感性等级。上述三个要素类存放在个人 geodatabase 中。准则值被计算出来并存放在要素类中：soilrate 是土壤准则，存放在 soil 中；lurate 是用地准则，存放在 landuse 中；dwrate 是水深准则，存放在 depwater 中。VectorIndexModel 用以下公式计算指标值：3 × soilrate + lurate + dwrate。然后，VectorIndexModel 用四个类别来显示指数值。指数模型没有应用到城市地区。因此，建模的一个附带任务是在分析中将城市地区排除在外。

VectorIndexModel 有如下五个子程序和两个函数（图 14.2）。

（1）Start：子程序，用于管理输入输出图层以及调用其他子程序；

（2）Intersect：子程序，进行叠置操作的子程序；

（3）AddIndex：子程序，向叠置输出添加一个 index 字段的子程序；

（4）CalculateIndex：子程序，计算指标值的子程序；

（5）DisplayIndexClasses：子程序，用 4 个类别显示指数值的子程序；

（6）FindLayer：函数，查找指定图层的函数；

（7）GetRGB：函数，定义色彩符号的子程序。

用法：将 Index. mdb 中的 soil、landuse 和 depwater 添加到当前地图。向 VB 编辑器导入 VectorIndexModel，运行宏。宏创建了要素类 Intersect _ 1 和 Intersect _ 2，并添加到当前地图。Intersect _ 2 显示了有四个分类的指数模型。

```
Private Sub Start ()
'Start uses the subs of FindLayer, Intersect, AddIndex, CalculateIndex, and DisplayIndexClasses.
    Dim pMxDoc As IMxDocument
    Dim pMap As IMap
    Dim Id As Long
    Dim Message As String
    Dim pLayer1 As ILayer
    Dim pLayer2 As ILayer
    Dim pOutName As String
    Dim pFLayer As IFeatureLayer
    Set pMxDoc = ThisDocument
    Set pMap = pMxDoc. FocusMap
    'Run intersect using soil and landuse.
    Message = "soil "
    Id = FindLayer (Message)
    Set pLayer1 = pMxDoc. FocusMap. Layer (Id)
    Message = "landuse "
    Id = FindLayer (Message)
    Set pLayer2 = pMxDoc. FocusMap. Layer (Id)
    pOutName = "Intersect _ 1 "
    Call Intersect (pLayer1, pLayer2, pOutName)
    'Run intersect using the first overlay output and depwater.
    Message = "Intersect _ 1 "
    Id = FindLayer (Message)
    Set pLayer1 = pMxDoc. FocusMap. Layer (Id)
    Message = "depwater "
    Id = FindLayer (Message)
    Set pLayer2 = pMxDoc. FocusMap. Layer (Id)
    pOutName = "Intersect _ 2 "
    Call Intersect (pLayer1, pLayer2, pOutName)
    Set pFLayer = pMxDoc. FocusMap. Layer (0)
    'Add a new field to the final output.
    Call AddIndex (pFLayer)
    'Calculate the new field values.
```

```
    Call CalculateIndex (pFLayer)
    'Display index values in classes.
    Call DisplayIndexClasses (pFLayer)
End Sub
```

Start 进行了两次相交操作，将三个输入图层 soil、landuse 和 depwater 组合起来。这些操作的输入和输出的名称都是硬编码（直接写在代码里），被 FindLayer 函数用来确定它们在当前地图中的位置。接着，Start 将第二个相交操作的输出（由 pFLayer 所引用）作为参数传递给 AddIndex、CalculateIndex 和 DisplayIndexClasses。这三个子程序先后进行的任务是：添加新的（指标）字段，计算字段值，用分类断点渲染器显示字段值。

```
Private Sub Intersect (pLayer1 As ILayer, pLayer2 As ILayer, pOutName As String)
    Dim pMxDoc As IMxDocument
    Dim pInputLayer As IFeatureLayer
    Dim pInputTable As ITable
    Dim pOverlayLayer As IFeatureLayer
    Dim pOverlayTable As ITable
    Dim pNewWSName As IWorkspaceName
    Dim pFeatClassName As IFeatureClassName
    Dim pDatasetName As IDatasetName
    Dim pBGP As IBasicGeoprocessor
    Dim tol As Double
    Dim pOutputFeatClass As IFeatureClass
    Dim pOutputFeatLayer As IFeatureLayer
    Set pMxDoc = ThisDocument
    'Define the input and overlay tables.
    Set pInputLayer = pLayer1
    Set pInputTable = pInputLayer
    Set pOverlayLayer = pLayer2
    Set pOverlayTable = pOverlayLayer
    'Define the output.
    Set pFeatClassName = New FeatureClassName
    Set pDatasetName = pFeatClassName
    Set pNewWSName = New WorkspaceName
    pNewWSName.WorkspaceFactoryProgID = "esriCore.AccessWorkspaceFactory"
    pNewWSName.PathName = "c:\data\chap14\Index.mdb"
    pDatasetName.Name = pOutName
    Set pDatasetName.WorkspaceName = pNewWSName
    'Perform intersect.
```

```
    Set pBGP = New BasicGeoprocessor
    tol = 0#
    Set pOutputFeatClass = pBGP.Intersect (pInputTable, False, pOverlayTable,
False, _
        tol, pFeatClassName)
    'Create the output feature layer and add it to the active map.
    Set pOutputFeatLayer = New FeatureLayer
    Set pOutputFeatLayer.FeatureClass = pOutputFeatClass
    pOutputFeatLayer.Name = pOutputFeatClass.AliasName
    pMxDoc.FocusMap.AddLayer pOutputFeatLayer
End Sub
```

Intersect 从 Start 获得的参数包括两个输入图层以及输出图层的名称。首先，Intersect 利用输入图层来设置输入，并对表进行叠置。接着，代码定义了输出的工作空间和名称。然后，代码创建了 BasicGeoprocessor 类的实例 pBGP，利用 IBasicGeoprocessor 接口的 Intersect 方法创建叠置的输出。最后，代码由叠置输出创建了新的要素图层并添加到当前地图。

```
Private Sub AddIndex (pFLayer As IFeatureLayer)
    Dim pFeatLayer As IFeatureLayer
    Dim pFClass As IFeatureClass
    Dim pField As IFieldEdit
    Set pFeatLayer = pFLayer
    Set pFClass = pFeatLayer.FeatureClass
    'Create and define a new field.
    Set pField = New Field
    With pField
        .Name = "Total"
        .Type = esriFieldTypeDouble
        .Length = 8
    End With
    'Add the new field.
    pFClass.AddField pField
End Sub
```

AddIndex 从 Start 获得当前地图的顶层（即从第二个相交操作得到的图层）作为参数。代码创建了 Field 类的实例 pField，定义其属性，包括字段名 Total。然后，代码利用 IFeatureClass 接口的 AddField 方法将 pField 添加到图层的要素类中。

```
Private Sub CalculateIndex (pFLayer As IFeatureLayer)
    Dim pFeatLayer As IFeatureLayer
    Dim pFeatClass As IFeatureClass
```

```
    Dim pFields As IFields
    Dim ii As Integer
    Dim pQueryFilter As IQueryFilter
    Dim pCursor As ICursor
    Dim pCalc As ICalculator
    Set pFeatLayer = pFLayer
    Set pFeatClass = pFeatLayer. FeatureClass
    Set pFields = pFeatClass. Fields
    ii = pFields. FindField ( "Total ")
    'Prepare a cursor for features that have lurate < 99.
    Set pQueryFilter = New QueryFilter
    pQueryFilter. WhereClause = "lurate < 99 "
    Set pCursor = pFeatClass. Update (pQueryFilter, True)
    'Use the cursor to calculate the field values of Total.
    Set pCalc = New Calculator
    With pCalc
        Set . Cursor = pCursor
        . Expression = " ( [SOILRATE]* 3 + [LURATE] + [DWRATE]) / 250 "
        . Field = "Total "
    End With
    pCalc. Calculate
End Sub
```

CalculateIndex 从 Start 获得包含新建字段的图层作为参数。代码利用 IFields 接口的 FindField 方法找到字段 Total。然后，代码运用查询筛选器对象来选择那些 lurate<99 的记录（即非城市用地类型）并存放到一个要素指针中。接着，代码创建了 Calculator 类的实例 pCalc，定义指针的 expression 和 field 属性。最后，宏利用 ICalculator 接口的 Calculate 方法来计算 Total 字段的值。

```
Private Function FindLayer (Message As String) As Long
    Dim pMxDoc As IMxDocument
    Dim pMap As IMap
    Dim FindDoc As Variant
    Dim aLName As String
    Dim Name As String
    Dim i As Long
    Set pMxDoc = ThisDocument
    Set pMap = pMxDoc. FocusMap
    Name = Message
    For i = 0 To pMap. LayerCount-1
```

```
        aLName = UCase (pMap.Layer (i) .Name)
        If (aLName =  (UCase (Name))) Then
            FindDoc = i
        End If
    Next
    FindLayer = FindDoc
End Function
```

FindLayer 查找图层名符合 Message 语句的图层的下标。该函数确保用于相交操作的图层是正确的。

```
Private Sub DisplayIndexClasses (pFLayer As IFeatureLayer)
'DisplayIndexClasses uses the sub of GetRGB.
    Dim pMxDoc As IMxDocument
    Dim pLayer As ILayer
    Dim pGeoFeatureLayer As IGeoFeatureLayer
    Dim pClassBreaksRenderer As IClassBreaksRenderer
    Dim pFillSymbol As IFillSymbol
    Set pMxDoc = ThisDocument
    Set pLayer = pFLayer
    Set pGeoFeatureLayer = pLayer
    'Define a class breaks renderer.
    Set pClassBreaksRenderer = New ClassBreaksRenderer
    pClassBreaksRenderer.Field =  "Total "
    pClassBreaksRenderer.BreakCount = 4
    'Hard code the symbol, break, and label for each class.
    Set pFillSymbol = New SimpleFillSymbol
    pFillSymbol.Color = GetRGBColor (255, 255, 255)
    pClassBreaksRenderer.Symbol (0)  = pFillSymbol
    pClassBreaksRenderer.Break (0)  = 0#
    pClassBreaksRenderer.Label (0)  =  "Urban Land Use "
    Set pFillSymbol = New SimpleFillSymbol
    pFillSymbol.Color = GetRGBColor (245, 175, 0)
    pClassBreaksRenderer.Symbol (1)  = pFillSymbol
    pClassBreaksRenderer.Break (1)  = 0.75
    pClassBreaksRenderer.Label (1)  =  "0.60-0.75 "
    Set pFillSymbol = New SimpleFillSymbol
    pFillSymbol.Color = GetRGBColor (245, 125, 0)
    pClassBreaksRenderer.Symbol (2)  = pFillSymbol
    pClassBreaksRenderer.Break (2)  = 0.85
```

```
    pClassBreaksRenderer.Label (2) = "0.76-0.85 "
    Set pFillSymbol = New SimpleFillSymbol
    pFillSymbol.Color = GetRGBColor (245, 0, 0)
    pClassBreaksRenderer.Symbol (3) = pFillSymbol
    pClassBreaksRenderer.Break (3) = 1#
    pClassBreaksRenderer.Label (3) = "0.86-1.00 "
    'Assign the renderer to the layer and refresh the map.
    Set pGeoFeatureLayer.Renderer = pClassBreaksRenderer
    pMxDoc.ActiveView.PartialRefresh esriViewGeography, pLayer, Nothing
    pMxDoc.UpdateContents
End Sub
```

DisplayIndexClasses 从 Start 获得带有 Total 字段的图层作为参数。首先，代码创建了 ClassBreaksRenderer 类的实例 pClassBreaksRenderer，定义其 Field 属性和 BreakCount 属性。接着，对四个类型逐个进行填充符号、断点以及标签等属性的赋值。简单填充符号的颜色是通过向 GetRGBColor 函数输入 R/G/B 值来进行赋值的。最后，代码将 pClassBreaksRenderer 赋值给图层，刷新地图并更新地图文件的目录。

```
Private Function GetRGBColor (R As Long, G As Long, B As Long)
    Dim pColor As IRgbColor
    Set pColor = New RgbColor
    pColor.Red = R
    pColor.Green = G
    pColor.Blue = B
    GetRGBColor = pColor
End Function
```

GetRGBColor 函数从 DisplayIndexClasses 输入的 R/G/B 数值获得一个 RGB 颜色。

专栏 14.2　VectorIndexModel _ GP

VectorIndexModel _ GP 创建矢量型的指数标模型。宏首先利用 Analysis 工具箱中的 Intersect 工具对三个要素类进行叠置（ArcInfo 版本的 ArcGIS 中，Intersect 工具可以一次接受两个以上的图层）。然后，利用 Data Management 工具箱里的 AddField和 CalculateField 工具增加一个索引字段并填写字段值。在 ArcCatalog 里运行宏。宏添加了 Intersect2 _ b。打开 Intersect2 _ b 的属性表，查看 Total 字段。

```
Private Sub VectorIndexModel _ GP ()
    'Create the Geoprocessing object and define its workspace.
    Dim GP As Object
    Set GP = CreateObject ( "esriGeoprocessing.GpDispatch.1 ")
```

```
Dim filepath As String
filepath = "c:\data\chap14\Index.mdb"
GP.Workspace = filepath
'Execute the intersect tool.
'Intersect <features {Ranks}; features {Ranks} ...> <out_feature_class>
'{ALL | NO_FID | ONLY_FID} {cluster_tolerance} {INPUT | LINE | POINT}
Dim parameter1 As String
parameter1 = "depwater; landuse; soil"
Dim parameter2 As String
parameter2 = "Intersect2_b"
GP.Intersect_analysis parameter1, parameter2
'Execute the addfield tool.
'AddField <in_table> <field_name> <LONG | TEXT | FLOAT | DOUBLE | SHORT |
'DATE | BLOB> {field_precision} {field_length} {field_alias} {NULLABLE | NON_NULLABLE}
'{NON_REQUIRED | REQUIRED} {field_domain}
GP.AddField_management "Intersect2_b", "Total", "DOUBLE"
'CalculateField <in_table> <field> <expression> {VB | PYTHON} {code_block}
GP.CalculateField "Intersect2_b", "Total", "temp", "VB", "Dim temp As Double" & vbCrLf & _
"If [LURATE] = 99 Then" & vbCrLf & "temp = -1" & vbCrLf & "Else" & vbCrLf & _
"temp = ([SOILRATE]*3 + [LURATE] + [DWRATE]) / 250" & vbCrLf & "End If"
End Sub
```

14.3.3　RasterBinaryModel

RasterBinaryModel 模块和 VectorBinaryModel 模块的任务相同，不过处理的是栅格数据。Stream_gd 和 elevzone_gd 分别是与 stream.shp 和 elevzone.shp 对应的栅格。二值模型找到高程区码为 2 且距离径流 200m 内的地区。在建立二值模型时，RasterBinaryModel 首先由 stream_gd 创建一个连续距离栅格，对距离栅格重新分类，创建描述器 elevzone_gd，然后利用重新分类的距离栅格和描述器进行栅格数据查询。查询的输出显示了被选地区，其单元值为 1。

RasterBinaryModel 宏有如下三个子程序和一个函数（图 14.3）。

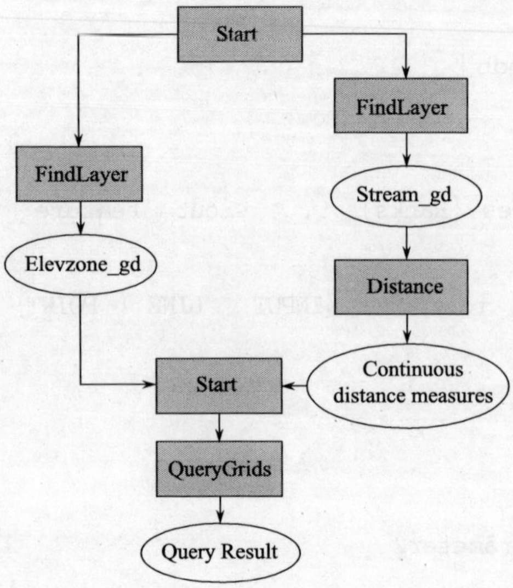

图 14.3 RasterBinaryModel 的模块结构

(1) Start：子程序，用于管理输入输出，以及调用其他子程序；

(2) Distance：子程序，用于创建离开径流的距离的连续型距离栅格；

(3) QueryGrids：子程序，对两个操作栅格进行栅格数据查询；

(4) FindLayer：函数，用于查找指定图层。

用法：将 stream _ gd 和 elevzone _ gd 添加到当前地图。把 RasterBinaryModel 导入到 VB 编辑器。运行模块。模块向当前地图添加了两个临时栅格：一个是 Distance _ To _ Stream，离开径流的连续型距离栅格；另一个是Model，即栅格型二值模型，与 VectorBinaryModel 所创建的矢量型二值模型类似。

```
Private Sub Start ()
'Start uses the subs of FindLayer, Distance, and QueryGrids.
    Dim pMxDoc As IMxDocument
    Dim pMap As IMap
    Dim Id As Long
    Dim Message As String
    Dim pRasterLy As IRasterLayer
    Dim pRasterLy1 As IRasterLayer
    Dim pRasterLy2 As IRasterLayer
    Set pMxDoc = ThisDocument
    Set pMap = pMxDoc. FocusMap
    'Run Distance.
    Message = "stream _ gd "
    Id = FindLayer (Message)
    Set pRasterLy = pMap. Layer (Id)
    Call Distance (pRasterLy)
    'Run QueryGrids.
    Message = "Distance _ to _ Stream "
    Id = FindLayer (Message)
    Set pRasterLy1 = pMap. Layer (Id)
    Message = "elevzone _ gd "
    Id = FindLayer (Message)
    Set pRasterLy2 = pMap. Layer (Id)
```

```
    Call QueryGrids (pRasterLy1, pRasterLy2)
End Sub
```

Start 调用 Distance 子程序以便从 stream _ gd 运行连续距离测量操作。然后，代码调用 QueryGrids 子程序来对 Elevzone _ gd 和 Distance _ to _ Stream 进行查询。Elevzone _ gd 和 Distance _ to _ Stream 是 Distance 子程序的输出。查询的结果显示了高程区码为 2 且距离径流 200m 以内的地区。

```
Private Sub Distance (pRasterLy As IRasterLayer)
    Dim pMxDoc As IMxDocument
    Dim pMap As IMap
    Dim pSourceRL As IRasterLayer
    Dim pSourceRaster As IRaster
    Dim pDistanceOp As IDistanceOp
    Dim pOutputRaster As IRaster
    Dim pOutputLayer As IRasterLayer
    Set pMxDoc = ThisDocument
    Set pMap = pMxDoc. FocusMap
    'Define the source raster.
    Set pSourceRL = pRasterLy
    Set pSourceRaster = pSourceRL. Raster
    'Perform the Euclidean distance operation.
    Set pDistanceOp = New RasterDistanceOp
    Set pOutputRaster = pDistanceOp. EucDistance (pSourceRaster, 200)
    'Create the raster layer and add it to the active map.
    Set pOutputLayer = New RasterLayer
    pOutputLayer. CreateFromRaster pOutputRaster
    pOutputLayer. Name = "Distance _ To _ Stream "
    pMap. AddLayer pOutputLayer
End Sub
```

Distance 从 Start 获得源图层作为参数用于距离量算。首先，代码将 pSourceRaster 设置为径流图层的栅格。接着，代码创建了 RasterDistanceOp 类的实例 pDistanceOp，利用 IDistanceOp 接口的 EucDistance 方法创建由 pOutputRaster 所引用的连续距离栅格。最后，代码由 pOutputRaster 创建新图层并添加到当前地图。

```
Private Sub QueryGrids (pRasterLy1, pRasterLy2)
    Dim pMxDoc As IMxDocument
    Dim pMap As IMap
    Dim pRLayer1 As IRasterLayer
    Dim pRaster1 As IRaster
    Dim pRLayer2 As IRasterLayer
```

```
    Dim pRaster2 As IRaster
    Dim pFilt2 As IQueryFilter
    Dim pDesc2 As IRasterDescriptor
    Dim pLogicalOp As ILogicalOp
    Dim pOutputRaster As IRaster
    Dim pRLayer As IRasterLayer
    Set pMxDoc = ThisDocument
    Set pMap = pMxDoc. FocusMap
    'Define the two rasters for query.
    Set pRLayer1 = pRasterLy1
    Set pRaster1 = pRLayer1. Raster
    Set pRLayer2 = pRasterLy2
    Set pRaster2 = pRLayer2. Raster
    'Use the value field to create a raster descriptor from the elevzone raster.
    Set pFilt2 = New QueryFilter
    pFilt2. WhereClause = "value = 2 "
    Set pDesc2 = New RasterDescriptor
    pDesc2. Create pRaster2, pFilt2, "value "
    'Perform a logical operation.
    Set pLogicalOp = New RasterMathOps
    Set pOutputRaster = pLogicalOp. BooleanAnd (pReclassRaster, pDesc2)
    'Create the output raster layer and add it to the active map.
    Set pRLayer = New RasterLayer
    pRLayer. CreateFromRaster pOutputRaster
    pRLayer. Name = "Model "
    pMap. AddLayer pRLayer
End Sub
```

QueryGrids 从 Start 获得两个栅格图层进行查询。这两个图层分别是 Distance _ to _ Stream 和 Elevzone _ gd，在查询操作中分别处理。Distance _ to _ Stream 是一个连续栅格。为了划出距离径流 200m 内的地区，代码利用 IReclassOp 接口的 ReclassByRemap 方法创建了 pReclassRaster。数值重映射只有两个条目：数值为 0～200 的单元的输出值是 1，而超过 200 的单元的输出值是无数据。代码创建了 RasterDescriptor 类的实例 pDesc2，利用查询筛选器对象从 Elevzone _ gd 中划出高程区码为 2 的地区。在两个数据集被处理后，代码利用 ILogicalOp 接口的 BooleanAnd 方法创建由 pOutputRaster 所引用的逻辑查询输出。最后，代码由 pOutputRaster 创建了新的图层并添加到当前地图。

```
Private Function FindLayer (Message As String) As Long
    Dim FindDoc As Variant
    Dim pMxDoc As IMxDocument
```

```
    Dim pMap As IMap
    Dim aLName As String
    Dim Name As String
    Dim i As Long
    Set pMxDoc = ThisDocument
    Set pMap = pMxDoc. FocusMap
    Name = Message
    For i = 0 To pMap. LayerCount-1
        aLName = UCase (pMap. Layer (i) . Name)
      If (aLName = (UCase (Name))) Then
            FindDoc = i
        End If
    Next
    FindLayer = FindDoc
End Function
```

FindLayer 函数查找符合 Message 值的图层的下标。该函数确保正确的图层被作为子程序和函数的输入。

专栏 14.3 RasterBinaryModel _ GP

RasterBinaryModel _ GP 创建栅格型的二值模型。宏首先利用 Spatial Analyst 工具箱的 EucDistance 工具，以最大距离 200（m）生成一个距离量算值栅格。然后，利用 ExtractByAttributes 工具将高程区码为 2 的单元提取出来形成栅格。最后，宏利用 BooleanAnd 工具通过查询距离量算值栅格和提取出的高程区栅格，建立模型栅格。在 ArcMap 中运行宏，宏向地图添加 distance _ b，elevzone _ 2b 和 model _ b。model _ b 是最后的模型。

```
Private Sub RasterBinaryModel _ GP ()
    'Create the Geoprocessing object and define its workspace.
    Dim GP As Object
    Set GP = CreateObject ( "esriGeoprocessing. GpDispatch. 1 ")
    Dim filepath As String
    filepath = "c: \ data \ chap14 "
    GP. Workspace = filepath
    'Execute the euclideandistance tool.
    'EucDistance <in _ source _ data> <out _ distance _ raster> {maximum _
distance}
    ' {cell _ size} {out _ direction _ raster}
    GP. EucDistance _ sa "stream _ gd ", "distance _ b ", 200
```

```
    'Execute the extractbyattributes tool.
    'ExtractByAttributes <in _ raster> <where _ clause> <out _ raster>
    GP. ExtractByAttributes _ sa "elevzone _ gd ", "value = 2 ", "elevzone _ 2b "
    'Execute the booleanand tool.
    'BooleanAnd <in _ raster _ or _ constant1> <in _ raster _ or _ constant2>
<out _ raster>
    GP. BooleanAnd _ sa "elevzone _ 2b ", "distance _ b ", "model _ b "
End Sub
```

14.3.4　RasterIndexModel

RasterIndexModel 模块的功能与 VectorIndexModel 模块类似，但处理的是栅格数据。Soil _ gd、landuse _ gd 和 depwater _ gd 是与 soil. shp、landuse. shp 和 depwater. shp 相对应的栅格。在指数模型的建立过程中，RasterIndexModel 首先对 landuse _ gd 重分类，将城市用地排除在分析之外。接着，模块对三个输入栅格进行了地图代数操作。该操作的输出是指数模型。指数模型的单元值范围为 0.58～1.0。RasterIndexModel 用一个渐变色阶渲染器把指标模型显示为三个类别。

RasterIndexModel 有如下三个子程序和两个函数（图 14.4）。

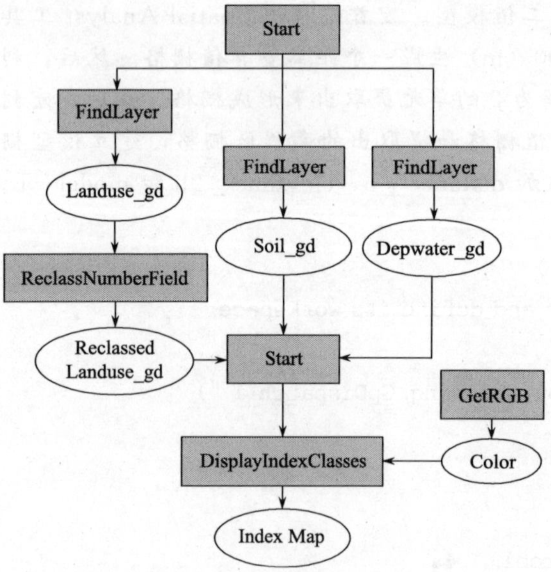

图 14.4　RasterIndexModel 的模块结构

(1) Start：子程序，用于进行地图代数操作以及调用其他子程序；

(2) ReclassNumberField：子程序，对用地栅格进行重分类；

(3) DisplayIndexClasses：子程序，用三个类别来显示指数值；

(4) FindLayer：函数，用于查找指定图层；

(5) GetRGB：函数，定义颜色符号。

用法：将 soil _ gd、landuse _ gd 和 depwater _ gd 添加到当前地图。把 RasterIndexModel 导入 VB 编辑器。运行模块。模块向当前地图添加了两个临时栅格：一个是重分类后的用地栅格 Reclass _ Landuse；另一个是显示为三个类型的栅格型指标模型 Model。城市用地被处理成无数据，不包含在图例中。栅格型的指数模型与 VectorIndexModel 所创建的矢量型指数模型看起来很相似。

```
Private Sub Start ()
```

```
'Start uses the subs of FindLayer, ReclassNumberField, and DisplayIndexClasses.
    Dim pMxDoc As IMxDocument
    Dim pMap As IMap
    Dim Id As Long
    Dim Message As String
    Dim pRasterLy As IRasterLayer
    Dim pMapAlgebraOp As IMapAlgebraOp
    Dim pRasterAnalysisEnv As IRasterAnalysisEnvironment
    Dim pSoilLayer As IRasterLayer
    Dim pSoilRaster As IRaster
    Dim pLanduseLayer As IRasterLayer
    Dim pLanduseRaster As IRaster
    Dim pDepwaterLayer As IRasterLayer
    Dim pDepwaterRaster As IRaster
    Dim pModel As IRaster
    Dim pModelLayer As IRasterLayer
    Set pMxDoc = ThisDocument
    Set pMap = pMxDoc. FocusMap
    'Reclass landuse _ gd to exclude urban land use from analysis.
    Message = "landuse _ gd "
    Id = FindLayer (Message)
    Set pRasterLy = pMap. Layer (Id)
    Call ReclassNumberField (pRasterLy)
    'Create a map algebra operation.
    Set pMapAlgebraOp = New RasterMapAlgebraOp
    Set pRasterAnalysisEnv = pMapAlgebraOp
    'Bind the symbol R1 to soil _ gd.
    Message = "soil _ gd "
    Id = FindLayer (Message)
    Set pSoilLayer = pMap. Layer (Id)
    Set pSoilRaster = pSoilLayer. Raster
    pMapAlgebraOp. BindRaster pSoilRaster, "R1 "
    'Bind the symbol R2 to reclassified landuse _ gd.
    Message = "Reclass _ Landuse "
    Id = FindLayer (Message)
    Set pLanduseLayer = pMap. Layer (Id)
    Set pLanduseRaster = pLanduseLayer. Raster
    pMapAlgebraOp. BindRaster pLanduseRaster, "R2 "
```

```
    'Bind the symbol R3 to depwater _ gd.
    Message = "depwater _ gd "
    Id = FindLayer (Message)
    Set pDepwaterLayer = pMap. Layer (Id)
    Set pDepwaterRaster = pDepwaterLayer. Raster
    pMapAlgebraOp. BindRaster pDepwaterRaster, "R3 "
    'Execute the map algebra operation.
    Set pModel = pMapAlgebraOp. Execute (" ( [R1]* 3 + [R2] + [R3]) / 250 ")
    'Create the output raster layer and add it to the active map.
    Set pModelLayer = New RasterLayer
    pModelLayer. CreateFromRaster pModel
    pModelLayer. Name = "Model "
    pMap. AddLayer pModelLayer
    Call DisplayIndexClasses (pModelLayer)
End Sub
```

Start 首先调用 ReclassNumberField，把 landuse _ gd 中的城市地区重分类为无数据，从而将城市地区排除在进一步的分析之外。接着，Start 进行栅格地图代数操作。该操作要求每个输入图层必须赋予一个“符号”。因此，代码调用 FindLayer 子程序定位当前地图中的图层，并利用 IMapAlgebraOp 接口的 BindRaster 方法将图层的栅格和一个符号绑定。符号 R1 绑定 soil _ gd，符号 R2 绑定 reclass _ landuse，符号 R3 绑定 depwater _ gd。符号 R1、R2 和 R3 被用于执行地图代数操作的表达式中。操作的结果是由 pModel 所引用的指数模型。然后，代码由 pModel 创建了名为 Model 的新图层并添加到当前地图。最后，Start 调用 DisplayIndexClasses 以三个类别显示 model 图层。

```
Private Sub ReclassNumberField (pRasterLy As IRasterLayer)
    Dim pMxDoc As IMxDocument
    Dim pMap As IMap
    Dim pRaster2Ly As IRasterLayer
    Dim pGeoDs As IGeoDataset
    Dim pReclassOp As IReclassOp
    Dim pNRemap As INumberRemap
    Dim pOutRaster As IRaster
    Dim pReclassLy As IRasterLayer
    Set pMxDoc = ThisDocument
    Set pMap = pMxDoc. FocusMap
    'Pass landuse _ gd.
    Set pRaster2Ly = pRasterLy
    Set pGeoDs = pRaster2Ly. Raster
    'Use a number remap to reclass landuse _ gd.
```

```
    Set pReclassOp = New RasterReclassOp
    Set pNRemap = New NumberRemap
    With pNRemap
        .MapValue 20, 20
        .MapValue 40, 40
        .MapValue 45, 45
        .MapValue 50, 50
        .MapValueToNoData 99
    End With
    Set pOutRaster = pReclassOp.ReclassByRemap (pGeoDs, pRemap, False)
    'Create the output raster layer and add it to the active map.
    Set pReclassLy = New RasterLayer
    pReclassLy.CreateFromRaster pOutRaster
    pReclassLy.Name = "Reclass _ Landuse "
    pMap.AddLayer pReclassLy
End Sub
```

ReclassNumberField 从 Start 获得 landuse _ gd 作为参数。为了将城市地区排除在分析之外，代码创建了 NumberRemap 类的实例 pNRemap，利用 INumberRemap 接口的 MapValueToNoData 方法把无数据赋值给城市地区（即值为 99 的单元）。接着，代码利用 IReclassOp 接口的 ReclassByRemap 方法创建了由 pOutRaster 所引用的重分类栅格。最后，代码由 pOutRaster 创建了新图层 Reclass _ Landuse 并添加到当前地图。

```
Private Function FindLayer (Message As String) As Long
    Dim FindDoc As Variant
    Dim pMxDoc As IMxDocument
    Dim pMap As IMap
    Dim aLName As String
    Dim Name As String
    Dim i As Long
    Set pMxDoc = ThisDocument
    Set pMap = pMxDoc.FocusMap
    Name = Message
    For i = 0 To pMap.LayerCount-1
        aLName = UCase (pMap.Layer (i) .Name)
        If (aLName = (UCase (Name))) Then
            FindDoc = i
        End If
    Next
    FindLayer = FindDoc
```

```
End Function
```

FindLayer 查找符合 Message 值的图层的下标。函数保证了正确的图层被用于重分类和地图代数操作。

```
Private Sub DisplayIndexClasses (pModelLayer As IRasterLayer)
'DisplayIndexClasses uses the sub of GetRGB.
    Dim pMxDoc As IMxDocument
    Dim pMap As IMap
    Dim pRLayer As IRasterLayer
    Dim pRaster As IRaster
    Dim pClassRen As IRasterClassifyColorRampRenderer
    Dim pRasRen As IRasterRenderer
    Dim pFillSymbol As IFillSymbol
    Set pMxDoc = ThisDocument
    Set pMap = pMxDoc. FocusMap
    Set pRLayer = pModelLayer
    Set pRaster = pRLayer. Raster
    'Define a raster classify color ramp renderer.
    Set pClassRen = New RasterClassifyColorRampRenderer
    Set pRasRen = pClassRen
    Set pRasRen. Raster = pRaster
    pClassRen. ClassCount = 3
    pRasRen. Update
    'Hard code the symbol, break, and label for each class.
    Set pFillSymbol = New SimpleFillSymbol
    pFillSymbol. Color = GetRGBColor (245, 245, 0)
    pClassRen. Symbol (0)  = pFillSymbol
    pClassRen. Break (0)  = 0.58
    pClassRen. Label (0)  =  "0.58 - 0.75 "
    pFillSymbol. Color = GetRGBColor (245, 175, 0)
    pClassRen. Symbol (1)  = pFillSymbol
    pClassRen. Break (1)  = 0.76
    pClassRen. Label (1)  =  "0.76 - 0.85 "
    pFillSymbol. Color = GetRGBColor (245, 125, 0)
    pClassRen. Symbol (2)  = pFillSymbol
    pClassRen. Break (2)  = 0.86
    pClassRen. Label (2)  =  "0.86 - 1.00 "
    'Assign the renderer to the layer and refresh the map.
```

```
    pRasRen. Update
    Set pRLayer. Renderer = pRasRen
    pMxDoc. ActiveView. Refresh
    pMxDoc. UpdateContents
End Sub
```

DisplayIndexClasses 从 Start 获得作为参数。代码创建了 RasterClassifyColorRampRenderer 类的实例 pClassRen，利用 IRasterRenderer 接口和 IRasterClassifyColorRampRenderer 接口来定义渲染器的栅格和分类数。然后，代码为 pClassRen 中的每一个分类提供填充符号、断点和标签。GetRGBColor 函数为填充符号生成颜色。最后，代码将 pRasRen 赋值为 pRLayer 的渲染器，刷新地图，更新地图文件的目录。

```
Private Function GetRGBColor (R As Long, G As Long, B As Long)
    Dim pColor As IRgbColor
    Set pColor = New RgbColor
    pColor. Red = R
    pColor. Green = G
    pColor. Blue = B
    GetRGBColor = pColor
End Function
```

利用从 DisplayIndexClasses 输入的 R/G/B 值返回一个 RGB 颜色。

专栏 14.4　RasterIndexModel _ GP

RasterIndexModel _ GP 建立栅格型指数模型。宏首先运用 Spatial Analyst 工具箱里的 Reclassify 工具将用地栅格的城市地区赋值为“NoData”。接着，利用 SingleOutputMapAlgebra 工具创建模型栅格。计算指数值的表达式包含在命令语句的第一个参数中。在 ArcMap 中运行宏。宏向地图添加 reclass _ lu _ b 和 rastermodel _ b。

```
Private Sub RasterIndexModel _ GP ()
    'Create the Geoprocessing object and define its workspace.
    Dim GP As Object
    Set GP = CreateObject ( "esriGeoprocessing. GpDispatch. 1 ")
    Dim filepath As String
    filepath = "c: \ data \ chap14 "
    GP. Workspace = filepath
    'Execute the reclassify tool.
    'Reclassify <in _ raster> <reclass _ field> <remap> <out _ raster>
{DATA | NODATA}
    Dim parameter3 As String
    parameter3 = "20 20; 40 40; 45 45; 50 50; 99 NoData "
```

```
    GP. Reclassify _ sa "landuse _ gd ", "Value ", parameter3, "reclass _ lu _ b "
    'Execute the singleoutputmapalgebra tool.
    'SingleOutputMapAlgebra _ sa <expression _ string> <out _ raster> {in _ da-
ta}
    GP. SingleOutputMapAlgebra _ sa " ( [soil _ gd]* 3 + [depwater _ gd] + [re-
class  lu  b]) / 250 ",
    "rastermodel _ b "
End Sub
```

后　　记

每位想把自己 ArcGIS 知识水平提升一个层次的人，都需要学会使用 ArcObjects。但当面对 ArcObjects 数以千计的对象、属性和方法时，如何通过其模式图解将它们理清楚呢？本书第一版已经提供了答案，演示了在完成每个特定任务时，仅仅考查所需要的那些对象、属性和方法，通过这种技巧来学习整个庞大的 ArcObjects 集合。现在，在新版中，作者又迈上了一个新的台阶，增加了针对 ArcGIS 9. x 中引入的新的 Geoprocessing 对象的宏和解释。为了方便与示例宏进行比较，作者把 Geoprocessing 编码融入已有各章的专栏中，而不是将这一新要素独列一章。

本书包含 ArcGIS 9. x 中新的 Geoprocessing 对象及其脚本编码。所附 CD 含有 95 个完整的 ArcObjects 宏和 33 个 Geoprocessing 宏，以及执行编码所需的数据集，这可使读者完成各种常见任务。每个程序的前面都有用法描述以及关键属性、关键方法的清单，随后列出编码及其解释。

在减少重复性工作流程方面，新版中介绍以下实用技能。

（1）增加 ArcGIS 主界面中较难实现的功能；

（2）将宏表述为两段或两段以上，以帮助理解；

（3）采用大量的图解来清晰说明对象、属性和方法。

无论您的编程经验如何，本书将为您提供一把钥匙，让您掌握 ArcObjects 强大且多样的功能，用于协助管理 GIS 活动。